"十三五"普通高等教育本科系列教材

U0287871

自动控制原理
（第二版）

主　编　张建民

副主编　曹　艳

编　写　薛　健　刘英晖　张晓丹

主　审　李文秀

中国电力出版社
CHINA ELECTRIC POWER PRESS

内 容 提 要

本书为"十三五"普通高等教育本科系列教材。

本书阐述了经典控制理论的基本概念、原理和各种分析方法。全书共分七章，主要内容有系统数学模型的建立方法，线性连续系统的时域、根轨迹和频域理论，如系统的动态性能、静态性能、稳定性及校正方法；同时适当地介绍了离散控制系统的分析方法。本书力求突出物理概念，尽量减少繁琐的数学推导，内容叙述深入浅出、通俗易懂。书中对 PID 作了重点介绍，并用一定篇幅介绍了系统仿真软件的应用。

本书可作为应用型本科院校电气工程及其自动化、测控技术与仪器、自动化专业及相关专业的教材，也可作为从事自动化工作的工程技术人员的参考用书。

图书在版编目（CIP）数据

自动控制原理/张建民主编. —2 版. —北京：中国电力出版社，2017.6（2024.1 重印）
"十三五"普通高等教育本科规划教材
ISBN 978 - 7 - 5198 - 0294 - 3

Ⅰ.①自… Ⅱ.①张… Ⅲ.①自动控制理论－高等学校－教材 Ⅳ.①TP13

中国版本图书馆 CIP 数据核字（2017）第 009541 号

出版发行：中国电力出版社
地　　址：北京市东城区北京站西街 19 号（邮政编码 100005）
网　　址：http://www.cepp.sgcc.com.cn
责任编辑：罗晓莉　孙世通　　（010 - 63412547）
责任校对：常燕昆
装帧设计：张　娟
责任印制：吴　迪

印　　刷：北京九州迅驰传媒文化有限公司
版　　次：2008 年 7 月第一版　2017 年 6 月第二版
印　　次：2024 年 1 月北京第八次印刷
开　　本：787 毫米×1092 毫米　16 开本
印　　张：15.75
字　　数：386 千字
定　　价：34.00 元

前　言

随着科学技术的迅猛发展，自动控制技术的应用领域日益广阔。它不仅大量应用于空间科技、冶金、轻工、机电工程及交通管理、环境保护等领域，而且正不断向生物、人类社会等其他领域渗透。自动控制技术的广泛应用，不但使得生产设备或生产过程实现自动化，大大提高了劳动生产率和产品质量，改善了劳动条件；同时，在人类征服大自然，改善居住、生活条件等方面也发挥了非常重要的作用。

自动控制技术的主要作用是不需要人的直接参与，而控制某些物理量按照指定的规律变化。由于自动控制技术在各个行业的广泛渗透，控制理论已逐渐成为许多学科共同的专业基础课，且愈来愈占有重要的位置。

自动控制技术的研究对象为自动控制系统。分析和设计自动控制系统的理论基础就是自动控制原理。自动控制原理一般分为"经典控制理论"和"现代控制理论"。本书主要介绍经典控制理论的内容。

根据应用型本科院校教学改革的方向，按以下思路安排章节次序：首先对自动控制系统的基本概念作了必要的叙述，继而讨论实际系统的数学模型的建立方法，在此基础上，用时域法引出系统稳定性、快速性、准确性的基本概念，并分析了低阶系统的各项性能指标。在编写中介绍了根轨迹法及工程上常用的频率特性法，并结合了工程实际介绍了自动控制系统的校正方法。由于计算机控制技术的发展，本书用适当的篇幅介绍了线性离散控制系统的分析方法。考虑到计算机仿真技术在自动控制系统分析中应用得越来越广泛，已成为分析自动控制系统的有力工具，在每章最后一节结合各章内容介绍了自动控制系统的计算机仿真方法。

本书在编写过程中，注意了应用型本科教育的特点，适当降低了理论深度，内容编写力求深入浅出、循序渐进，注意物理概念的阐述，尽量避免繁琐的数学推导，紧密结合具体的自动控制系统介绍经典控制理论的最基本的内容，使抽象的控制理论与系统分析、设计相结合，理论和实践相结合，为读者学习后续专业课程奠定基础。

本书由张建民教授主编并统稿，曹艳为副主编。参加本书编写的人员有张建民（第一章，第二章第三～六节，第三章）、曹艳（第二章第一、二节，第四章）、张晓丹（第五章）、刘英晖（第六章）、薛健（第七章、附录）。全书由李文秀教授主审。

刘书智参加了本书第一版第六章的编写，刘海波参加了本书第一版第七章的编写。

本书在编写过程中，参考了同行们的论著，在此，编者对他们表示由衷的谢意。

由于编者水平有限，书中一定存在疏漏和不妥之处，殷切期望使用本书的教师和读者提出批评指正。

编　者
2016 年 12 月

目　　录

第一章　自动控制系统的基本概念

在科学技术飞速发展的今天，自动控制技术也得到了迅猛的发展，并且应用在各行各业。无论是在航空航天领域、军事领域，还是民用领域、工业领域，自动控制技术所取得的成就都是惊人的。自动控制技术的理论基础是自动控制理论，而自动控制技术的发展反过来又促进了自动控制理论的进一步完善。

本章介绍自动控制的一些基本概念、自动控制系统的组成和分类、对控制系统的性能要求等内容。

第一节　自动控制与自动控制系统

一、自动控制与自动控制系统的含义

自动控制是指在没有人直接参与的情况下，利用外加的设备或装置（控制器或控制装置），使机器设备或生产过程（统称被控对象）的某个工作状态或参数（即被控量）自动地按照预定的规律运行。

下面以炉温控制系统为例，说明自动控制系统的结构特点。

图1-1是一个炉温控制系统图。该系统的控制目标是通过调整自耦变压器滑动端的位置，来改变电阻炉的温度，并使其恒定不变。因为被控制的设备是电阻炉，被控量是电阻炉的温度，所以该系统可称为温度控制系统。炉温的给定量由电位器滑动端位置所对应的电压值 u_g 给出，炉温的实际值由热

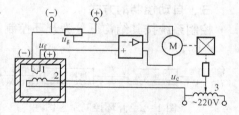

图1-1　炉温控制系统图
1—热电偶；2—加热器；3—自耦变压器

电偶测试出来，并转换成电压 u_f，再把 u_f 反馈到系统的输入端与给定电压 u_g 相比较（通过二者极性反接实现），产生反映实际炉温与给定炉温偏差的信号。由于扰动（例如电源电压波动或加热物件多少等）影响，炉温偏离了给定值，其偏离电压经过放大，控制可逆伺服电动机 M，带动自耦变压器的滑动端，改变电压 u_c，使炉温保持在给定温度值上。这样，就实现了无人直接参与的自动炉温控制。

当炉温降低时，此炉温控制系统的自动调节过程如下

$$T_c \downarrow \rightarrow U_f \downarrow \rightarrow \Delta u = (U_g - U_f) \uparrow \rightarrow U_c \uparrow \rightarrow T_c \uparrow$$

如上分析，将被控对象和控制装置按照一定的方式连接起来，组成一个整体，从而实现各种复杂的自动控制任务，就构成了自动控制系统。

二、常用术语

为了便于研究，下面介绍一些自动控制的常用术语。

（1）控制对象（controlled plant）。指被控设备或物体，也可以是被控过程。

（2）控制器（controller）。使被控对象具有所要求的性能或状态的控制设备。它接收输

入信号或偏差信号，按控制规律给出控制量，经功率放大后驱动执行装置以实现对被控对象的控制。

（3）系统输出（output）（被控制量）。它表征对象或过程的状态和性能，是实现控制的重点。

（4）参考输入（input）。人为给定，由它决定系统预期的输出。

（5）干扰（disturbance variable）。干扰并破坏系统，使系统不能按预期性能输出的信号。

（6）偏差信号（error）。参考输入信号与反馈信号之差。在加热炉实例中，控制对象为加热炉，控制器为电动机 M，系统输出为实际炉温，参考输入为希望炉温，干扰为炉门开关动作、电源电压波动及加热物件的数量等。

（7）前向通道（forward path）。由输入到输出的信号传输通道。

（8）反馈通道（feedback path）。由输出到输入的信号传输通道。

（9）特性（characteristic）。描述系统输出与输入的关系。可分为静态特性和动态特性，通常用特性曲线来描述。

1）静态特性。当系统稳定后，输出与输入表现出来的关系。在系统中通常表现为静态放大倍数、稳态误差。

2）动态特性。当系统由静止状态突加给定信号或运行期间出现干扰时，系统进行动态调节时输出与输入表现出来的关系。

三、自动控制的方式

控制系统按其结构可分为开环控制系统、闭环控制系统和复合控制系统。

1. 开环控制

若系统中的信号只从控制装置向被控对象传递，而无反向传递，则称其为开环控制，如图1-2所示。

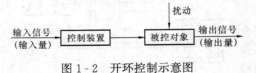

图 1-2　开环控制示意图

输出对输入无影响，一个确定的输入只对应一个确定的输出量，系统精度将取决于控制器及被控制对象参数稳定性。也就是说，欲使开环精度高，则系统各部分参数值必须保持事先校准的值上，于是对元件质量提出较高要求。另外，该系统不能克服干扰，当输出量波动时系统分不清是干扰引起的还是给定变化引起的。

图1-3所示的系统是一个炉温开环控制系统。该系统由自耦变压器和加热炉两部分组成，控制器是自耦变压器，参考输入（给定量）是自耦变压器的输出电压，被控对象是加热炉，被控制量（输出量）是加热炉的温度，工作原理为：自耦变压器滑动端的位置（按工艺要求设置）对应了一个电压值 u_c，也就对应了一个电阻炉的温度值 T_c，改变 u_c 也就改变了 T_c。当系统中出现外部扰动（如炉门开、关的频度变化）或内部扰动（如电源电压波动）时，T_c 将偏离 u_c 所对应的数值。开环控制的炉温控制系统结构简单，调试容易，但当工作环境和系统本身的元器件性能参数发生变化时，输入量会偏离理想输入，输出量（温度）就会发生变化，实现不了保持炉温恒定的目的，也就是说开环控制系统的抗干扰能力差，故开环控制对环境和元件的要求比较严格。

2. 闭环控制

通过测量装置检测输出量，并与输入信号进行比较，从而使控制装置按照二者差值来调节被控对象的输出量。系统中存在信号的反向传递，通过测量装置使信号流构成了闭合回路，故名闭环控制，如图1-4所示。

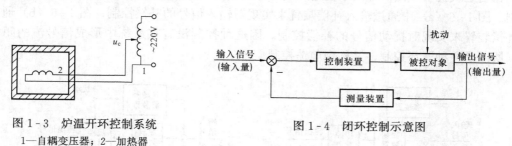

图1-3 炉温开环控制系统
1—自耦变压器；2—加热器

图1-4 闭环控制示意图

在图1-1炉温控制系统中，热电偶作为测量装置，将炉温的实际值转换成电压后回送给输入端，形成闭合回路，构成闭环控制系统。该闭环控制系统由自耦变压器、加热炉和检测装置组成，与开环控制系统相比，闭环控制系统增加了一个测温电路，从闭环控制的原理中可知，无论是否出现扰动，都能使炉温保持恒定。

下面再举一个闭环控制的例子。在图1-5中测速发电机TG将电动机的转速n转换成电压u_f，反馈到输入端并与给定电压u_n相比较得出偏差 $\Delta u = u_n - u_f$。其偏差经过运算放大器放大后，用来控制整流触发电路的输出电路u_d和电动机的转速n，从而克服干扰的影响，减小或消除转速偏差，使电动机的转速近似保持为给定速度不变。

由于引入负反馈，系统的被控信号对被包围在闭合回路中的来自外界的干扰变化不敏感，即闭环控制抗干扰性强，有可能采用成本低的元部件，但闭环控制存在稳定性的问题。

一般来说，若系统控制量的变化规律事先知道，并且对系统可能出现的干扰可以抑制时，采用开环控制具有优越性。特别是被控量不易测量时，如自动售货机，自动洗衣机及自动车库等。在系统的控制量和干扰量均无法预先知道的情况下，采用闭环控制具有优越性。

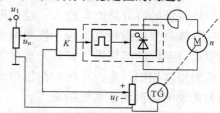

图1-5 闭环调速系统

闭环控制系统具有如下特点：

（1）由于系统的控制作用是通过给定值与反馈量的差值进行的，故这种控制常称为偏差控制或反馈控制。

（2）这类系统具有两种传输信号的通道：前向通道和反馈通道。

（3）不论取什么物理量进行反馈，作用在反馈环内前向通道上的扰动所引起的被控量的偏差值，都会得到减小或消除，使得系统的被控量基本不受该扰动的影响。正是由于这种特性，使得闭环控制系统在控制工程中得到了广泛的应用。如加热炉和锅炉的温度控制，轧钢厂主传动和辅助传动的速度控制、位置控制等。

自动控制原理中所讨论的系统主要是闭环控制系统。

3. 复合控制

开环控制的缺点是精度低，优点是控制稳定，不会产生闭环控制的振荡及不稳定现象。而闭环控制（负反馈控制）优点是抗干扰能力强，控制精度高。这样，将两种控制作用以适当的方式结合到一起，就能发挥二者的优点而克服二者的缺点。在一个系统中同时引入开环控制和闭环控制的系统，通常称为复合控制系统。

　　将给定或扰动直接折算到系统输入端对控制量的大小进行修正，这种控制方式称为补偿控制。图1-6（a）中通过输入补偿装置来实现对输入信号的补偿控制；图1-6（b）通过扰动补偿装置来实现对扰动信号的补偿控制。因这种控制没有在系统中形成信号流的闭合回路，所以是一种开环控制，又称为前馈控制。

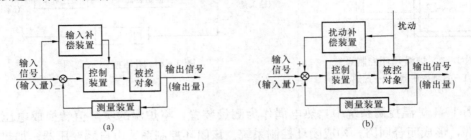

图1-6　复合控制示意图
（a）按给定补偿方式；（b）按扰动补偿方式

第二节　自动控制系统的类型

　　自动控制系统按不同分类方法可分为多种类型。常见的分类方法有如下几种。

一、按给定信号形式分类

1. 恒值调节系统

　　该系统的特点是给定输入一经设定就维持不变，希望输出维持在某一特定值上。系统主要任务就是当被控量受某种干扰而偏离期望值时，通过自动调节作用，使它尽可能地恢复到期望值。系统的结构设计好坏，直接影响到恢复的精度。例如轧钢厂里的钢板加热炉控制和轧机的辊缝控制，生活小区的衡压给水控制，自动调节水位控制等。下面以自动调节水位控制为例说明恒值调节系统的特点。

　　图1-7是一个自动调节水位的水箱液位自动控制系统，被控对象为水箱，被控量为水箱的实际水位c，给定量为电位器设定的电位u_r（表征液位的希望值c_r），比较原件为电位器，执行元件为电动机，控制任务为保持水箱水面高度不变。工作原理为：当电位器电刷位于中点（对应u_r）时，电动机静止不动，控制阀门有一定的开度，流入水量与流出水量相等，从而使液面保持给定高度c_r，一旦流入水量或流出水量发生变化，液面高度就会偏离给定高度c_r。当液面升高时，浮子也相应升高，通过杠杆作用，使电位器电刷由中点位置下移，从而给电动机提供一定的控制电压，驱动电动机，通过减速器带动进水阀门向减小开度方向转动，从而减少流入的水量，使液面逐渐降低，浮子位置也相应下降，直到电位器电刷回到中点位置，电动机的控

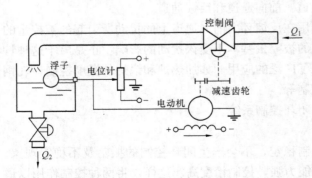

图1-7　液位自动控制系统的示意图

制电压为零，系统重新处于平衡状态，水面恢复给定高度。图1-8是水箱水位系统结构图。

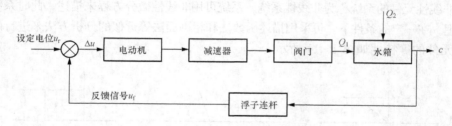

图1-8　水箱液位系统结构图

2. 随动系统

随动系统的特点是给定信号的变化规律是不确定的信号。系统任务是使输出快速、准确地跟随输入量的变化，跟随性能是这类系统中要解决的主要矛盾。例如火炮自动瞄准系统就是典型的随动系统。

3. 程序控制系统

这种系统的输入信号是事先确定好的，使被控量按预定的规律变化。由于变化规律确定，故只适用于特定的生产工艺过程。典型的例子如数控车床、全自动洗衣机、楼道声控灯、水温控制等。

机械加工的数控机床中，系统按照被加工件的加工工艺，事先编制加工程序，机床就会在程序控制下，进行加工刀具的更换和钻孔、切削等不同的加工工作。

楼道声控灯也属于程序控制系统，图1-9是其电路示意图，它的结构框图如图1-10所示。

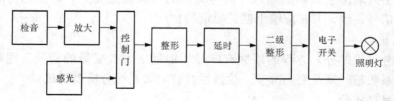

图1-9　楼道声控灯电路示意图

图1-10　楼道声控灯结构框图

二、按元件特性分类

1. 线性系统

当系统各元件输出与输入满足线性关系，并可用线性微分（或差分）方程来描述时，则称这种系统为线性系统。通常构成线性系统的元件都是线性元件。线性系统的突出特点是满足叠加定理。叠加定理要求满足叠加性和齐次性。叠加性指当多个输入信号同时作用于系统时，其总输出等于各个输入信号单独作用时所产生输出的总和。齐次性指系统输入增大或缩小 n 倍，则系统输出也增大或缩小 n 倍。

2. 非线性系统

含有非线性元件的系统称为非线性系统。系统可用非线性微分方程来描述，此时系统不再满足叠加定理。在一定的条件下，可采用描述函数法和相平面法等近似的分析方法来进行研究。典型非线性元件的静特性如图 1-11 所示。

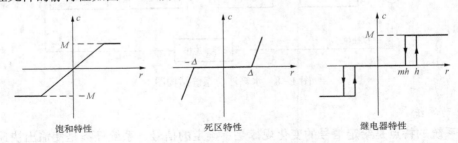

饱和特性   死区特性   继电器特性

图 1-11   典型非线性元件的静特性

严格地说，实际上是不存在线性系统的，因为构成系统的实际元件，都不同程度地存在非线性特性。例如，系统中应用的放大器超过一定范围会出现饱和特性；弹簧有非线性特性等。甚至有时为了改善系统的性能和节约费用，有意采用非线性元件等。但是，在工程上人们有时为了简化分析和设计工作，对一些非线性元件，在一定的条件下进行简化和近似处理后，当作线性元件对待，使系统成为工程意义上的线性系统。

三、按系统参数是否随时间变化分类

1. 定常系统

从系统的数学模型来看，若系统微分（或差分）方程的系数均为常数，则称其为定常系统。该系统输出只取决于具体的输入，而与输入的时间起点无关，即无论何时注入输入信号，只要所加信号一致，其相应输出就是确定的。

2. 时变系统

若系统微分（或差分）方程的系数有的是以时间 t 为自变量的函数，则称其为时变系统。因为方程系数随时间改变而改变，故该系统较定常系统分析要困难。

四、按信号形式分

1. 连续系统

若系统中各元件的输入信号与输出信号都是时间的连续函数，则称这类系统为连续控制系统。这类系统通常用微分方程来描述，如早期的轧钢机直流调速系统。

2. 离散系统

当系统中的信号含有脉冲或数码形式时，称这种系统为离散系统。离散系统使用差分方程来描述，如全数字直流调速系统。工程实践中的另一类控制系统中，其信号仅定义在离散时间上，称为离散系统。离散系统的主要特点是在系统中使用脉冲采样开关，将连续信号转变为离散信号，对离散信号取脉冲形式的系统，称为脉冲控制系统；对离散信号以数码形式传递的系统，称为采样数字控制系统。

典型的采样数字控制系统的结构图如图 1-12 所示。

五、其他分类方法

1. 集中参数系统和分布参数系统

一般我们讨论的都是集中参数系统，它可以用常微分方程来表述。分布参数系统通常用

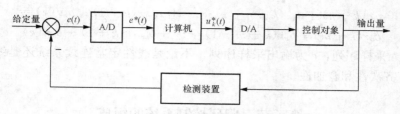

图 1-12 采样数字控制系统典型结构图

偏微分方程来描述，研究分布参数系统时必须考虑分布参数。

2. 单变量系统（SISO）和多变量系统（MIMO）

单变量系统只有一个输入量和一个输出量，是古典控制理论主要研究的类型，本书讨论的就是这类系统。当系统中输入量和输出量不止一个时，称为多变量系统。多变量系统由于各输入量和输出量间都存在耦合，分析起来具有一定的难度。一些复杂控制，如航空航天系统、导弹制导系统、生物系统、经济系统等就属于这类系统。有关多变量系统的知识主要在现代控制理论中研究。

3. 有差系统和无差系统

按系统的静态特性指标稳态误差 e_{ss} 是否等于零来划分，可将系统分为两类，$e_{ss}=0$ 的系统称为无差系统，否则称为有差系统。

线性定常连续系统的微分方程为：

$$a_0 \frac{d^n c(t)}{dt^n} + a_1 \frac{d^{n-1} c(t)}{dt^{n-1}} + \cdots + a_n c(t) = b_0 \frac{d^m r(t)}{dt^m} + b_1 \frac{d^{m-1} r(t)}{dt^{m-1}} + \cdots + b_m r(t)$$

其中，$c(t)$ 表示系统输出，$r(t)$ 表示系统输入。从微分方程中可知，线性连续系统具有如下特点：

（1）各变量（r，c）及其导数以一次幂的形式出现，且无交叉相乘，即线性。

（2）各系数 $a_i (i=0, 1, \cdots, n)$ 及 $b_j (j=0, 1, \cdots, m)$ 都是常数，即定常（非时变）。

（3）系统中各信号随着时间连续变化（连续）。

线性定常连续系统包括恒值控制系统（恒温、恒速等）、随动系统、程序控制系统。

【例 1-1】 分析下列微分方程所表示系统的类型。

（1）$c(t) = t \frac{d^2 r(t)}{dt^2} + r^2(t) + 5$

（2）$\frac{d^3 c(t)}{dt^3} + 3 \frac{d^2 c(t)}{dt^2} + 6 \frac{dc(t)}{dt} + 8c(t) = r(t)$

（3）$t \frac{dc(t)}{dt} + c(t) = r(t) + 3 \frac{dr(t)}{dt}$

（4）$c(t) = r(t)\cos\omega t + 5$

解 （1）为非线性、时变系统，因为有 $r^2(t)$ 项，且系数不全都为常数。

（2）为线性、定常、连续系统。

（3）为线性、时变系统。

（4）为非线性、时变系统。

线性定常离散系统表达式为

$$a_0 c(k+n)+a_1 c(k+n-1)+\cdots+a_{n-1}c(k+1)+a_n c(k)=$$
$$b_0 r(k+m)+b_1 r(k+m-1)+\cdots+b_{m-1}r(k+1)+b_m r(k)$$

其中，r 为输入采样序列，c 为输出采样序列。不论是线性定常连续系统还是线性定常离散系统，均具有齐次性和叠加性。

第三节　闭环控制系统的组成

闭环控制又称反馈控制，是自动控制中最经典的应用，也是最实用的一种控制方式。

一、系统组成

这种控制基于偏差控制原理，即根据实际输出与期望设定值间的偏差去不断修正输出，从而控制输出保持在期望值上。故不管具体的控制任务，这种闭环控制都可以抽象成图 1-13 所示的组成形式。

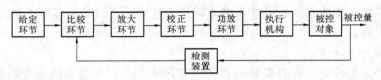

图 1-13　闭环系统组成方框图

图 1-13 所示闭环系统主要由给定环节、检测装置、比较环节、放大环节、校正环节、功放环节及执行机构等组成。

1. 给定环节

为控制系统设定一输入信号，以决定系统的期望输出。不同类型的系统给定方式可能不同。如恒值控制系统通常用电位器给定，程序控制系统则是通过程序产生一特定的给定序列值。因系统中给定元件相对简单，故系统框图中一般不单独将其列出。

2. 检测装置（反馈元件）

该装置检测被控量，并将其数值传给比较环节。通常检测装置还要完成量纲的转换。如被控量是转速，其量纲是 r/min。此时检测装置检测该转速的同时还将其转换为电压值，因为通常比较环节比较的是电压值。

因为检测装置的误差无法通过闭环控制得到修正，故实际系统对检测装置的精度有较高的要求。温度控制系统中的热电偶、速度控制系统中的测速发电机等都是检测装置（传感器）。

3. 比较环节

比较环节将给定元件输出的给定值与检测装置测得的输出值（反馈值）进行比较，从而产生期望值与实际值的偏差。通常是用给定值减去反馈值，以使闭环系统构成负反馈。

4. 放大环节

将比较环节输出的偏差信号进行放大，以满足后续环节的需要。

5. 校正环节

按某种规律对偏差信号进行运算，用运算的结果控制执行机构，以改善被控制量的稳态和暂态性能。在控制系统中，常把比较环节、放大环节及校正环节合在一起称为控制器。

6. 执行机构

控制被控对象的行为，以改变其输出值的机构，称为执行机构。

7. 功放环节

执行机构直接作用于被控对象，而被控对象可能是一些大型设备或机器，因此驱动执行机构的信号也需要较大的功率。功放环节的作用就是提升控制信号的功率，以推动执行机构。

这些环节并非在任何系统中都孤立存在，可能某一部件承担几种作用。如图1-14所示，是进行一般分析时常采用的方框图。

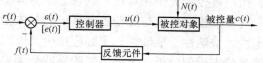

图 1-14　简化的闭环系统组成方框图

二、系统中的信号名称

1. 输入信号 $r(t)$

由给定元件提供，作为系统的给定信号，决定系统的期望输出。对于不同类型系统，形式不尽相同。如恒值系统中该信号是一常数值。输入信号常称为输入量。

2. 反馈信号 $f(t)$

测量元件的输出，反映被控制量的实际值。送给比较元件，以修正控制量。

3. 偏差信号 $\varepsilon(t)$

$\varepsilon(t)=r(t)-f(t)$，反映当前控制存在的偏差。该值越大，被控量实际值与期望值相差越大，同时控制器的调节作用越强，以便被控量尽快接近期望值。

4. 控制信号 $u(t)$

通常是放大元件或校正元件的输出，也是整个控制器的输出。该信号反映了对被控制量进行调节的规律。该信号经功率放大后，即可驱动执行元件来调节被控对象。

5. 输出信号 $c(t)$

被控对象的输出量，也称被控量。

6. 干扰信号 $N(t)$

自动控制系统的任务是使输出信号达到或接近输入信号对应的输出期望值。任何影响这一任务的信号都可以称为干扰信号。只不过有的影响大一些，有的影响小一些。对于影响小的通常在系统分析时忽略不计，对于影响大的信号才定量分析其影响。一个系统克服干扰影响的能力，称为系统的抗干扰能力。

7. 误差信号 $e(t)$

$e(t) = c(\infty) - c(t)$，其中 $c(\infty)$ 为系统输出信号的期望值。$\lim\limits_{t \to \infty} e(t) = e_{ss}$ 误差反映了系统实际输出值与期望值间的差值。要注意与偏差的区别与联系。区别是数学定义不同，联系是当系统是单位负反馈系统时，$e(t) = \varepsilon(t)$。由于误差在实际中很难测量，因此在分析系统时，误差就用偏差来代替。

第四节　自动控制系统的基本要求

在控制过程中，一个理想的控制系统，始终应使其被控量（输出）等于给定值（输入）。

但是，由于机械部分质量、惯量的存在，电路中储能元件的存在以及能源功率的限制，使得运动部件的加速度受到限制，其速度和位置难以瞬时变化。所以，当给定值变化时，被控量不可能立即等于给定值，而需要经过一个过渡过程，即动态过程。所谓动态过程就是指系统受到外加信号（给定值或扰动）作用后，直输出量到达稳定值之前被控量随时间变化的全过程。而把被控量处于相对稳定的状态称为静态或稳态。

对恒值控制系统与随动控制系统的具体要求是不同的，但共同的基本要求是一样的，即稳定性、快速性、准确性。实际应用中又以二阶系统应用最广泛，且许多高阶系统都可以用二阶系统来近似分析，下面以二阶系统为例来分析基本要求。

1. 稳定性

稳定性是表示系统受到外作用后，其动态过程的振荡倾向和系统恢复平衡的能力。如果系统受外力作用后，经过一段时间，其被控量可以达到某一稳定状态，则称系统是稳定的，否则称为不稳定的。稳定性是系统工作的先决条件，是大前提，实用的系统必须是稳定的。

若将单位阶跃信号作用于某恒值系统，那么它的理想输出应该也是一个阶跃信号。如图 1 - 15（a）所示。

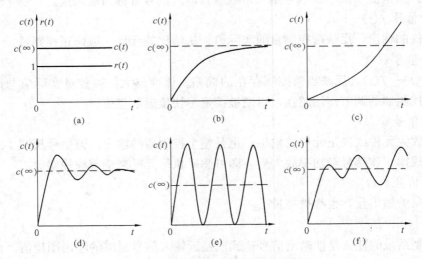

图 1 - 15　系统单位阶跃响应曲线
(a) 输出理想阶跃信号；(b) 无振荡稳定系统；(c) 无振荡不稳定系统；
(d) 振荡稳定系统；(e) 振荡且振幅稳定下的不稳定系统；(f) 振荡且振幅不稳定下的不稳定系统

可是由于系统具有惯性、能量有限等因素；$c(t)$ 不可能达到图 1 - 15（a）的效果。一般会出现如图 1 - 15（b）～（f）所示的几种动态过程。

图 1 - 15（b）中，$c(t)$ 没有发生振荡，而是随 t 的增长呈指数曲线趋近于 $c(\infty)$，即理想的输出值，这种情况我们称系统是稳定的。

图 1 - 15（c）中，$c(t)$ 也没有发生振荡，但是随 t 的增长而不断增长，并没有向 $c(\infty)$ 趋近。这种情况下，系统是不稳定的。

图 1 - 15（d）中，$c(t)$ 发生振荡，但振幅随 t 的增长逐渐衰减，并且 $c(t)$ 逐渐趋近于 $c(\infty)$。这种情况下，我们称系统是稳定的。

图 1 - 15（e）中，$c(t)$ 出现了振荡，且振幅恒定。图 1 - 15（f）中，$c(t)$ 也发生振荡，且

振幅随 t 的增长越来越大，在图 1-15（e）、（f）这两种情况下，系统都是不稳定的。

综上分析，系统是否稳定不取决于 $c(t)$ 是否出现振荡，而仅取决于 $c(t)$ 是否趋近于 $c(\infty)$，若 $c(t)$ 能趋近于 $c(\infty)$，则系统是稳定的，否则系统就是不稳定的。

需要注意，系统是否稳定仅取决于系统的元件参数，也就是其固有特性，而与输入信号的形式无关。另外，系统是稳定，但稳定的程度不高，这样的系统也无实用价值。因系统所处环境因素影响系统元件性能参数，性能参数的改变可能使系统由稳定变为不稳定。

2. 快速性

稳定性是首要的、必须的。在满足稳定性的前提下，实际系统还要满足一定的快速性。快速性是由动态过程长短来表征的，它反映的就是 $c(t)$ 趋向于 $c(\infty)$ 所用的时间。时间越短，快速性越好。如轧钢中的线材轧制，线材以每秒十几米的速度进料，快速性差的系统根本无法满足生产和工艺要求。

快速性反映系统的动态性能，反映系统输出对输入响应及输出对干扰反映的快慢程度。

3. 准确性

如某一系统可以趋近于 $c(\infty)$，而最终它趋近于 $c(\infty)$ 的程度反映的就是系统的准确性。准确性是由输入给定值与输出响应的终值之间的差值来表征的，它反映的是系统的静态性能。

这三个基本要求只是定性的描述，在性能指标中将给出定量的描述。另外，对于同一控制系统，这三个要求通常是相互制约的。例如，提高了快速性，通常会导致振荡加剧，而降低了稳定性。而单纯提高准确性，又会导致快速性下降。所以，在实际系统设计时，三方面性能要有所侧重，折中考虑。

小　结

1. 所谓自动控制，就是在没有人直接参与的情况下，利用控制器来调节被控对象，使其按照预先给定的规律运行，与其对应的是人工控制。人工控制精度低，自动控制精度高。

2. 自动控制按其控制方式不同可分为开环控制、闭环控制和复合控制等。开环控制是指输出信号不会反过来影响控制器的给定值，即信号是单向流动的。闭环控制则存在信号的反向流动，输出信号会参与系统的调节过程。开环控制与闭环控制按特定方式结合便构成了复合控制，适用于特殊场合。

3. 闭环控制常见的是反馈控制，又称偏差控制，即将输出信号与输入信号进行比较，产生偏差。利用该偏差去调节控制器的输出，从而调节被控对象的输出实际值接近期望值。偏差越大，控制作用越强。自动控制原理中主要讨论闭环控制方式，其主要特点是抗扰动能力强，控制精度高，但存在能否稳定的问题。

4. 不同的分类方法，对应地可把系统划分为多种类型，便于对不同类型的系统采用不同的分析方法。常见的分类如恒值给定系统、随动系统与程序控制系统；线性系统与非线性系统；定常系统与时变系统；连续系统与离散系统等。

5. 对控制系统的三个基本要求是稳定性、快速性和准确性。稳定性是前提，不稳定则其他指标无从谈起。快速性反映系统动态过程的快慢。准确性反映系统的静态性能。

习　　题

1-1　请举几个开环控制与闭环自动控制系统的例子，画出方框图，并说明工作原理。

1-2　何谓自动控制？典型自动控制系统由哪些环节组成？各环节在系统中起什么作用？

1-3　负反馈控制系统的特点是什么？指出反馈在系统中的作用。

1-4　下列各式是描述系统的微分方程，其中，$r(t)$ 为输入量，$c(t)$ 为输出变量，判断哪些是线性定常或时变系统？哪些是非线性系统？

(1) $\dfrac{\mathrm{d}^3 c(t)}{\mathrm{d}t^3} + 5 \dfrac{\mathrm{d}^2 c(t)}{\mathrm{d}t^2} + 8 \dfrac{\mathrm{d}c(t)}{\mathrm{d}t} + 2c(t) = r(t)$；

(2) $t \dfrac{\mathrm{d}c(t)}{\mathrm{d}t} + 2c(t) = r(t) + 3 \dfrac{\mathrm{d}r(t)}{\mathrm{d}t}$；

(3) $3 \dfrac{\mathrm{d}c(t)}{\mathrm{d}t} + 2 \sqrt{c(t)} = kr(t)$。

1-5　图 1-16 是水位自动控制系统的示意图，图中 Q_1、Q_2 分别为进水流量和出水流量。控制的目的是保持水位为一定的高度。试说明该控制系统的工作原理并画出其方框图。

1-6　图 1-17 是仓库大门自动控制系统的示意图，试说明该控制系统的工作原理，并画出其方框图。

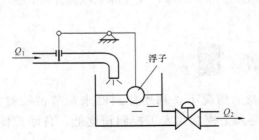

图 1-16　习题 1-5 的水位自动
控制系统示意图

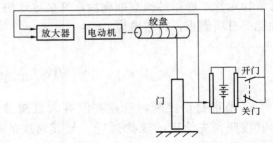

图 1-17　习题 1-6 的仓库大门自动
控制系统的示意图

1-7　图 1-18 所示是自动平衡仪表，实质上是一个电压随动系统，试画出系统的控制方框图，并说明工作原理。

1-8　图 1-19 所示是电压负反馈转速自动控制系统的部分原理图，试分析其工作原理并绘制系统方框图。

1-9　图 1-20 是一晶体管直流稳压电路原理图。试画出其方框图并说明稳压原理，指出在该电源系统中，哪些元件起测量、放大及执行的作用。欲改变稳压电源的输出电压，应如何操作？

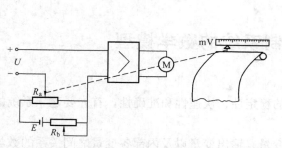

图 1-18 习题 1-7 的自动平衡仪表示意图

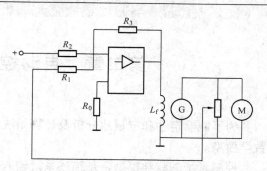

图 1-19 习题 1-8 的电压负反馈转速
自动控制系统的部分原理图

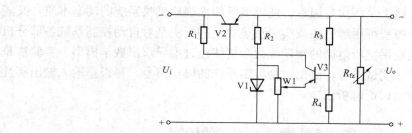

图 1-20 习题 1-9 的晶体管直流稳压电路原理图

第二章　自动控制系统的数学模型

为了能够定性和定量地分析及计算系统的稳定性、快速性和准确性，首先要建立系统的数学模型。

控制系统的数学模型，是描述系统输入变量、输出变量以及内部各变量之间关系的数学表达式。常用的数学模型有微分方程、传递函数、差分方程等。

建立合理的数学模型，对于系统的分析研究是至关重要的，一般应根据系统的实际结构参数及计算所需的精度，略去一些次要因素，使模型既能准确地反映系统的动态本质，又能简化计算工作。系统数学模型可用解析法或实验法建立。解析法是对自动控制系统各部分机理进行分析，根据自动控制系统所遵循的物理或化学规律经过推导求出数学模型。实验法是在自动控制系统输入端加入测试信号，测出自动控制系统的输出信号，再根据输入输出特性辨识确定数学模型。本章仅讨论解析法。

第一节　系统微分方程式的编写

自动控制系统都是由若干环节构成的，因此在建立自动控制系统微分方程时应首先列写出各环节的微分方程，然后将这些方程联立起来，消去中间变量，便得到系统的微分方程。下面举例说明自动控制系统微分方程的列写。

【例 2 - 1】　试列写图 2 - 1 所示 RC 无源网络的微分方程式。u_r 为输入量，u_c 为输出量。

解　根据克希荷夫定律有

$$Ri + u_\mathrm{c} = u_\mathrm{r} \tag{2-1}$$

而

$$i = C\frac{\mathrm{d}u_\mathrm{c}}{\mathrm{d}t} \tag{2-2}$$

将式（2-2）代入式（2-1）得

$$RC\frac{\mathrm{d}u_\mathrm{c}}{\mathrm{d}t} + u_\mathrm{c} = u_\mathrm{r}$$

$$T\frac{\mathrm{d}u_\mathrm{c}}{\mathrm{d}t} + u_\mathrm{c} = u_\mathrm{r} \tag{2-3}$$

其中，$T = RC$ 称为该网络的时间常数，式（2-3）为 RC 网络的运动方程，即所求的微分方程式。

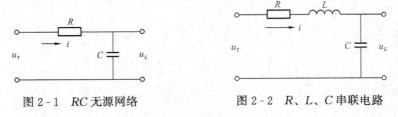

图 2-1　RC 无源网络　　　　图 2-2　R、L、C 串联电路

【例 2 - 2】　如图 2-2 所示，由 R、L、C 组成的串联电路，其输入量是电压 u_r，输出

量是电压 u_c，试列写其微分方程式。

解 根据克希荷夫定律有

$$Ri + L \frac{di}{dt} + u_c = u_r \tag{2-4}$$

$$i = C \frac{du_c}{dt} \tag{2-5}$$

将式（2-5）代入式（2-4）得微分方程为

$$LC \frac{d^2 u_c}{dt^2} + RC \frac{du_c}{dt} + u_c = u_r \tag{2-6}$$

通过上面两例子可知，列写系统或元件微分方程的一般步骤是：

（1）根据实际工作情况，确定系统和各元件的输入变量及输出变量。

（2）从输入端开始，按照信号的传递顺序，依据各变量所遵循的物理（或化学）定律，列写出在变化（运动）过程中的动态方程，一般为微分方程组。

（3）消去中间变量。

（4）标准化。将与输入有关的各项放在等号右侧，与输出有关的各项放在等号左侧，并按降幂排列，最后将系数归化为具有一定物理意义的形式。

【例 2-3】 设有一弹簧—质量—阻尼器动力系统，如图 2-3 所示。当外力 $F(t)$ 作用于系统时，系统将产生运动。试列写出外力 $F(t)$ 与质量块（m）、位移 $y(t)$ 之间的微分方程式。

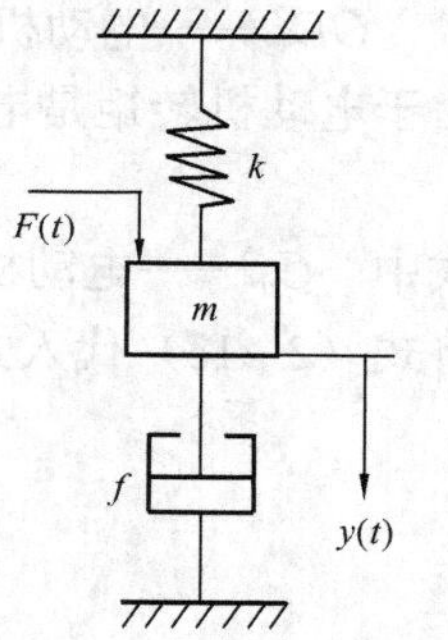

解 根据牛顿第二定律有

$$F(t) + F_1(t) + F_2(t) = m \frac{d^2 y(t)}{dt^2} \tag{2-7}$$

式中 $F_1(t)$ ——阻尼器阻力；

$F_2(t)$ ——弹簧恢复力。

由弹簧、阻尼器的特性可写出

$$F_1(t) = -f \frac{dy(t)}{dt} \tag{2-8}$$

$$F_2(t) = -ky(t) \tag{2-9}$$

式中 f ——阻尼系数；

k ——弹簧系数。

图 2-3 弹簧—质量—
阻尼器系统

将式（2-8）、式（2-9）代入式（2-7），标准化后微分方程为

$$\frac{m}{k} \frac{d^2 y(t)}{dt^2} + \frac{f}{k} \frac{dy(t)}{dt} + y(t) = \frac{1}{k} F(t) \tag{2-10}$$

比较式（2-6）和式（2-10）可以发现，R、L、C 电路与弹簧—质量—阻尼器是两个不同属性的系统，但其微分方程式却相同，我们称这样的系统为相似系统。

【例 2-4】 试列写电枢控制的他励直流电动机的微分方程。输入量为电枢电压，输出量为电动机转速。

解 由图 2-4 可列出电压平衡方程式

$$E + i_a R_a + L_a \frac{di_a}{dt} = u_a \tag{2-11}$$

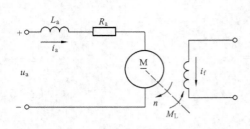

图 2-4　他励直流电机示意图

式中　　E——电动机电枢反电势；

　　　　R_a——电动机电枢回路电阻；

　　　　L_a——电动机电枢回路电感；

　　　　i_a——电动机电枢回路电流。

　　因为反电势 E 与电动机转速成正比，所以

$$E = C_e n \qquad (2-12)$$

式中　　C_e——电动机电势常数；

　　　　n——电机转速。

将式（2-12）代入式（2-11）得

$$C_e n + i_a R_a + L_a \frac{di_a}{dt} = u_a \qquad (2-13)$$

电动机的机械运动方程式推导如下。

当略去电动机的负载力矩和黏性摩擦力矩时，机械运动微分方程式为

$$M = \frac{GD^2}{375} \frac{dn}{dt} \qquad (2-14)$$

式中　　M——电动机的转矩；

　　　　GD^2——电动机的飞轮惯量。

由于电动机转矩是电枢电流的函数，所以

$$M = C_m i_a \qquad (2-15)$$

式中　　C_m——电动机转矩常数。

将式（2-15）代入式（2-14）得

$$i_a = \frac{GD^2}{375 C_m} \frac{dn}{dt} \qquad (2-16)$$

$$\frac{di_a}{dt} = \frac{GD^2}{375 C_m} \frac{d^2 n}{dt^2} \qquad (2-17)$$

将式（2-16）、式（2-17）代入式（2-13）得

$$C_e n + \frac{GD^2}{375 C_m} R_a \frac{dn}{dt} + L_a \frac{GD^2}{375 C_m} \frac{d^2 n}{dt^2} = u_a \qquad (2-18)$$

将式（2-18）标准化得微分方程式为

$$\frac{L_a}{R_a} \frac{GD^2}{375} \frac{R_a}{C_m C_e} \frac{d^2 n}{dt^2} + \frac{GD^2 R_a}{375 C_m C_e} \frac{dn}{dt} + n = \frac{1}{C_e} u_a$$

令 $\frac{L_a}{R_a} = T_d$，称为电机电磁时间常数；$\frac{GD^2 R_a}{375 C_m C_e} = T_m$，称为电机机电时间常数。

则得微分方程式为

$$T_d T_m \frac{d^2 n}{dt^2} + T_m \frac{dn}{dt} + n = \frac{1}{C_e} u_a \qquad (2-19)$$

当考虑负载转矩，即 $M_L \neq 0$ 时，上式可写成

$$T_m T_d \frac{d^2 n}{dt^2} + T_m \frac{dn}{dt} + n = \frac{u_a}{C_e} - \frac{R_a}{C_m C_e} \left(M_L + L_a \frac{dM_L}{dt} \right) \qquad (2-20)$$

由式（2-20）可知，转速 n 是电枢电压 u_a 和负载转矩 M_L 共同作用的结果。在实际工程中，人们常常是通过改变电枢电压来控制电机的转速，此时负载转矩 M_L 即为干扰。

【例 2 - 5】 试列写电阻炉的微分方程式。电阻炉由电阻丝和加热容器组成。设电阻炉温度为 T_1，电阻丝产生热量为 Q_1，环境温度为 T_2，炉内向外散出的热量为 Q_2。

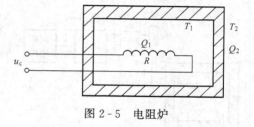

图 2-5 电阻炉

解 设输入量为加热电压 u_c，输出量为炉温 T_1。

根据热平衡原理有

$$Q_1 - Q_2 = C \frac{\mathrm{d}T_1}{\mathrm{d}t} \tag{2-21}$$

式中，C 为电炉热容量，即炉温上升 1℃ 所需热量。

将式（2-21）写成增量形式

$$\Delta Q_1 - \Delta Q_2 = C \frac{\mathrm{d}\Delta T_1}{\mathrm{d}t} \tag{2-22}$$

$$Q_2 = \frac{T_1 - T_2}{R} \tag{2-23}$$

其中，R 为热阻，则

$$\Delta Q_2 = \frac{\Delta T_1 - \Delta T_2}{R} \tag{2-24}$$

设周围环境温度不变，$\Delta T_2 = 0$，式（2-24）变为

$$\Delta Q_2 = \frac{\Delta T_1}{R} \tag{2-25}$$

将式（2-25）代入式（2-22）得微分方程式为

$$RC \frac{\mathrm{d}\Delta T_1}{\mathrm{d}t} + \Delta T_1 = R\Delta Q_1 \tag{2-26}$$

$$Q_1 = 0.24 \frac{u_c^2}{r} \tag{2-27}$$

式中 r——电阻丝电阻；

u_c——外加电压。

由式（2-27）可知，Q_1 与 u_c 之间为非线性关系，必须线性化。这里采用小偏差线性化法。

设工作点为 (Q_{10}, u_{c0})，在此点附近将非线性函数展成泰勒级数，略去二次以上的高次项，得

$$\Delta Q_1 = \frac{\mathrm{d}Q_1}{\mathrm{d}u_c} \bigg|_{u_c = u_{c0}} \Delta u_c$$

$$= \frac{0.48 u_{c0}}{r} \Delta u_c \tag{2-28}$$

将式（2-28）代入式（2-26）得线性化后的微分方程得

$$RC \frac{\mathrm{d}\Delta T_1}{\mathrm{d}t} + \Delta T_1 = \frac{0.48 u_{c0}}{r} \Delta u_c \tag{2-29}$$

【例 2 - 6】 试列写图 2-6 所示炉温控制系统的微分方程式。

在此系统中，温度给定值由电位器设定，给定值为 u_T^*，炉温由热电偶测量，并转换成

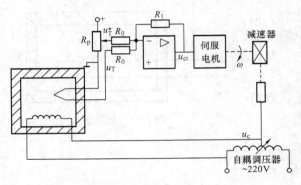

图 2-6　炉温控制系统

电压 u_T，再将 u_T 与 u_T^* 比较，由于给定发生变化或扰动的影响，u_T^* 和 u_T 之间产生偏差，经放大后，控制执行机构（可逆电机），带动供电自耦调压器的滑动端，改变加热电压，实现炉温的自动调节。

解　设系统输入量为 u_T^*，输出量为炉温 T_1。

将系统分为以下环节，并分别求各环节的微分方程式。

(1)电阻炉。由例 2-5 可知，电阻炉微分方程式为

$$T \frac{\mathrm{d}T_1}{\mathrm{d}t} + T_1 = Ku_c \tag{2-30}$$

(2) 执行元件。由于电阻炉惯性较大，因此电机的惯性可忽略不计（$T_d = T_m = 0$），则有

$$\omega = K_1 u_{ct} \tag{2-31}$$

减速器有

$$\alpha = K_2 \int_0^t \omega \mathrm{d}t \tag{2-32}$$

式中　α——减速器输出角位移；

K_2——减速比。

调压器有

$$u_c = K_3 \alpha \tag{2-33}$$

执行元件方程为

$$u_c = K_1 K_2 K_3 \int_0^t u_{ct} \mathrm{d}t$$

$$= K_m \int_0^t u_{ct} \mathrm{d}t \tag{2-34}$$

其中　　　　　　$K_m = K_1 K_2 K_3$

(3) 比较放大环节

$$u_{ct} = K_a(u_T^* - u_T) \tag{2-35}$$

其中　　　　　　$K_a = R_1/R_0$

(4) 反馈环节

$$u_T = K_{fT} T_1 \tag{2-36}$$

式中　K_{fT}——反馈电压与炉温的比例系数。

消去中间变量后有

$$T \frac{\mathrm{d}^2 T_1}{\mathrm{d}t^2} + \frac{\mathrm{d}T_1}{\mathrm{d}t} + KK_m K_a K_{fT} T_1 = KK_m K_a u_T^* \tag{2-37}$$

式 (2-37) 即为炉温控制系统的微分方程式。

【例 2-7】　试列写图 2-7 所示闭环调速控制系统的微分方程。

解 设输入量为给定电压 u_n、输出量为电动机转速 n。将系统划分为以下环节，并分别列写其微分方程式。

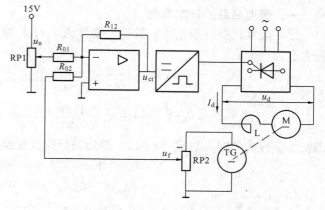

1. 比较放大环节

令 $R_{01} = R_{02}$，有

$$u_{ct} = K_1(u_n - u_f) \quad (2\text{-}38)$$

其中 $\qquad K_1 = -R_{12}/R_{01}$

2. 功率放大环节（晶闸管整流装置）

当不计晶闸管整流电路的时间滞后和非线性时有

图 2-7 闭环调速系统

$$u_d = K_s u_{ct} \quad\quad\quad\quad (2\text{-}39)$$

式中 $\quad K_s$——电压放大系数。

3. 控制对象（直流电动机）

由前面分析可知，电动机微分方程式为

$$T_d T_m \frac{\mathrm{d}^2 n}{\mathrm{d}t^2} + T_m \frac{\mathrm{d}n}{\mathrm{d}t} + n = \frac{u_d}{C_e} \quad (2\text{-}40)$$

4. 反馈环节（测速发电机）

$$u_f = K_{fn} n \quad\quad\quad\quad (2\text{-}41)$$

式中 $\quad K_{fn}$——电动机反馈电压与转速之间的比例系数。

消去中间变量得闭环系统的微分方程式为

$$\frac{T_d T_m}{1+K} \frac{\mathrm{d}^2 n}{\mathrm{d}t^2} + \frac{T_m}{1+K} \frac{\mathrm{d}n}{\mathrm{d}t} + n = \frac{K_1 K_s u_n}{C_e(1+K)} \quad (2\text{-}42)$$

式中

$$K = \frac{K_1 K_s K_{fn}}{C_e}$$

通过以上几例微分方程式的建立可知，系统的微分方程是由输出量的各阶导数和输入量的各阶导数以及系统的一些参数构成。不同类型的物理环节和系统，可以有形式相同的微分方程。

第二节 传 递 函 数

描述环节或系统的动态特性，最基本的形式是用微分方程，分析自动控制系统性能最直接的方法，就是求解微分方程式。但是求解微分方程比较繁琐，特别是高阶微分方程求解更加困难。因此用微分方程来分析和设计系统往往是不方便的。在数学中利用拉氏变换可将时间域的微分方程变换成复数域的代数方程，可以大大简化求解过程。由此将拉氏变换引入到控制理论中来，导出了传递函数的概念。经典控制理论中的主要研究方法都是建立在传递函数基础上的，因此说，传递函数是经典控制理论中最重要的数学模型。

一、传递函数的基本概念

设一线性环节（或系统）其输入变量为 $r(t)$，输出变量为 $c(t)$，其动态特性用微分方程表示为

$$a_n \frac{\mathrm{d}^n c(t)}{\mathrm{d}t^n} + a_{n-1} \frac{\mathrm{d}^{n-1} c(t)}{\mathrm{d}t^{n-1}} + \cdots + a_1 \frac{\mathrm{d}c(t)}{\mathrm{d}t} + a_0 c(t)$$

$$= b_m \frac{\mathrm{d}^m r(t)}{\mathrm{d}t^m} + b_{m-1} \frac{\mathrm{d}^{m-1} r(t)}{\mathrm{d}t^{m-1}} + \cdots + b_1 \frac{\mathrm{d}r(t)}{\mathrm{d}t} + b_0 r(t) \tag{2-43}$$

当初始条件为零时，对式（2-43）两边进行拉氏变换，可得

$$(a_n s^n + a_{n-1} s^{n-1} + \cdots + a_1 s + a_0) C(s)$$

$$= (b_m s^m + b_{m-1} s^{m-1} + \cdots + b_1 s + b_0) R(s) \tag{2-44}$$

令

$$W(s) = \frac{b_m s^m + b_{m-1} s^{m-1} + \cdots + b_1 s + b_0}{a_n s^n + a_{n-1} s^{n-1} + \cdots + a_1 s + a_0}$$

$$= \frac{C(s)}{R(s)} \tag{2-45}$$

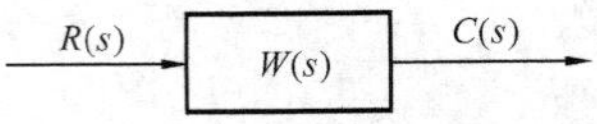

图 2-8　传递函数
表示信号传递关系

其中，$W(s)$ 由环节（或系统）结构和参数决定，与输入输出变量无关，是变量 s 的有理分式。

式（2-45）可以写成 $C(s) = W(s)R(s)$，用图 2-8 所示方框图表示输入和输出之间关系，可以形象地看出，输出 $C(s)$ 是由输入 $R(s)$ 经过 $W(s)$ 的传递而得到的，所以称 $W(s)$ 为传递函数。

由式（2-45）可以给出传递函数的定义：在线性定常系统（或环节）中，当初始条件为零时，系统（或环节）输出变量的拉氏变换与输入变量拉氏变换之比，称之为该系统（或环节）的传递函数。

二、关于传递函数的几点说明

（1）传递函数是经拉氏变换导出的，因此只适用于线性定常系统。

（2）传递函数中各项系数值完全取决于系统的结构参数，并且和微分方程式中各项系数对应相等，这表明传递函数可以作为系统的动态数学模型。

（3）传递函数是在零初始条件下定义的。即在零时刻之前，系统对所给定的平衡工作点是处于相对静止状态的。

（4）传递函数分子多项式阶次总是小于或等于分母多项式阶次，即 $m \leqslant n$。这是由于系统中总是含有较多的惯性元件以及受到能源限制所造成的。

（5）一个传递函数只能表示一个输入对一个输出的关系，至于信号传递通道中的中间变量，用同一个传递函数无法全面反映。

（6）将式（2-45）写成如下形式

$$W(s) = \frac{K(s - z_1)(s - z_2) \cdots (s - z_m)}{(s - p_1)(s - p_2) \cdots (s - p_n)} \tag{2-46}$$

其中，K 为常数；$z_1 \cdots z_m$ 称为传递函数的零点；$p_1 \cdots p_n$ 称为传递函数的极点。将零、极点标在复平面上，则得传递函数的零极点分布图，如图 2-9 所示。图中零点用"○"表示，极点用"×"表示。

（7）传递函数的拉氏反变换是系统的脉冲响应。

三、典型环节传递函数及阶跃响应

在控制系统中环节的种类繁多，尽管它们的物理性能不同，但当它们的传递函数有相同的形式时，其动态特性也就具有类似的特征。现按照环节传递函数的异同，归纳为几种典型的类型，称为典型环节，一些更复杂的环节和系统都是由这些典型环节所组成，所以研究和掌握这些典型环节的特性是很重要的。

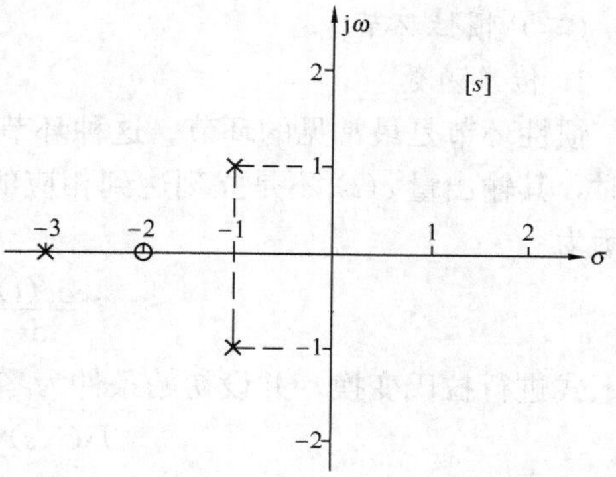

图 2-9 零极点分布图

（一）比例环节

1. 比例环节的传递函数

比例环节又称为比例放大环节，其输出量与输入量的关系为

$$c(t) = Kr(t) \tag{2-47}$$

式中 K——放大系数。

两边取拉氏变换得

$$C(s) = KR(s)$$

传递函数为

$$W(s) = \frac{C(s)}{R(s)} = K \tag{2-48}$$

图 2-10 为比例环节的实例。

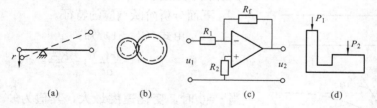

图 2-10 比例环节实例

（a）杠杆；（b）齿轮传动；（c）线性放大器；（d）液压缸

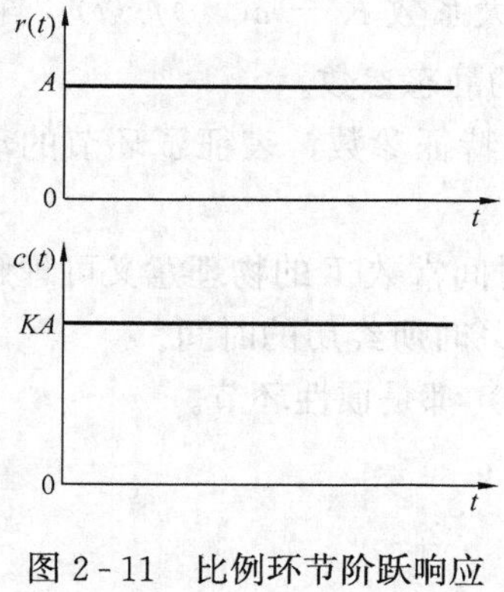

2. 比例环节的阶跃响应

在阶跃信号作用下，环节输出变化的动态过程称为环节的阶跃响应。

设阶跃信号为

$$r(t) = A \times 1(t) \tag{2-49}$$

其拉氏变换为

$$R(s) = \frac{A}{s}$$

可得比例环节的阶跃响应为 $c(t) = Kr(t) = KA \times 1(t)$，则比例环节的阶跃响应如图 2-11 所示。比例环节的特性是：当输入量作阶跃变化时，输出量成比例变化，无延迟。

图 2-11 比例环节阶跃响应

（二）惯性环节

1. 传递函数

惯性环节是最常见的环节。这种环节具有储能元件，其特点是当输入量 $r(t)$ 作阶跃变化时，其输出量 $c(t)$ 不是立刻达到相应的平衡状态，而是要经过一定的时间。其运动方程表示为

$$T\frac{\mathrm{d}c(t)}{\mathrm{d}t}+c(t)=Kr(t)$$

对上式进行拉氏变换，并设初始条件为零，则得

$$TsC(s)+C(s)=KR(s)$$

传递函数为

$$W(s)=\frac{C(s)}{R(s)}=\frac{K}{Ts+1} \tag{2-50}$$

2. 阶跃响应

当输入信号为阶跃信号时

$$R(s)=\frac{A}{s}$$

$$C(s)=\frac{K}{Ts+1}R(s)=\frac{K}{Ts+1}\frac{A}{s}$$

对上式进行拉氏反变换得

$$c(t)=KA\left(1-\mathrm{e}^{-\frac{t}{T}}\right) \tag{2-51}$$

其阶跃响应曲线如图 2-12 所示。

下面分析阶跃响应的特征。

（1）由式（2-51）知

$$\frac{\mathrm{d}c(t)}{\mathrm{d}t}=\frac{KA}{T}\mathrm{e}^{-\frac{t}{T}}$$

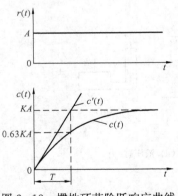

图 2-12　惯性环节阶跃响应曲线

当 $t=0$ 时，变化速度最大，其值为 $\frac{KA}{T}$ ，它反映了输出量 $c(t)$ 的初始响应速度，时间常数 T 越大，响应速度越慢；T 越小，响应速度越快。当 $T=0$ 时，为比例环节，响应速度最快。

（2）放大系数 K。放大系数 $K=c(\infty)/r(t)$ ，它是影响新稳态值的特征参数，表示了环节的静态特性，是环节的静态参数。

（3）时间常数 T。时间常数 T 是影响输出变量变化速度的特征参数，表征了环节的动态性能，是环节的动态参数。

由式（2-51）可知，当 $t=T$ 时，$c(t)=0.632KA$ ，因此时间常数 T 的物理意义可理解为：环节在阶跃作用后，输出变量变化到新稳态值 KA 的 63.2% 时所经历的时间。

图 2-1 中的 RC 无源网络及图 2-5 中的电阻炉（线性化后）都是惯性环节。

（三）积分环节

1. 传递函数

积分环节的输出量为输入量的积分，其微分方程式为

$$c(t) = \frac{1}{T_i} \int r(t)\,\mathrm{d}t$$

在零初始条件下取拉氏变换得

$$C(s) = \frac{1}{T_i s} R(s)$$

传递函数为

$$W(s) = \frac{1}{T_i s} \qquad\qquad (2\text{-}52)$$

式中　T_i——积分时间常数。

　2. 阶跃响应

$$\begin{aligned}
C(s) &= \frac{1}{T_i s} R(s) \\
&= \frac{1}{T_i s} \cdot \frac{A}{s} = \frac{A}{T_i s}
\end{aligned}$$

其拉氏反变换为

$$c(t) = \frac{A}{T_i} t \qquad\qquad (2\text{-}53)$$

其阶跃响应如图 2-13 所示。输出变量为等速变化过程，其变化速度为 $\frac{A}{T_i}$。T_i 越小，输出变化越快。

　当 $t = T_i$ 时，$c(t) = A$。因此 T_i 的物理意义可以理解为：在阶跃信号作用下，输出变量变化到阶跃信号的数值时所需要的时间。

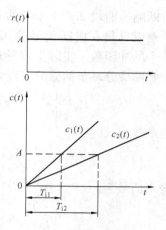

图 2-13　积分环节阶跃响应

　积分环节的特点是：其输出变量为输入变量对时间的积累，因此输出量对输入量有积累特点的元件和设备，一般都含有积分环节。常见积分环节实例如图 2-14 所示。

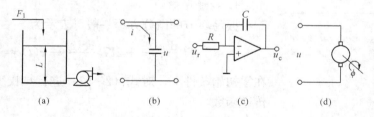

(a)　　　　　　(b)　　　　　　(c)　　　　　　(d)

图 2-14　积分环节实例

(a) 储槽；(b) 电容器；(c) 积分电路；(d) 电动机

（四）微分环节

1. 传递函数

　微分环节是自动控制系统中经常应用的环节，其特点是在暂态过程中，输出量为输入量的微分。其微分方程为

$$c(t) = T_d \frac{\mathrm{d}r(t)}{\mathrm{d}t}$$

传递函数为

$$W(s) = \frac{C(s)}{R(s)} = T_d s \qquad (2-54)$$

式中　T_d——微分时间常数，是反映微分作用强弱的特征参数。T_d 越大，微分作用越强。

2. 阶跃响应

当 $r(t) = A \times 1(t)$ 时，微分环节的阶跃响应为 $C(s) = W(s)R(s) = T_d s \dfrac{A}{s} = T_d A$，取拉氏反变换得

$$c(t) = T_d A \delta(t) \qquad (2-55)$$

其阶跃响应曲线如图 2-15 所示。由图可见，微分环节的阶跃响应只是在阶跃信号输入瞬间跳跃一下便立即消失，是一个脉冲函数。实际上这种理想的纯微分环节是不存在的，实际微分环节的微分方程为

$$T_d \frac{dc(t)}{dt} + c(t) = T_d \frac{dr(t)}{dt}$$

传递函数为

$$W(s) = \frac{C(s)}{R(s)} = \frac{T_d s}{T_d s + 1}$$

当输入信号为 $r(t) = A \times 1(t)$ 时，其阶跃响应为

$$C(s) = \frac{T_d s}{T_d s + 1} \times \frac{A}{s} = \frac{A}{s + \dfrac{1}{T_d}}$$

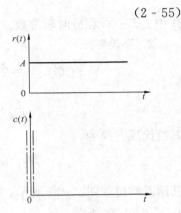

图 2-15　微分环节阶跃响应

取拉氏反变换得

$$c(t) = A \cdot e^{-\frac{t}{T_d}} \qquad (2-56)$$

其阶跃响应曲线如图 2-16 所示。

（五）振荡环节

1. 传递函数

振荡环节的微分方程一般可表示为

$$T^2 \frac{d^2 c(t)}{dt^2} + 2\zeta T \frac{dc(t)}{dt} + c(t) = r(t) \qquad (2-57)$$

在零初始条件下，对式（2-57）进行拉氏变换，可求出其传递函数

$$W(s) = \frac{C(s)}{R(s)}$$
$$= \frac{1}{T^2 s^2 + 2\zeta T s + 1} \qquad (2-58)$$

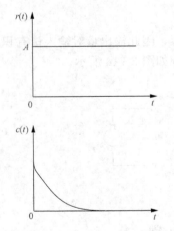

图 2-16　实际微分环节阶跃响应

式中　T——振荡环节时间常数；
　　　ζ——振荡环节阻尼比。

设 $\omega_n = \dfrac{1}{T}$，则式（2-58）变为

$$W(s) = \frac{\omega_n^2}{s^2 + 2\zeta \omega_n s + \omega_n^2} \qquad (2-59)$$

式中　ω_n——振荡环节的无阻尼自然振荡角频率。

2. 阶跃响应

振荡环节传递函数的特征方程式为

$$s^2 + 2\zeta\omega_n s + \omega_n^2 = 0 \qquad (2\text{-}60)$$

由于 $0 < \zeta < 1$，所以振荡环节的根为一对共轭复数根，即

$$p_{1,2} = -\zeta\omega_n \pm j\omega_n \sqrt{1-\zeta^2} \qquad (2\text{-}61)$$

因此当输入信号为阶跃函数时，有

$$C(s) = W(s)R(s)$$

$$= \frac{\omega_n^2}{s^2 + 2\zeta\omega_n s + \omega_n^2} \frac{A}{s}$$

$$= \frac{\omega_n^2}{s(s-p_1)(s-p_2)}$$

$$c(t) = A\left[1 - \frac{e^{-\zeta\omega_n t}}{\sqrt{1-\zeta^2}} \cdot \sin(\omega t + \varphi)\right] \qquad (2\text{-}62)$$

其中

$$\omega = \omega_n \sqrt{1-\zeta^2}; \quad \varphi = \arctan\frac{\sqrt{1-\zeta^2}}{\zeta}$$

由式（2-62）可以看出，振荡环节的阶跃响应为一个衰减振荡过程，其振荡频率为 ω，相角为 φ，如图 2-17 所示。

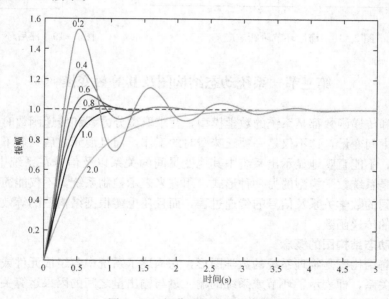

图 2-17　振荡环节阶跃响应曲线

图 2-2、图 2-3 所示环节都为振荡环节。

（六）滞后环节

1. 传递函数

滞后环节的特点是：当输入变量在某一时刻产生变化后，其输出变量不立即反映，而是要经过一段时间 τ 以后才等量地复现输入变量，其时域数学模型可描述为

$$c(t) = \begin{cases} 0 & (0 \leqslant t \leqslant \tau) \\ r(t-\tau) & (t > \tau) \end{cases} \tag{2-63}$$

式（2-63）在零初始条件下进行拉氏变换，可得出其传递函数为

$$W(s) = \frac{C(s)}{R(s)} = e^{-\tau s} \tag{2-64}$$

式中，τ 为滞后时间。

2. 阶跃响应

滞后环节的阶跃响应如图 2-18 所示。

生产中常见的滞后环节如图 2-19 所示。它是带钢厚度检测环节。带钢在 A 点轧出时，产生厚度偏差 Δh_d，这一厚度偏差在到达 B 点才为测厚仪所检测。若测厚仪距机架的距离为 l，带钢运动速度为 v，则时滞为

$$\tau = \frac{l}{v}$$

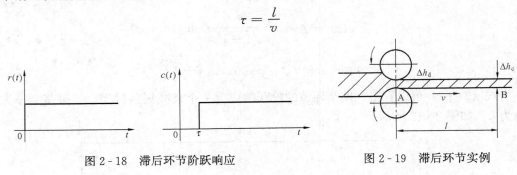

图 2-18　滞后环节阶跃响应　　　　　　图 2-19　滞后环节实例

第三节　系统动态结构图及其等效变换

微分方程和传递函数都是系统的数学模型，在求取微分方程和传递函数时，都需要用消元的方法消去中间变量，这不仅是一项乏味费时的工作，而且消元之后只剩下系统的输入和输出两个变量，不能直观地显示出系统中其他变量间的关系以及信号在系统中的传递过程。而动态结构图是系统数学模型的另一种形式，用它来表示控制系统，不仅能简明地表示出系统中各变量之间的数学关系及信号的传递过程，而且还也能根据结构图的等效变换法则，方便地求出系统的传递函数。

一、系统动态结构图的概念

系统的动态结构图是物理系统的数学图形，它描述了系统中各组成元件或环节间信号传递的数学变换关系，即表示了环节或系统的输入量与输出量之间的因果运算关系。所以动态结构图是系统的图形化数学模型。

下面以图 2-20 所示 RC 网络为例说明动态结构图的组成。RC 网络的微分方程组为

$$\begin{cases} u_r = Ri + u_c \\ i = C \dfrac{du_c}{dt} \end{cases}$$

对以上两式取拉氏变换得

$$\begin{cases} U_r(s) = RI(s) + U_c(s) \\ I(s) = CsU_c(s) \end{cases}$$

经整理得

$$\frac{U_r(s) - U_c(s)}{R} = I(s)$$

$$U_c(s) = I(s)\frac{1}{Cs}$$

用方框图表示上述数学表达式,如图 2-21 所示。

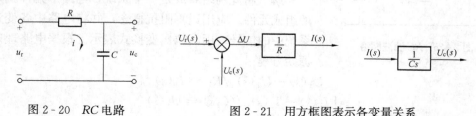

图 2-20 RC 电路　　　　图 2-21 用方框图表示各变量关系

图 2-21 中,符号 $\otimes$ 表示信号的代数和称作相加点或综合点。由 $\otimes$ 输出的信号为 $\Delta U(s)$,$\Delta U(s) = U_r(s) - U_c(s)$,故在代表 $U_c(s)$ 信号的箭头附近标以负号。$\Delta U(s)$ 经 $\frac{1}{R}$ 转换为电流 $I(s)$,而电流 $I(s)$ 经 $\frac{1}{Cs}$ 转换为端电压 $U_c(s)$。

再根据信号的流向,将各方框图依次连接起来,即得系统的动态结构图,如图 2-22 所示。

由上可见,动态结构图是由许多对信号进行单向运算的方框和一些连线组成的,它包含有四种基本单元。

(1) 信号线。带有箭头的直线,箭头表示信号的传递方向。

(2) 引出点。表示信号引出的位置,从同一位置引出的信号在数值和性质方面完全相同。

(3) 比较点(综合点)。对两个以上的信号进行代数求和运算。"+"表示相加,"−"表示相减,通常"+"号省略不写,如图 2-23 所示。

这时
$$R_3(s) = R_1(s) \pm R_2(s)$$

(4) 方框(环节)。表示对信号进行的数学变换。方框中写入元件、部件或系统的传递函数。显然,方框的输出变量就等于方框的输入变量与方框中的传递函数的乘积。如图 2-24 所示,其运算法则是

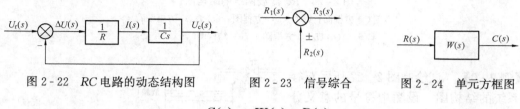

图 2-22 RC 电路的动态结构图　　图 2-23 信号综合　　图 2-24 单元方框图

$$C(s) = W(s) \cdot R(s)$$

二、系统动态结构图的建立

绘制动态结构图的一般步骤如下。

(1) 首先按照系统的结构和工作原理,分解出各环节,并确定各环节的传递函数。

(2) 绘出各环节的动态结构图,结构图中标明其传递函数,并以箭头和字母符号表明其

输入量和输出量。

（3）根据信号在系统中的流向，依次将各结构图连接起来。

下面用实例说明控制系统动态结构图建立的方法和步骤。

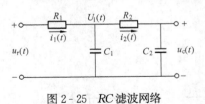

图 2-25　RC 滤波网络

【**例 2-8**】　试绘制图 2-25 所示 RC 滤波网络的动态结构图。

解　将此网络看成是一个系统，电路中元件就是系统的组成元件。应用运算阻抗概念，并将电路中各变量（即系统中的信号）用其拉氏变换式表示。根据电路理论列出原始方程

$$[U_r(s) - U_1(s)]/R_1 = I_1(s)$$
$$[I_1(s) - I_2(s)]/(C_1 s) = U_1(s)$$
$$[U_1(s) - U_c(s)]/R_2 = I_2(s)$$
$$U_c(s) = I_2(s)/(C_2 s)$$

由上列各式，画出各元件的方框图，分别示于图 2-26（a）～（d）中，然后根据信号传递关系，将这些单元方框图连接起来（即把相同变量的信号线连在一起），便得到 RC 滤波网络的结构图，见图 2-26（e）。

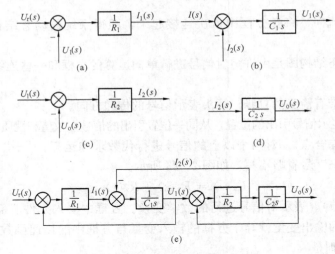

图 2-26　RC 滤波网络的结构图

(a) $I_1(s)$ 方框图；(b) $U_1(s)$ 方框图；(c) $I_2(s)$ 方框图；

(d) $U_0(s)$ 方框图；(e) 结构图

【**例 2-9**】　试绘制图 2-27 所示双容液面系统的结构图。设图中符号的意义分别为：

Q_0——稳态流量（发生变化前的稳定流量）；

Δq，Δq_1，Δq_2——相应流量对稳态流量的微偏量；

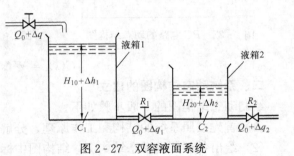

图 2-27　双容液面系统

Δh_1，Δh_2——相应的液位对其稳态值的微偏量；

H_{10}，H_{20}——稳态液位（发生变化前的稳定液位）；

C_1，C_2——液容，单位液位变化所需的储液箱流量的变化，本例即液箱横断面积；

R_1，R_2——液阻，产生单位流量变化所需的液位差变化量。

解　这是一个两储液箱互相影响的系统，不能简单看成两个储液箱的串联。按照给定的符号及意义，可以列出原始方程式（为简便计，省略增量符号，直接用小写字母表示该变量的微偏量）。

$$\frac{(h_1 - h_2)}{R_1} = q_1$$

$$C_1 \frac{\mathrm{d}h_1}{\mathrm{d}t} = q - q_1$$

$$\frac{h_2}{R_2} = q_2$$

$$C_2 \frac{\mathrm{d}h_2}{\mathrm{d}t} = q_1 - q_2$$

在零初始条件下对上列各式取拉氏变换，并据此画出单元结构图，分别示于图 2 - 28（a）～（d）中，然后将各单元结构图中相同变量的信号线连接起来，就得到双容液面系统的结构图，如图 2 - 28（e）所示。

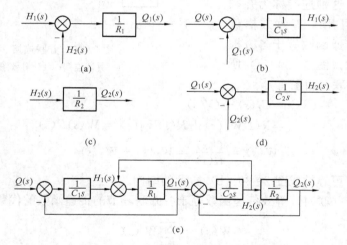

图 2 - 28　双容液面系统动态结构图

(a) $Q_1(s)$ 单元结构图；(b) $Q(s)$ 单元结构图；(c) $Q_2(s)$ 单元结构图；

(d) $H_2(s)$ 单元结构图；(e) 双容液面系统动态结构图

三、结构图的等效变换

系统的结构图既已作出，便可直观地了解系统内部各变量之间的动态关系。但是，一般地说，并不能立即求出系统输入量与输出量之间的传递函数。为了便于分析系统和求出其传递函数，常需将复杂的动态结构图进行化简。

1. 典型连接的等效变换

（1）串联连接的等效变换。两个方框按信号传递方向连接在一起，即前一方框的输出信号作为后一方框的输入信号，其间不存在负载效应和信号的引出，这种连接称为串联。串联

连接可用一等效方框代替，等效方框的传递函数等于各个方框传递函数的乘积。图 2-29
（a）所示为两个环节的串联。

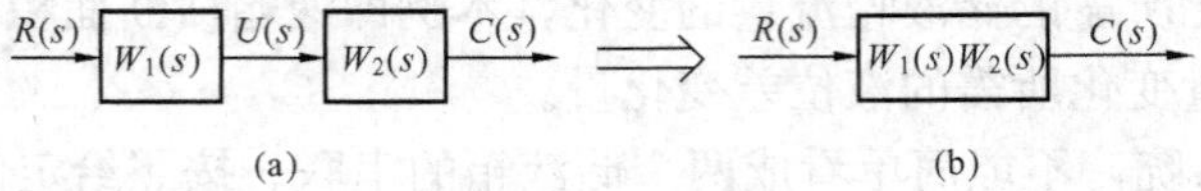

$$R(s) \rightarrow \boxed{W_1(s)} \xrightarrow{U(s)} \boxed{W_2(s)} \xrightarrow{C(s)} \implies R(s) \rightarrow \boxed{W_1(s)W_2(s)} \xrightarrow{C(s)}$$

(a)　　　　　　　　　　　　　　（b)

图 2-29　串联连接
(a) 串联连接；(b) 等效图

由图 2-29（a）可得

$$C(s) = W_2(s)U(s)$$

$$U(s) = W_1(s)R(s)$$

用代入法消去中间变量 $U(s)$，得

$$C(s) = W_1(s)W_2(s)R(s)$$

由此得串联连接的等效传递函数为

$$W(s) = \frac{C(s)}{R(s)} = W_1(s)W_2(s)$$

因而可等效成图 2-29（b）所示结构。如有 n 个环节相串联，则等效传递函数为各环节传递
函数的乘积，即有

$$W(s) = \prod_{i=1}^{n} W_i(s) \tag{2-65}$$

（2）并联连接的等效变换。两个
方框有相同的输入量，而输出量又是
相同类型的物理量，以两个方框输出
量的代数和输出，这种连接称为并联
连接。并联连接可用一等效方框代
替，等效方框的传递函数等于各方框
传递函数的代数和。图 2-30（a）所
示为两个环节的并联。由图有

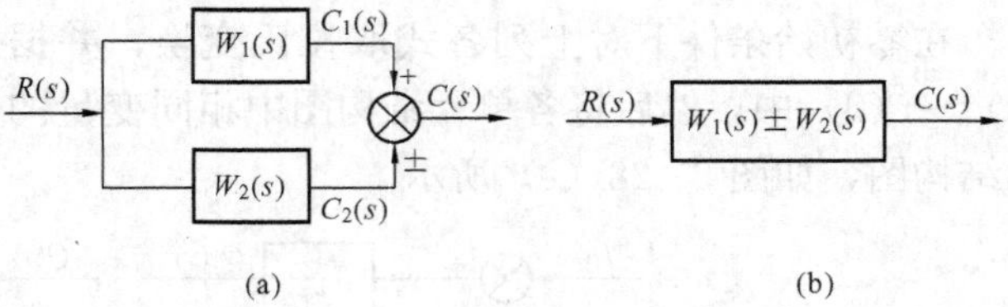

$$C(s) = C_1(s) \pm C_2(s)$$

$$= R(s)W_1(s) \pm R(s)W_2(s) = W(s)R(s)$$

即有

$$W(s) = \frac{C(s)}{R(s)} = W_1(s) \pm W_2(s)$$

$$R(s) \rightarrow \boxed{W_1(s)} \xrightarrow{C_1(s)} \otimes \xrightarrow{C(s)} \quad R(s) \rightarrow \boxed{W_1(s) \pm W_2(s)} \xrightarrow{C(s)}$$
$$\rightarrow \boxed{W_2(s)} \xrightarrow{C_2(s)}$$

(a)　　　　　　　　　　　　(b)

图 2-30　并联连接
(a) 并联连接；(b) 等效图

因而图 2-30（a）可等效成图 2-30（b）所示的结构。

当有 n 个环节并联时，等效传递函数等于各并联环节的传递函数的代数和，即

$$W(s) = \sum_{i=1}^{n} W_i(s) \tag{2-66}$$

（3）反馈连接的等效变换。在自动控制系统中，常将系统中的某个信号引出送回到输入
端，构成闭环，借以改善系统的特性。如图 2-31（a）所示。这种连接称为反馈连接。信号
从输入端沿箭头方向到达输出端的传输通路称为正向（前向）通道，通道中的传递函数称为
正向通道的传递函数；信号从输出端
沿箭头方向返回输入端的传输通路称
为反向（反馈）通道，它的传递函数
称为反向通道的传递函数。在图
2-31（a）中 $W(s)$ 为正向传递函数，
$H(s)$ 为反向传递函数。当 $H(s) = 1$
时，称为单位反馈。

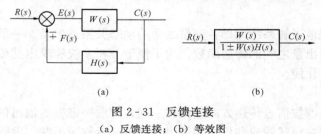

(a)　　　　　　　　　　(b)

图 2-31　反馈连接
(a) 反馈连接；(b) 等效图

根据图 2-31 (a)，有

$$C(s) = E(s)W(s)$$
$$= [R(s) \mp F(s)]W(s)$$
$$= R(s)W(s) \mp H(s)C(s)W(s)$$

即有

$$\frac{C(s)}{R(s)} = \frac{W(s)}{1 \pm W(s)H(s)} \qquad (2-67)$$

式中，"＋"号对应负反馈；"－"号对应正反馈。因而有图 2-31 (b) 所示的等效图。

2. 综合点和引出点的移动

在复杂的自动控制系统中，往往具有几个反馈通路，即构成几个局部闭环系统，这种系统称为多回路系统。简化多回路系统的结构图，特别是简化有互相交错局部反馈的多回路系统的结构图，有时需要移动比较点或引出点的位置。移位的原则是：移位前后应保持信号的等效性，即移位前后其输入输出信号均不变。

（1）综合点相对方框的移动。

1）综合点从单元的输入端移到输出端，如图 2-32 所示。

图 2-32 综合点后移变位运算

变位前 $\qquad C(s) = W(s)[R(s) \pm F(s)]$
变位后 $\qquad C(s) = W(s)R(s) \pm W(s)F(s)$

由此可见，变位前后，输出信号 $C(s)$ 保持不变，所以这一变位是等效的。

2）综合点从单元的输出端移到输入端，如图 2-33 所示，两者是等效的。

图 2-33 综合点前移变位运算

（2）引出点相对方框的移动。

1）引出点从单元的输入端移到输出端，如图 2-34 所示，两者是等效的。

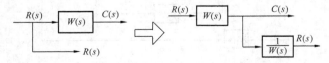

图 2-34 引出点后移的变位运算

2）引出点从单元的输出端移到输入端，如图 2-35 所示。两者是等效的。

（3）综合点之间或引出点之间的位置交换。相邻综合点之间的位置交换或合并如图

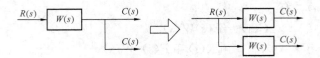

图 2-35　引出点前移的变位运算

2-36（a）所示。引出点之间的位置交换如图 2-36（b）所示。可见，位置交换前后是等效的。

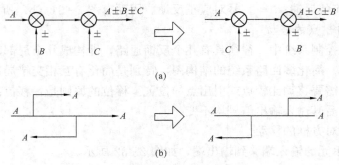

(a)

(b)

图 2-36　引出点之间或综合点之间的位置交换

(a) 综合点位置交换；(b) 引出点位置交换

（4）综合点与引出点之间一般不能互相变位，这一点应该特别注意。如图 2-37 所示，这种变位是错误的，因为变换前后输出量发生了变化。

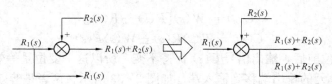

图 2-37　综合点和引出点错误变位

下面举例说明系统动态结构图的等效变换。

【例 2-10】　试化简图 2-38 所示系统结构图，并求出传递函数 $\dfrac{C(s)}{R(s)}$ 。

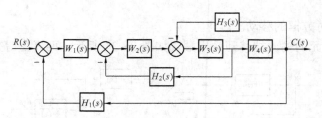

图 2-38　多回路系统结构图

解　观察结构图后可知，只要 $H_3(s)$ 环节的输出信号线前移至 $W_2(s)$ 环节输入端处的综合点（综合点前移）；或者把 $H_2(s)$ 环节的输入信号线改为从 $W_4(s)$ 环节输出端引出（引出点后移），就能消除相互交错，等效变换为无交错的多回路系统，然后按反馈等效或串并联等效规则，逐步简化为等效的单回路系统。

简化过程如图 2-39 所示。

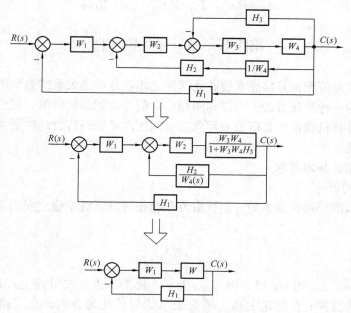

图 2-39 图 2-38 结构图的简化过程

图中

$$W(s) = \frac{W_4(s)W_2(s)W_3(s)}{1 + W_3(s)W_4(s)H_3(s) + W_2(s)W_3(s)H_2(s)}$$

最后求得，系统的传递函数为

$$\frac{C(s)}{R(s)} = \frac{W_1(s)W_2(s)W_3(s)W_4(s)}{1 + W_2(s)W_3(s)H_2(s) + W_3(s)W_4(s)H_3(s) + W_1(s)W_2(s)H_3(s) \cdot W_4(s)H_1(s)}$$

【例 2-11】 试简化图 2-26（e）所示结构图，求 RC 滤波网络的传递函数 $\dfrac{U_o(s)}{U_r(s)}$。

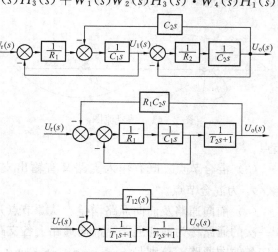

解 由于有相互交错的局部反馈闭环，若不移动引出点或比较点，就无法进行方框的等效运算。因此，对于具有交错局部反馈的多回路系统，需经等效变位，先简化成无交错的多回路系统，然后用等效串并联及反馈连接的方法化简成单回路系统，从而求得系统的传递函数。本例简化过程如图 2-40 所示。

最后求得此系统的传递函数为

图 2-40 图 2-26（e）结构图简化过程

$$\frac{U_o(s)}{U_r(s)} = \frac{1}{T_1 T_2 s^2 + (T_1 + T_2 + T_{12})s + 1}$$

其中　　　　　　　　　　$T_1 = R_1 C_1，\quad T_2 = R_2 C_2，\quad T_{12} = R_1 C_2$

第四节　信　号　流　图

控制系统的信号流图也是描述系统各元部件之间信号传递关系的数学图形，是控制理论中描述复杂系统的一种简便方法。与结构图相比，信号流图符号简单，便于绘制和应用，特别是对系统进行计算机模拟仿真研究及用状态空间法对系统进行设计时更为优越，其不足是只能用于线性系统。

一、信号流图的基本概念

1. 信号流图的概念

信号流图是以图形形式表示的一组代数方程所描述的系统变量之间的关系，若代数方程组为

$$x_i = \sum_{j=1}^n a_{ij} x_j$$

其中，x_j 表示输入，x_i 表示输出，用"。"表示，称为节点；在节点上，x_i 和 x_j 之间用曲线连接起来，称为支路；在支路上画上箭头表示信号的传递方向；在支路的上方注上系数 a_{ij}，表示 x_j 对 x_i 的影响，a_{ij} 称为支路增益。

例如，代数方程组为

$$\begin{cases} x_2 = ax_1 + bx_2 + cx_4 \\ x_3 = dx_2 \\ x_4 = ex_1 + fx_3 \\ x_5 = gx_3 + hx_4 \end{cases}$$

其信号流图如图 2 - 41 所示。

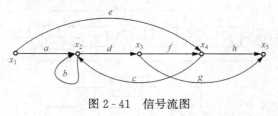

图 2 - 41　信号流图

2. 信号流图的常用术语

（1）源节点（输入节点）。只有输出支路的节点称为源节点，图 2 - 41 中的 x_1 为源节点。

（2）阱节点（输出节点）。只有输入支路的节点称为阱节点，图 2 - 41 中的 x_5 为源节点。

（3）混合节点。既有输入支路又有输出支路的节点称为混合节点，图 2 - 41 中的 x_2、x_3、x_4 为混合节点。

（4）前向通路及前向通路增益。从源节点开始，终止于阱节点，且与任何节点相交不多于一次的通路称为前向通路，前向通路上各支路增益的乘积称为前向通路增益。图 2 - 41 中有四条前向通路，分别是 $x_1 \rightarrow x_4 \rightarrow x_2 \rightarrow x_3 \rightarrow x_5$，$x_1 \rightarrow x_4 \rightarrow x_5$，$x_1 \rightarrow x_2 \rightarrow x_3 \rightarrow x_5$，$x_1 \rightarrow x_2 \rightarrow x_3 \rightarrow x_4 \rightarrow x_5$，其增益分别为 $ecdg$，eh，adg，$adfh$。

（5）反馈回路（简称回路）。起点和终点在同一节点上，而且信号通过每一节点不多于

一次的闭合通路称为回路，回路中所有支路的增益之积称为回路增益。图 2 - 41 中有两个回路，其回路增益分别为 b，dfc。

（6）不接触回路。互相没有公共节点的回路称为不接触回路。

二、信号流图的绘制

1. 由系统微分方程绘制信号流图

首先应将微分方程变换为 s 域代数方程，而后对系统的每个变量指定一个节点，并按照系统中变量间的因果关系从左到右顺序排列，再根据数学方程将各节点正确地连接起来，并标明支路增益，便可得到系统的信号流图。

【例 2 - 12】 试绘制图 2 - 42 所示 RC 电路的信号流图。

解 根据欧姆定律和克希荷夫定律列写方程

$$\begin{cases} \dfrac{U_r(s) - U(s)}{R} = I_1(s) \\ \dfrac{U(s) - U_c(s)}{R} = I_3(s) \\ I_2(s) = I_1(s) - I_3(s) \\ U(s) = \dfrac{1}{C_1 s} I_2(s) \\ U_c(s) - U_r(s) = \dfrac{1}{C_2 s} I_3(s) \end{cases}$$

根据上述方程组画出信号流图，如图 2 - 43 所示。

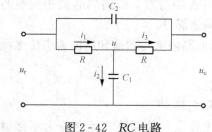

图 2 - 42 RC 电路

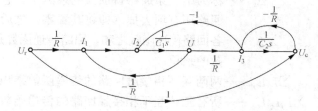

图 2 - 43 RC 电路的信号流图

2. 由系统动态结构图绘制信号流图

由系统动态结构图绘制信号流图时，只需在系统动态结构图的信号线上寻找出传递的信号，便得到节点；用标有传递函数的线段代替结构图中的方框，便得到支路；于是，系统动态结构图就变换为相应的信号流图了。

由系统动态结构图绘制信号流图时，若在系统动态结构图比较点之前没有引出点（但在比较点之后可以有引出点），只需在比较点后设置一个节点便可；但若在比较点之前有引出点，就需在引出点和比较点各设置一个节点，并分别标志两个变量，且它们之间的支路增益为 1。

【例 2 - 13】 试绘制图 2 - 44 所示系统的信号流图。

解 该系统中各变量分别为：$R(s)$，e，e_1，e_2，$C(s)$，将各节点按原来的顺序自左向右排列，连接各节点的支路与动态结构图中的方框相对应，即将动态结构图中的方框用具有相应增益的支路代替，并连接有关节点，便得到系统的信号流图，如图 2 - 45 所示。

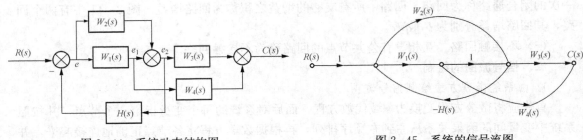

图 2-44　系统动态结构图　　　　　　　　图 2-45　系统的信号流图

三、梅逊公式

梅逊增益公式是利用拓扑的方法推导出来的，公式表述为

$$W(s) = \frac{C(s)}{R(s)} = \frac{1}{\Delta} \sum_{k=1}^{n} T_k \Delta_k \qquad (2-68)$$

系统的特征式为

$$\Delta = 1 - \sum L_i + \sum L_i L_j - \sum L_i L_j L_z + \cdots$$

式中　$C(s)$——系统的输出量；

　　　$R(s)$——系统的输入量；

　　　T_k——第 k 条前向通道的传递函数；

　　　n——从输入到输出的前向通道数；

　　　Δ——系统的特征式；

　　　Δ_k——称为第 k 条通路特征式的余因子，它是将 Δ 中与第 k 条前向通道相接触的
回路所有项去掉（即将其置零）之后的剩余部分。

　　　$\sum L_i$——各回路传递函数之和，回路传递函数是指回路内前向通道和反馈通道传递函
数的乘积；

　　　$\sum L_i L_j$——两两互不相接触回路的传递函数乘积之和；

　　　$\sum L_i L_j L_z$——所有三个互不相接触回路的传递函数乘积之和。

上述公式中的接触回路，是指具有共同引出点（或比较点）的回路，反之称为不接触
回路。

【例 2-14】　控制系统信号流图如图 2-46 所示，试求其传递函数。

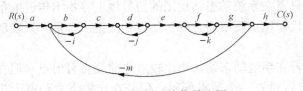

图 2-46　控制系统信号流图

解　系统有一条前向通路

$$P_1 = abcdefgh$$

有四个反馈回路

$$L_1 = -bi, L_2 = -dj,$$
$$L_3 = -fk, L_4 = -bcdefgm$$

两两相互不接触回路有三个

$$L_1 L_2 = bidj, L_2 L_3 = djfk, L_1 L_3 = bifk$$

三个相互不接触回路有一个

$$L_1 L_2 L_3 = -idjfk$$

特征式为

$$\Delta = 1 - (L_1 + L_2 + L_3 + L_4) + (L_1 L_2 + L_2 L_3 + L_1 L_3) - L_1 L_2 L_3$$

$$= 1 + bi + dj + fk + bcdefgm + bidj + bifk + difk + bidjfk$$

余子式为

$$\Delta_1 = 1$$

系统的传递函数为

$$\frac{C(s)}{R(s)} = \frac{P_1 \Delta_1}{\Delta} = \frac{abcdefgh}{1 + bi + dj + fk + bcdefgm + bidj + bifk + djfk + bidjfk}$$

【例 2 - 15】　求图 2 - 47 所示系统的传递函数 $C(s)/R(s)$ 。

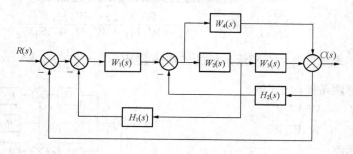

图 2 - 47　系统结构图

解　从图 2 - 47 可见，由输入 $R(s)$ 到输出 $C(s)$ 有两条前向通路，即 $n=2$，且

$$T_1 = W_1 W_2 W_3$$
$$T_2 = W_1 W_4$$

有五个单独回路

$$L_1 = -W_1 W_2 H_1$$
$$L_2 = -W_2 W_3 H_2$$
$$L_3 = -W_1 W_2 W_3$$
$$L_4 = -W_4 H_2$$
$$L_5 = -W_1 W_4$$

没有不接触回路，且所有回路均与两条前向通路接触，因此

$$\Delta_1 = \Delta_2 = 1$$

由此得系统的特征式

$$\Delta = 1 - (L_1 + L_2 + L_3 + L_4 + L_5)$$

故由梅逊公式求得系统传递函数为

$$\frac{C(s)}{R(s)} = \frac{1}{\Delta}(T_1 \Delta_1 + T_2 \Delta_2)$$

$$= \frac{W_1 W_2 W_3 + W_1 W_4}{1 + W_1 W_2 H_1 + W_2 W_3 H_2 + W_1 W_2 W_3 + W_4 H_2 + W_1 W_4}$$

【例 2 - 16】　求图 2 - 48 所示系统的传递函数 $W(s) = \dfrac{C(s)}{R(s)}$ 。

解　该系统有 3 个回路

$$L_1 = W_3 H_1$$
$$L_2 = -W_1 H_1$$
$$L_3 = -W_1 W_2$$

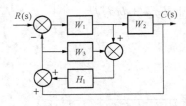

图 2 - 48　系统结构图

上述 3 个回路互相接触

故有　　　$\Delta = 1 - \sum L_i = 1 - W_3 H_1 + W_1 H_1 + W_1 W_2$

该系统有一条前向通道

$$T_1 = W_1 W_2$$

因为回路 1 与前向通道不接触。

所以　　　　　　　　　$\Delta_1 = 1 - W_3 H_1$

根据梅逊公式求得系统传递函数为

$$W(s) = \frac{C(s)}{R(s)} = \frac{T_1 \Delta_1}{\Delta} = \frac{W_1 W_2 (1 - W_3 H_1)}{1 - W_3 H_1 + W_1 H_1 + W_1 W_2}$$

【例 2 - 17】　求如图 2 - 49 所示系统的传递函数 $W(s) = \dfrac{C(s)}{R(s)}$。

解　该系统有两条前向通道

$$T_1 = W_1 W_3 W_5$$
$$T_2 = W_2 W_4 W_5$$

系统有四个回路

$$L_1 = -W_1 W_3 W_5 H_1$$
$$L_2 = -W_2 W_4 W_5 H_1$$
$$L_3 = -W_3 H_2$$
$$L_4 = -W_4 H_2$$

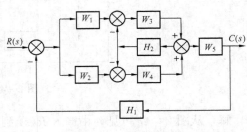

图 2 - 49　系统结构图

上述各回路互相接触，因此

$$\sum L_i = L_1 + L_2 + L_3 + L_4$$
$$= -W_1 W_3 W_5 H_1 - W_2 W_4 W_5 H_1 - W_3 H_2 - W_4 H_2$$
$$\sum L_i L_j = 0 \qquad \sum L_i L_j L_z = 0$$

由此得系统的特征式

$$\Delta = 1 - \sum L_i = 1 + (W_1 W_3 + W_2 W_4) W_5 H_1 + (W_3 + W_4) H_2$$

上述各回路都与前向通道 T_1 和 T_2 相接触，因此得

$$\Delta_1 = \Delta_2 = 1$$

根据梅逊公式求得系统传递函数为

$$W(s) = \frac{C(s)}{R(s)} = \frac{T_1 \Delta_1 + T_2 \Delta_2}{\Delta}$$
$$= \frac{(W_1 W_3 + W_2 W_4) W_5}{1 + (W_1 W_3 + W_2 W_4) W_5 H_1 + (W_3 + W_4) H_2}$$

第五节　自动控制系统的传递函数

一个闭环自动控制系统的典型结构可用图 2 - 50 表示。

研究系统被控量 $C(s)$ 的变化规律，不仅要考虑给定信号 $R(s)$ 的作用，往往还要考虑干扰信号 $N(s)$ 的作用。下面介绍反馈控制系统传递函数的一般概念。

一、系统的开环传递函数

将反馈回路断开，系统反馈量 $F(s)$ 与误差信号 $E(s)$ 的比值，称为系统的开环传递函数，

其值为前向通道的传递函数与反馈通道传递函数的乘积。以 $W_k(s)$ 表示开环传递函数，则

$$W_k(s) = \frac{F(s)}{E(s)} = W_1(s)W_2(s)H(s)$$

$$= W_g(s)H(s) = W_g(s)W_f(s) \quad (2-69)$$

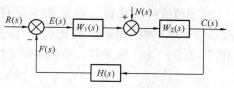

图 2-50 闭环控制系统的典型结构图

$W_1(s)W_2(s)$—前向通道传递函数，记为 $W_g(s)$；

$H(s)$—反馈通道传递函数，记为 $W_f(s)$；

$R(s)$—输入量或给定值；$C(s)$—输出量或被控制量；$N(s)$—扰动量；$F(s)$—反馈信号；

$E(s)$—误差信号，$E(s) = R(s) - F(s)$

二、系统的闭环传递函数

在初始条件为零时，系统的输出量与输入量的拉氏变换之比称为系统的闭环传递函数，以 $W_B(s)$ 表示。闭环传递函数是分析系统动态性能的主要数学模型。由于系统的输入量包括给定信号和干扰信号，因此对于线性系统，可以分别求出给定信号及干扰信号单独作用下系统的闭环传递函数。当两者同时作用于系统时，可以应用叠加原理，求出系统的输出量。

1. 给定信号作用下的闭环传递函数

令 $N(s) = 0$，则图 2-50 可简化为图 2-51。由图直接求得系统的闭环传递函数为

$$W_{Br}(s) = \frac{C(s)}{R(s)} = \frac{W_1(s)W_2(s)}{1 + W_1(s)W_2(s)H(s)}$$

则

$$W_{Br}(s) = \frac{W_g(s)}{1 + W_g(s)W_f(s)} = \frac{W_g(s)}{1 + W_k(s)} \quad (2-70)$$

在给定信号单独作用下，系统的输出信号求得为

$$C_r(s) = W_{Br}(s)R(s) = \frac{W_1(s)W_2(s)}{1 + W_1(s)W_2(s)H(s)} R(s) \quad (2-71)$$

式（2-71）表明，系统的输出信号决定于闭环传递函数和输入信号的形式。

2. 干扰信号作用下的闭环传递函数

此时令 $R(s) = 0$，并为便于观察，可将图 2-50 改画成图 2-52 形式。由图可直接求得扰动作用下的闭环传递函数为

$$W_{Bn}(s) = \frac{C(s)}{N(s)} = \frac{W_2(s)}{1 + W_1(s)W_2(s)H(s)} \quad (2-72)$$

在干扰信号单独作用下，系统的输出信号 $C_n(s)$ 可求得为

$$C_n(s) = W_{Bn}(s)N(s) = \frac{W_2(s)}{1 + W_1(s)W_2(s)H(s)} N(s) \quad (2-73)$$

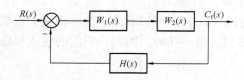

图 2-51 给定信号作用下的系统结构图

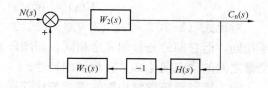

图 2-52 干扰信号作用下系统的结构图

当给定信号和干扰信号同时作用时，系统的输出信号可应用叠加原理求得，即将式（2-71）和式（2-73）相加求得

$$C(s) = C_r(s) + C_n(s) = \frac{W_2(s)}{1 + W_1(s)W_2(s)H(s)} [W_1(s)R(s) + N(s)]$$

对于恒值控制系统，系统的主要任务是抑制干扰信号对系统输出量的影响，即希望 $W_{Bn}(s) = 0$，如果满足系统开环传递函数的绝对值，即 $|W_1(s)W_2(s)H(s)| \gg 1$ 及 $|W_1(s)H(s)| \gg 1$ 的条件，系统抑制干扰的能力就很强。同样，当满足上述条件时，则有

$$C(s) \approx R(s)/H(s)$$

系统的输出只取决于反馈通路的传递函数及给定信号，而与前向通路传递函数几乎无关。特别是单位反馈时，即 $H(s) = 1$ 时，则 $C(s) \approx R(s)$，从而系统实现了对给定信号的很好复现，这正是随动控制系统所要求的。

三、闭环系统的误差传递函数

在系统分析时，因为系统误差的大小直接反映了系统工作的精度，所以除了要了解输出量的变化规律之外，还经常需要了解控制过程中误差的变化规律。系统的误差信号为 $E(s)$，误差传递函数也分为给定信号作用下的误差传递函数和干扰信号作用下的误差传递函数。

1. 给定信号作用下的误差传递函数

设 $N(s) = 0$，将图 2-50 简化为如图 2-53 所示。依图可求得给定信号作用下的误差传递函数为

$$W_{er}(s) = \frac{E(s)}{R(s)} = \frac{1}{1 + W_1(s)W_2(s)H(s)} \qquad (2-74)$$

2. 干扰信号作用下的误差传递函数

设 $R(s) = 0$，将图 2-50 简化为如图 2-54 所示。依图可求得扰动信号作用下的误差传递函数为

$$W_{en}(s) = \frac{E(s)}{N(s)} = \frac{-W_2(s)H(s)}{1 + W_1(s)W_2(s)H(s)} \qquad (2-75)$$

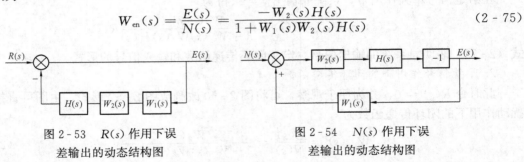

图 2-53　$R(s)$ 作用下误
差输出的动态结构图

图 2-54　$N(s)$ 作用下误
差输出的动态结构图

3. 系统的总误差

根据叠加原理可得

$$E(s) = W_{er}(s)R(s) + W_{en}(s)N(s)$$

对比式（2-70）与式（2-72）及式（2-74）与式（2-75）可以看出，这些传递函数虽各不相同，但它们的分母却完全相同，即闭环特征多项式是一样的。因此，它们的输入与输出变量之间的动态变化必具有相似的特性。

四、控制系统数学模型的建立与化简举例

现以图 2-55 所示单闭环速度控制系统为例，说明系统数学模型的建立方法。

（一）系统结构图的建立

该系统由给定环节、速度调节器、速度反馈环节、可控硅整流装置以及电动机等环节构成。输入为给定电压 U_n，输出为电动机转速 n。

首先分别求出各环节的动态结构图，然后根据信号传递关系，连接成整个系统的动态结

构图。

1. 比较环节和速度调节器

该环节由给定电路、滤波电路及比例积分调节器组成，其输出信号为电压 U_{ct}，输入信号为给定电压 U_n 及转速反馈电压 U_f。应用运算阻抗法可求出它们之间的关系。设运算放大器为理想型的，则有

$$I_c(s) = I_r(s) - I_f(s) \quad (2\text{-}76)$$

给定回路电流

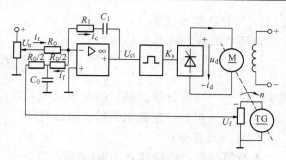

图 2-55　单闭环速度控制系统

$$I_r(s) = \frac{U_n(s)}{R_o} \quad\quad (2\text{-}77)$$

转速反馈电流 $I_f(s)$ 计算式为

$$I_f(s) = \frac{U_f(s)}{\dfrac{R_o}{2} + \dfrac{\dfrac{1}{C_o s}\dfrac{R_o}{2}}{\dfrac{1}{C_o s} + \dfrac{R_o}{2}}} \times \frac{\dfrac{1}{C_o s}}{\dfrac{1}{C_o s} + \dfrac{R_o}{2}}$$

$$= \frac{U_f(s)}{R_o\left(\dfrac{R_o C_o}{4}s + 1\right)} = \frac{U_f(s)}{R_o(T_o s + 1)} \quad\quad (2\text{-}78)$$

$$T_o = \frac{1}{4}R_o C_o$$

式中　T_o——滤波网络的时间常数。

流过运算放大器反馈支路的电流 $I_c(s)$ 的计算式为

$$I_c(s) = \frac{-U_{ct}(s)}{R_1 + \dfrac{1}{C_1 s}} = \frac{-\tau_1 s U_{ct}(s)}{(\tau_1 s + 1)R_1} \quad\quad (2\text{-}79)$$

$$\tau_1 = R_1 C_1$$

式中　τ_1——PI 调节器的积分时间常数。

将式（2-77）、式（2-78）、式（2-79）代入式（2-76）并加以整理，得

$$U_{ct}(s) = \frac{K_c(\tau_1 s + 1)}{\tau_1 s}\left[U_n(s) - \frac{U_f(s)}{T_o s + 1}\right]$$

$$K_c = -\frac{R_1}{R_o}$$

式中　K_c——速度调节器的比例系数。

这里负号表示运算放大器输出与输入反相。但比例系数为负值，可能给后述的稳定性判断等系统分析带来不便，故在系统分析中，常视 $K_c = \dfrac{R_1}{R_o}$，而反相关系一般只在具体电路的极性中考虑。

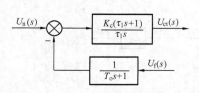

图 2-56　比较环节和调节器的方框图

比较环节和速度调节器的方框图如图 2-56 所示。

2. 可控硅整流装置

该环节的输入输出关系为

$$U_d(s) = \frac{K_s}{T_s s + 1} U_k(s) \tag{2-80}$$

式中 K_s——可控硅整流装置的电压放大系数；

        T_s——可控硅整流电路的纯滞后时间。

3. 电动机部分

本章第一节，已经建立了理想情况（$T_L = T_f = 0$）下他励直流电动机的微分方程，如果考虑负载转矩 T_L，而忽略摩擦转矩 T_f，则有关微分方程发生如下变化：

电动机电枢回路的动态微分方程式为

$$e_d + i_d R_d + L_d \frac{di_d}{dt} = U_d$$

取拉氏变换后得

$$E_d(s) + [R_d + L_d(s)] I_d(s) = U_d(s)$$

并可得

$$I_d(s) = \frac{1/R_d}{1 + Ts} [U_d(s) - E_d(s)] \tag{2-81}$$

电动机轴转动部分的动态微分方程式为

$$M_d - M_L = \frac{GD^2}{375} \frac{dn}{dt}$$

其中 $M_d = C_m i_d, M_L = C_m i_L$

则 $i_d - i_L = \frac{1}{C_m} \frac{GD^2}{375} \frac{dn}{dt}$

取拉氏变换后得

$$I_d(s) - I_L(s) = T_m \frac{C_e}{R_d} s N(s)$$

即 $N(s) = \frac{R_d}{C_e T_m(s)} [I_d(s) - I_L(s)] \tag{2-82}$

其中 $T_m = \frac{GD^2 R_d}{375 C_m C_e}$

电动机的反电势与转速的关系式为

$$E_d = C_e n$$

取拉氏变换后得

$$E_d(s) = C_e N(s) \tag{2-83}$$

将式（2-81）、式（2-82）及式（2-83）各式用框图表示，如图 2-57 所示。

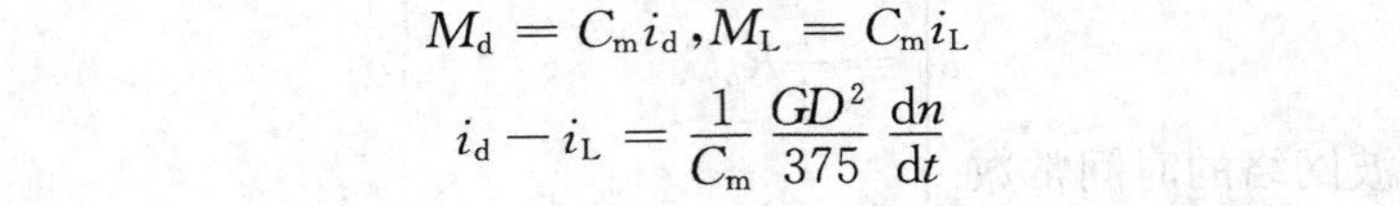

图 2-57   用框图表示各式

将各框图按相同的变量依次连接起来，即得电动机的动态结构图如图 2-58 所示。

4. 速度反馈环节

速度反馈环节的输入输出关系为

$$U_f(s) = K_{sf}N(s)$$

式中，K_{sf} 为速度反馈系数。

将各环节的动态结构图连接起来，就构成
了系统的动态结构图，如图 2-59 所示。

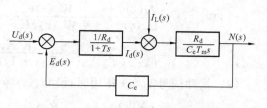

图 2-58 电动机的动态结构图

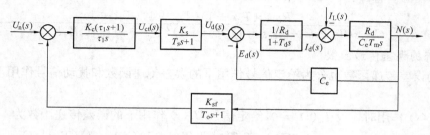

图 2-59 速度控制系统的动态结构图

（二）系统的传递函数

对图 2-57 进行等效变换和化简后，可得图 2-60。依图可得：

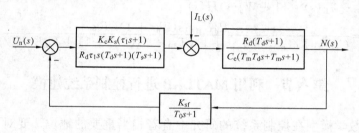

图 2-60 化简后的速度控制系统结构图

$$W_1(s) = \frac{K_c K_s (\tau_1 s + 1)}{R_d \tau_1 s (T_d s + 1)(T_s s + 1)}$$

$$W_2(s) = \frac{R_d (T_d s + 1)}{C_e (T_m T_d s^2 + T_m s + 1)}$$

$$H(s) = \frac{K_s f}{T_0 s + 1}$$

$$W_g(s) = W_1(s)W_2(s) = \frac{K_c K_s (\tau_1 s + 1)}{C_e \tau_1 s (T_m T_d s^2 + T_m s + 1)(T_s s + 1)}$$

1. 系统的开环传递函数

依结构图可得该系统的开环传递函数为

$$W_k(s) = W_g(s)H(s) = \frac{K_c K_s K_{sf}(\tau_1 s + 1)}{C_e \tau_1 s (T_d T_m s^2 + T_m s + 1)(T_0 s + 1)(T_s s + 1)}$$

2. 系统的闭环传递函数

系统的闭环传递函数分为给定信号作用下的闭环传递函数和扰动信号作用下的闭环传递
函数。

（1）给定信号 $U_n(s)$ 作用时，设 $I_L(s) = 0$，闭环传递函数为

$$W_{Br}(s) = \frac{N(s)}{U_n(s)} = \frac{W_g(s)}{1 + W_g(s)H(s)}$$

$$= \frac{K_c K_s (\tau_1 s + 1)(T_o s + 1)}{C_e \tau_1 s (T_d T_m s^2 + T_m s + 1)(T_o s + 1)(T_s s + 1) + K_c K_s K_{sf}(\tau_1 s + 1)}$$

（2）扰动信号 $I_L(s)$ 作用时，设 $U_n(s) = 0$，闭环传递函数为

$$W_{Bn}(s) = \frac{N(s)}{-I_L(s)} = \frac{W_2(s)}{1 + W_2(s)H(s)}$$

$$= \frac{R_d \tau_1 s (T_d s + 1)(T_o s + 1)(T_s s + 1)}{C_e \tau_1 s (T_d T_m s^2 + T_m s + 1)(T_o s + 1)(T_s s + 1) + K_c K_s K_{sf}(\tau_1 s + 1)}$$

3. 系统的误差传递函数

系统的误差传递函数也分为给定信号作用下的误差传递函数和扰动信号作用下的误差传递函数。

（1）$U_n(s)$ 作用时，设 $I_L(s) = 0$，给定信号 $U_n(s)$ 作用下的误差传递函数为

$$W_{er}(s) = \frac{E(s)}{U_n(s)} = \frac{C_e \tau_1 s (T_d T_m s^2 + T_m s + 1)(T_o s + 1)(T_s s + 1)}{C_e \tau_1 s (T_d T_m s^2 + T_m s + 1)(T_o s + 1)(T_s s + 1) + K_c K_s K_{sf}(\tau_1 s + 1)}$$

（2）$I_L(s)$ 作用时，设 $U_n(s) = 0$，系统在扰动信号 $I_L(s)$ 作用下的误差传递函数为

$$W_{en}(s) = \frac{E(s)}{-I_L(s)} = \frac{-W_2(s)H(s)}{1 + W_g(s)H(s)}$$

$$= \frac{-R_d K_{sf} \tau_1 s (T_d s + 1)(T_s s + 1)}{C_e \tau_1 s (T_d T_m s^2 + T_m s + 1)(T_o s + 1)(T_s s + 1) + K_c K_s K_{sf}(\tau_1 s + 1)}$$

第六节　利用 MATLAB 进行控制系统建模

控制系统的数学模型在控制系统的研究中有着相当重要的地位，要对系统进行仿真处理，首先应当知道系统的数学模型，然后才可以对系统进行模拟。同样，如果知道了系统的模型，才可以在此基础上设计一个合适的控制器，使得系统响应达到预期的效果，从而符合工程实际的需要。

一、线性系统数学模型的基本描述方法

为了对系统的性能进行分析，首先要建立其数学模型，在 MATLAB 中提供了 4 种数学模型描述形式：传递函数模型、零极点增益模型、状态空间模型、部分分式模型。

1. 传递函数模型

线性定常系统的传递函数可以表示为

$$W(s) = \frac{C(s)}{R(s)} = \frac{b_0 s^m + b_1 s^{m-1} + \cdots + b_m}{s^n + a_1 s^{n-1} + \cdots + a_n}$$

传递函数在 MATLAB 下可以方便地由其分子和分母多项式系数所构成的两个向量唯一确定出来，即：

num = [b0　b1…bm];

den = [1　a1　a2…an]

sys = tf(num, den)

【例 2 - 18】　若给定系统的传递函数为

$$W(s) = \frac{C(s)}{R(s)} = \frac{6s^3 + 12s^2 + 6s + 10}{s^4 + 2s^3 + 3s^2 + s + 1}$$

利用 MATLAB 将上述模型表示出来。

解　可以将其用下列 MATLAB 语句表示：

≫ num = [6 12 6 10]；den = [1 2 3 1 1]；

≫ sys = tf(num, den)

Transfer function：

6 s^3 + 12 s^2 + 6 s + 10

----

s^4 + 2 s^3 + 3 s^2 + s + 1

当传递函数的分子或分母由若干个多项式乘积表示时，它可由 MATLAB 提供的多项式乘法运算函数 conv（　）来处理，以便获得分子和分母多项式向量，此函数的调用格式为：

$$c = conv(a, b)$$

其中，a 和 b 分别为由两个多项式系数构成的向量，而 c 为 a 和 b 多项式的乘积多项式系数向量。conv（　）函数的调用是允许多级嵌套的。

【例 2 - 19】　已知系统传递函数为

$$W(s) = \frac{7(2s + 3)}{s^3(3s + 1)(s + 2)^2(5s^3 + 3s + 8)}$$

利用 MATLAB 将上述模型表示出来。

解　可以将其用下列 MATLAB 语句表示：

≫ num = 7 * [2, 3]；

≫ den = conv(conv(conv([1, 0, 0, 0], [3, 1]), conv([1, 2], [1, 2])), [5, 0, 3, 8])；

≫ sys = tf(num, den)

Transfer function：

14 s + 21

----

15 s^9 + 65 s^8 + 89 s^7 + 83 s^6 + 152 s^5 + 140 s^4 + 32 s^3

2. 零极点增益模型

线性定常系统的传递函数还可以表示为零极点增益形式

$$W(s) = K \frac{\prod_{j=1}^{m}(s - z_j)}{\prod_{i=1}^{n}(s - p_i)} = K \frac{(s - z_1)(s - z_2)\cdots(s - z_m)}{(s - p_1)(s - p_2)\cdots(s - p_n)}$$

式中：$z_j(j = 1, 2, \cdots, m)$ 和 $p_i(i = 1, 2, \cdots, n)$ 称为系统的零点和极点，它们既可以为实数，又可以为复数，而 K 称为系统的增益。

在 MATLAB 下零极点增益模型可以由增益 K 和零、极点所构成的列向量唯一确定出来，即：

Z = [z1, z2, ⋯, zm]；

P = [p1, p2, ⋯, pn]

sys = zpk(z, p, k)

【例 2 - 20】　　已知系统传递函数为

$$W(s) = \frac{5(s+20)}{s(s+4.6)(s+1)}$$

利用 MATLAB 将上述模型表示出来。

　　解　　可以将其用下列 MATLAB 语句表示：

≫ k = 5;z =− 20;p = [0,− 4.6,− 1];

≫ sys = zpk(z,p,k)

Zero/pole/gain：

　　　　5 (s + 20)

....

s (s + 4.6) (s + 1)

MATLAB 工具箱中的函数 poly（　）和 roots（　）可用来实现多项式和零极点间的转换，例如在命令窗口中进行如下操作可实现互相转换：

≫ P = [1 3 5 2];

≫ R = roots(P)

　R =

　　　− 1.226 7 + 1.467 7i

　　　− 1.226 7 − 1.467 7i

　　　− 0.546 6

≫ P1 = poly(R)

　P1 =

　　　1.000 0 3.000 0 5.000 0 2.000 0

3. 部分分式模型

传递函数也可表示成部分分式或留数形式，即

$$W(s) = \sum_{i=1}^{n} \frac{r_i}{s - p_i} + h(s)$$

式中：$p_i (i=1, 2, \cdots, n)$ 为该系统的 n 个极点，$r_i (i=1, 2, \cdots, n)$ 为对应各极点的留数；$h(s)$ 则表示传递函数分子多项式除以分母多项式的余式。

　　在 MATLAB 下它也可由系统的极点、留数和余式系数所构成的向量唯一确定出来，即：

$$P = [p1,p2,\cdots,pn];$$
$$R = [r1,r2,\cdots,rn];$$
$$H = [h0 \quad h1 \cdots hm-n]$$

二、系统数学模型间的相互转换

　　在系统仿真研究中，在一些场合下需要用到系统的一种模型，而在另一场合下可能又需要系统的另外一种模型，而这些模型之间又有某种内在的等效关系，所以了解由一种模型到另外一种模型的转换方法也是很必要的。MATLAB 控制系统工具箱中提供了大量的控制系统模型相互转换的函数。

1. 传递函数模型到零极点模型的转换

MATLAB 函数 tf2zp（　）的调用格式为：

$$[Z,P,K] = \text{tf2zp}(\text{num},\text{den})$$

2. 零极点模型到传递函数模型的转换

MATLAB 函数 zp2tf(　)的调用格式为：

$$[\text{num},\text{den}] = \text{zp2tf}(Z,P,K)$$

3. 传递函数模型与部分分式模型的转换

MATLAB 的转换函数 residue(　)调用格式为：

$$[R,P,H] = \text{residue}(\text{num},\text{den})$$

$$[\text{num},\text{den}] = \text{residue}(R,P,H)$$

其中，列向量 P 为传递函数的极点，对应各极点的留数在列向量 R 中；行向量 H 为原传递函数中剩余部分的系数；num，den 分别为传递函数的分子分母系数。

【例 2 - 21】　系统的传递函数为

$$W(s) = \frac{2s^3 + 9s + 1}{s^3 + s^2 + 4s + 4}$$

试将其展开为部分分式的形式。

　解　≫ num = [2,0,9,1];

　≫ den = [1,1,4,4];

　≫ [r,p,h] = residue(num,den)

结果显示：

r =

　0. 000 0 − 0. 250 0i

　0. 000 0 + 0. 250 0i

　−2. 000 0

p =

　0. 000 0 + 2. 000 0i

　0. 000 0 − 2. 000 0i

　−1. 000 0

h =

　2

结果表达式为

$$W(s) = 2 + \frac{-0.25i}{s - 2i} + \frac{0.25i}{s + 2i} + \frac{-2}{s + 1}$$

三、系统模型的连接

所谓系统模型的连接，就是将两个或多个子系统按一定方式加以连接形成新的系统。这种连接组合方式主要有串联、并联、反馈等形式。MATLAB 提供了进行这类组合连接的相关函数。

不同形式的数学模型连接时，MATLAB 根据优先原则确定连接后的数学模型形式。优先级由高到低的顺序为状态空间模型、零极点增益模型、传递函数模型。连接后的数学模型形式由优先级高的形式决定。

1. 系统串联连接（见图 2 - 61）

MATLAB 的控制系统工具箱中提供了系统的串联连接处理函数 series(　)，其调用格式为：
$$[num,den] = series(num1,den1,num2,den2)$$

2. 系统并联连接（见图 2 - 62）

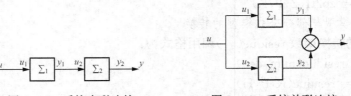

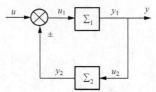

图 2 - 61　系统串联连接　　　图 2 - 62　系统并联连接

MATLAB 的控制系统工具箱中提供了系统的并联连接处理函数 parallel（　　），该函数的调用格式为：
$$[num,den] = parallel(num1,den1,num2,den2)$$

3. 系统反馈连接

MATLAB 的控制系统工具箱中提供了系统反馈连接处理函数 feedback（　　），其调用格式为：

$$[num,den] = feedback(num1,den1,num2,den2,sign)$$

其中，sign 为反馈极性，对于正反馈 sign 取 1 ，对于负反馈 sign 取 -1 或缺省。

特别地，对于单位反馈系统，MATLAB 提供了更简单的处理函数 cloop（　　），其调用格式为：

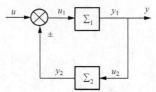

图 2 - 63　系统反馈连接

$$[num,den] = cloop(num1,den1,sign)$$

【例 2 - 22】　已知系统结构图如图 2 - 64 所示，求系统的传递函数。

解　可以将其用下列 MATLAB 语句表示：

W1 = tf(540,1);W2 = tf(10,[1,1]);
W3 = tf(1,[2,0.5]);W4 = tf(0.1,1);
sys1 = series(W2,W3);
sys2 = feedback(sys1,W4);
sys3 = series(W1,sys2);
sys4 = feedback(sys3,1)

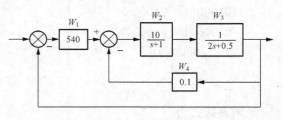

图 2 - 64　系统结构图

运行结果显示：

Transfer function：

$$\frac{5400}{2\ s\hat{}2 + 2.5\ s + 5402}$$

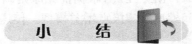

小　　结

1. 描述系统动态特性的数学表达式称为数学模型。在分析系统性能之前必须建立系统的数学模型。

2. 控制系统的数学模型有多种形式，常见的有：微分方程、传递函数，动态结构图以及第四章将要介绍的频率特性等，各模型间可进行转换。微分方程是表述系统动态特性的基本形式；传递函数是零初始条件下，线性定常系统输出量的拉氏变换与系统输入量的拉氏变换之比。由传递函数可方便地导出动态结构图。动态结构图能反映系统各变量之间的数学关系，也能方便地求出系统的传递函数。

3. 对动态结构图可进行等效变换，即在保持被变换部分的输入量和输出量之间的数学关系不变的前提下进行简化，这一过程对应着微分方程消除中间变量的过程。

4. 一个控制系统可看作由若干个典型环节组成，掌握这些典型环节的特性，有益于对整个系统的分析。

5. 系统的传递函数可分为开环传递函数、闭环传递函数、误差传递函数等。系统的传递函数可用结构图等效变换的方法或梅逊公式求出。

习　题

2-1　试建立图 2-65 所示各电路的动态微分方程，并求其传递函数。

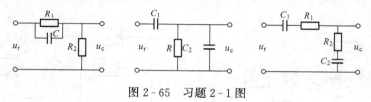

图 2-65　习题 2-1 图

2-2　试求图 2-66 所示各有源网络的动态微分方程，并求各电路的传递函数。已知 u_r 为输入量，u_c 为输出量。

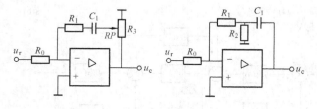

图 2-66　习题 2-2 图

2-3　某系统在阶跃输入 $r(t) = 1(t)$ 时，已知其零初始条件下的响应为 $c(t) = 1 - e^{-2t}$，试求系统的传递函数。

2-4　设有一个初始条件为零的系统，当其输入端作用一个脉冲函数 $\delta(t)$ 时，它的输出响应 $c(t)$ 如图 2-67 所示，试求系统的传递函数。

2-5　画出图 2-68 所示网络的动态结构图，并求出传递函数 $U_o(s)/U_r(s)$。

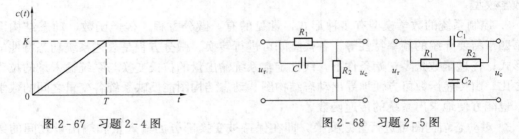

图 2-67　习题 2-4 图　　　　　　图 2-68　习题 2-5 图

2-6　已知系统的微分方程组的拉氏变换式，试画出系统的动态结构图，并求出传递函数 $\dfrac{C(s)}{R(s)}$。

$$X_1(s) = R(s)W_1(s) - W_1(s)[W_7(s) - W_8(s)]C(s)$$
$$X_2(s) = W_2(s)[X_1(s) - W_6(s)X_3(s)]$$
$$X_3(s) = [X_2(s) - C(s)W_5(s)]W_3(s)$$
$$C(s) = W_4(s)X_3(s)$$

2-7　试用等效变换法和梅逊公式分别求图 2-69 中各动态结构图，所示系统的传递函数 $\dfrac{C(s)}{R(s)}$。

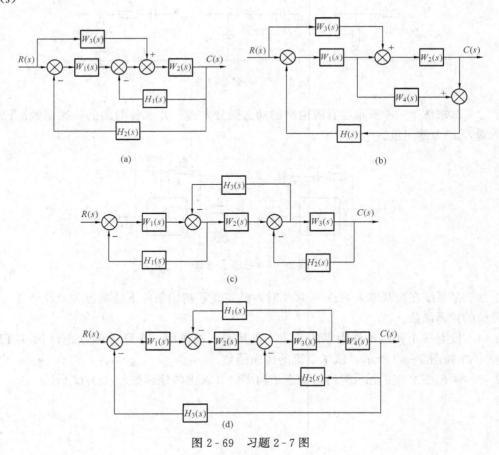

图 2-69　习题 2-7 图

2-8 求图 2-70 所示系统的传递函数 $\dfrac{C(s)}{R(s)}$，$\dfrac{C(s)}{N(s)}$。

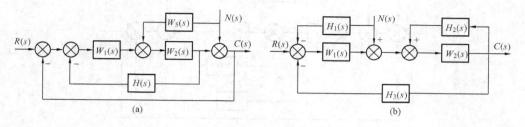

图 2-70 习题 2-8 图

2-9 系统的微分方程组如下

$$x_1(t) = r(t) - c(t)$$

$$x_2(t) = \tau \frac{\mathrm{d}x_1(t)}{\mathrm{d}t} + K_1 x_1(t)$$

$$x_3(t) = K_2 x_2(t)$$

$$x_4(t) = x_3(t) - x_5(t) - K_5 c(t)$$

$$\frac{\mathrm{d}x_5(t)}{\mathrm{d}t} = K_3 x_4(t)$$

$$K_4 x_5(t) = T \frac{\mathrm{d}c(t)}{\mathrm{d}t} + c(t)$$

其中，τ、K_1、K_2、K_3、K_4、K_5、T 均为正值常数。试建立系统 $r(t)$ 对 $c(t)$ 的动态结构图，并求系统的传递函数 $\dfrac{C(s)}{R(s)}$。

2-10 试求图 2-71 所示系统各个环节的传递函数，然后再求系统的闭环传递函数 $W_B(s) = \dfrac{U_c(s)}{U_r(s)}$（其中 $R_5 = R_6$）。

2-11 系统如图 2-72 所示，求 $C(s)/R(s)$，$E(s)/R(s)$。

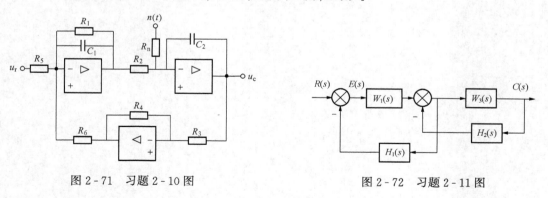

图 2-71 习题 2-10 图

图 2-72 习题 2-11 图

2-12 系统结构如图 2-73 所示，试写出系统在输入 $r(t)$ 及扰动 $n(t)$ 同时作用下输出 $C(s)$ 的表达式。

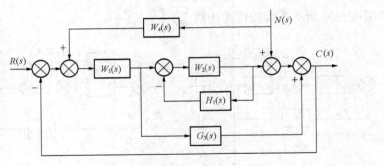

图 2 - 73　习题 2 - 12 图

第三章 自动控制系统的时域分析

在建立系统的数学模型基础上，就可以依据系统的数学模型对系统动态特性和静态特性进行分析。对于线性定常系统，常用的分析方法有时域分析法、根轨迹分析法、频率特性分析法等。

本章讨论的时域分析法，是一种直接分析法，它包括对简单系统的动态性能以及高阶系统动态特性的分析、系统稳定性的分析、稳态误差的近似分析计算等。

第一节 自动控制系统的时域指标

一、典型输入信号

为获得控制系统的动态性能指标，需要知道系统的动态响应。系统的动态响应不仅取决于系统的结构参数，还与系统的输入信号及初始状态有关。为了便于在统一的条件下进行分析和设计，通常规定控制系统的初始状态为零状态，输入使用典型输入信号。典型输入信号具有数学表达式简单、易于在实验室获得等特征。并且在该信号作用下系统显示出全部性能特性。

在控制中常采用下述五种信号作为典型输入信号。

1. 阶跃信号

阶跃信号是在时间 $t=0$ 时刻，信号值发生突变的一种信号。该信号的数学表达式为

$$r(t) = \begin{cases} 0 & (t < 0) \\ A & (t \geqslant 0) \end{cases} \tag{3-1}$$

相应的拉氏变换为

$$R(s) = \mathscr{L}\left[r(t)\right] = \frac{A}{s} \tag{3-2}$$

幅值 $A=1$ 的阶跃信号，称为单位阶跃信号，可表示为

$$R(t) = 1(t)$$

$$R(s) = \frac{1}{s}$$

单位阶跃信号的波形如图 3-1 所示。时域分析中，阶跃信号用得最为广泛，相当于一个恒值信号在 $t=0$ 时刻突然加到系统上。实际中，电源的突然接通、负载的突变等均可近似看作阶跃信号。

2. 斜坡信号

斜坡信号表示从时间 $t=0$ 时刻起，信号值随时间 t 线性增长的信号。该信号的数学表达式为

$$r(t) = \begin{cases} 0 & (t < 0) \\ At & (t \geqslant 0) \end{cases} \tag{3-3}$$

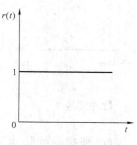

图 3-1 单位阶跃信号

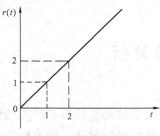

图 3-2 单位斜坡信号

3. 抛物线信号

抛物线信号是表示随时间等加速度增长的信号。该信号的数学表达式为

相应的拉氏变换为

$$R(s) = \mathscr{L}[At] = \frac{A}{s^2} \qquad (3-4)$$

幅值 $A=1$ 的斜坡信号，称为单位斜坡信号，其拉氏变换为 $R(s) = \frac{1}{s^2}$，其波形如图 3-2 所示。

实际系统中，斜坡信号相当于随动系统中加入一按恒速变化的位置信号。

$$r(t) = \begin{cases} 0 & (t < 0) \\ At^2 & (t \geqslant 0) \end{cases} \qquad (3-5)$$

相应的拉氏变换为

$$R(s) = \mathscr{L}[At^2] = \frac{2A}{s^3} \qquad (3-6)$$

幅值 $A = \frac{1}{2}$ 时的抛物线信号，称为单位抛物线信号其拉氏变换为 $R(s) = \frac{1}{s^3}$，其波形如图 3-3 所示。

实际系统中，抛物线信号相当于在随动系统中加入等加速度变化的位置指令信号。

4. 脉冲信号

脉冲信号表示持续时间极短，而幅值却相当大的信号。该信号的数学表达式为

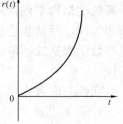

图 3-3 单位抛物线信号

$$r(t) = \begin{cases} \dfrac{A}{\varepsilon} & (0 < t < \varepsilon) \\ 0 & (t < 0, t > \varepsilon) \end{cases} \qquad (3-7)$$

相应的拉氏变换为

$$R(s) = \mathscr{L}\left[\lim_{\varepsilon \to 0} \frac{A}{\varepsilon}\right] = A \qquad (3-8)$$

当 $A=1$ 且 $\varepsilon \to 0$ 时的脉冲信号，称为单位脉冲信号，其波形如图 3-4 所示。单位脉冲信号用 $\delta(t)$ 表示，即

$$\delta(t) = \lim_{\varepsilon \to 0} \delta_\varepsilon(t) = \begin{cases} 0 & (t \neq 0) \\ \infty & (t = 0) \end{cases} \qquad (3-9)$$

其面积为

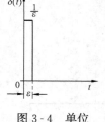

图 3-4 单位
脉冲信号

$$\int_{-\infty}^{+\infty} \delta(t)\mathrm{d}t = 1 \qquad (3-10)$$

相应的拉氏变换为

$$\mathscr{L}[\delta(t)] = 1 \qquad (3-11)$$

$\delta(t)$ 所描述的脉冲信号实际上是无法得到的。在进行系统分析时，脉冲信号 $\delta(t)$ 可看作是在间断点上单位阶跃信号对时间的导数，即

$$\delta(t) = \frac{\mathrm{d}}{\mathrm{d}t} 1(t)$$

反之，单位脉冲函数 $\delta(t)$ 的积分就是单位阶跃信号。

5. 正弦信号

正弦信号是一种幅值周期性变化的信号。该信号的数学表达式为

$$r(t) = \begin{cases} 0 & (t < 0) \\ A\sin\omega t & (t \geqslant 0) \end{cases} \qquad (3-12)$$

相应的拉氏变换为

$$R(s) = \frac{A\omega}{s^2 + \omega^2} \qquad (3-13)$$

其波形如图 3-5 所示。

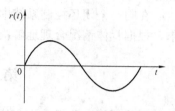

二、自动控制系统的时域指标

自动控制系统的时间响应，由动态过程和稳态过程两部分组成，因而时域性能指标也分为动态性能指标和稳态性能

图 3-5　正弦信号

指标两类。动态过程是指系统从加入输入信号的瞬时起，到系统输出量到达稳态值之前的响应过程。当系统的输出量达到与其稳态值之差不超过 2%～5% 时，通常认为动态过程已结束。动态过程的存在是因为实际系统的惯性、摩擦以及其他导致系统不能立即完全复现输入信号的因素。动态过程表征系统的稳定性和对输入信号响应的快速性。

稳态过程是指动态过程结束后的系统运动状态。稳态过程表征系统输出量最终复现输入量的准确性。

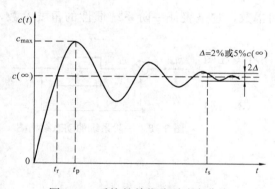

图 3-6　系统的单位阶跃响应曲线

1. 动态性能指标

系统的时域动态性能指标，通常是以系统的单位阶跃响应为依据定出的。设在系统处于相对平衡状态下，在 $t=0$ 时刻加入单位阶跃函数，系统的动态响应曲线如图 3-6 所示。

评价系统动态性能的指标有：

（1）最大超调量 $\delta\%$。最大超调量是输出最大值 c_{max} 与输出稳态值 $c(\infty)$ 的相对误差，即

$$\delta\% = \frac{c_{max} - c(\infty)}{c(\infty)} \times 100\%$$

最大超调量反映了系统的平稳性。最大超调量越小，说明系统过渡过程越平稳。

（2）上升时间 t_r。该时间是指系统的输出量第一次到达输出稳态值所对应的时刻。对于无振荡（单调过程）系统，常把输出量从输出稳态值的 10% 到输出稳态值 90% 所对应的时间叫做上升时间。它是衡量系统响应快慢的一个指标。显然，上升时间越短，系统对输入的响应越快。

（3）调节时间 t_s。调节时间是指系统的输出量进入并一直保持在稳态输出值附近的允许误差带内所需的时间。允许误差带宽度一般取稳态输出值的 ±2% 或 ±5%。调节时间的长短反映了系统的快速性。调节时间 t_s 越小，系统的快速性越好。

（4）振荡次数 M。振荡次数是指在调节时间内，输出量在稳态值附近上下波动的次数。它也反映系统的平稳性。振荡次数越少，说明系统的平稳性越好。

2. 稳态性能指标

描述系统稳态性能的指标是稳态误差，亦称静差。它是指系统在典型输入信号（通常为阶跃、斜坡或抛物线函数）作用下，当时间趋于无穷时，系统的输出量与输入量或输入量的确定函数之间的差值。稳态误差是衡量系统复现输入信号的准确程度和抑制干扰能力的标志。

在同一个闭环控制系统中，上述性能指标之间往往存在着矛盾，必须兼顾它们之间的要求，根据具体情况合理地解决。

第二节　一阶系统的动态性能分析

凡是可用一阶微分方程描述的系统，称为一阶系统。在实际系统中，最常见的一阶系统相当于惯性环节，少量的相当于积分环节。一些控制部件或简单控制系统都属于一阶系统。如直流发电机，恒温箱，单容水位系统等。图 3-7 所示的 RC 网络，就是一阶系统的一个实例。

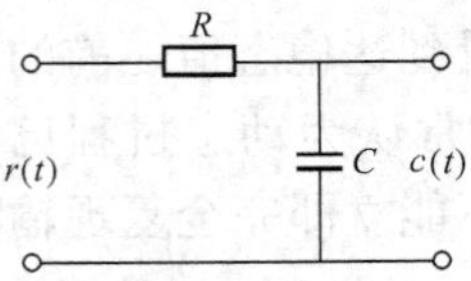

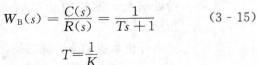

图 3-7　一阶系统

一、一阶系统的数学模型

描述一阶系统的标准微分方程形式为

$$T\frac{\mathrm{d}c(t)}{\mathrm{d}t} + c(t) = r(t) \tag{3-14}$$

式中，$c(t)$ 为输出量；$r(t)$ 为输入量；T 为时间常数，它是表征一阶系统惯性的重要参数，其单位为 s。

一阶系统的动态结构图如图 3-8 所示，其闭环传递函数为

$$W_{\mathrm{B}}(s) = \frac{C(s)}{R(s)} = \frac{1}{Ts+1} \tag{3-15}$$

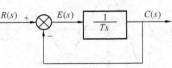

图 3-8　一阶系统的动态结构图

其中

$$T = \frac{1}{K}$$

二、一阶系统的单位阶跃响应

设系统的输入信号为单位阶跃信号，即 $r(t) = 1(t)$，其拉氏变换为 $R(s) = \dfrac{1}{s}$，则系统的输出量的拉氏变换式为

$$C(s) = W_{\mathrm{B}}(s)R(s) = \frac{1}{Ts+1} \cdot \frac{1}{s}$$

对上式取拉氏反变换，可求得系统单位阶跃响应为

$$c(t) = \mathscr{L}^{-1}[C(s)] = \mathscr{L}^{-1}\left[\frac{1}{Ts+1} \cdot \frac{1}{s}\right] = \mathscr{L}^{-1}\left[\frac{1}{s} - \frac{1}{s+\frac{1}{T}}\right]$$

则

$$c(t) = 1 - \mathrm{e}^{-\frac{1}{T}t} \tag{3-16}$$

可写成

$$c(t) = c_{ss}(t) + c_{tt}(t)$$

式中第一项，$c_{ss}(t) = 1$ 为稳态分量，第二项 $c_{tt}(t) = -e^{-t/T}$ 为暂态分量。据式（3-16）画出系统单位阶跃响应曲线，如图3-9所示。由图可知，一阶系统的单位阶跃响应曲线是一条从零开始按指数规律上升，最后趋于1的曲线，输出响应在时间 $[0, +\infty)$ 区间内不会超过其稳态值，是一单调的非振荡过程，故称为非周期响应。

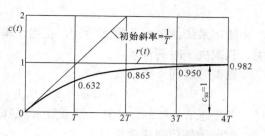

图3-9　一阶系统的单位阶跃响应

一阶系统的阶跃响应有两个特点：

（1）可以用时间常数 T 度量系统输出量的数值。T 与输出值的对应关系是

$t=T$ 时

$$c(T) = 0.632$$

$t=2T$ 时

$$c(2T) = 0.865$$

$t=3T$ 时

$$c(3T) = 0.950$$

$t=4T$ 时

$$c(4T) = 0.982$$

（2）响应曲线在 $t=0$ 处具有最大的变化率且等于 $1/T$，即

$$\left.\frac{\mathrm{d}c(t)}{\mathrm{d}t}\right|_{t=0} = \left.\frac{1}{T}e^{-t/T}\right|_{t=0} = \frac{1}{T}$$

利用这个特点可以区分一阶系统的非周期响应与高阶系统的无超调响应，因为后者在 $t=0$ 处的变化率为零。

由于一阶系统的单位阶跃响应没有超调，没有振荡，所以其性能指标主要是调节时间 t_s，用以表征过渡过程进行的快慢。从响应曲线上可知：

$t=3T$ 时，$c(t) = 0.95$，故 $t_s = 3T$　　（按 $\pm 5\%$ 误差带）。

$t=4T$ 时，$c(t) = 0.98$，故 $t_s = 4T$　　（按 $\pm 2\%$ 误差带）。

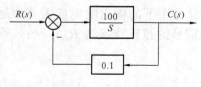

图3-10　例3-1系统结构图

可见，一阶系统的性能主要由时间常数 T 确定。

另外，系统的输出量稳态值 $c(\infty) = 1$，而期望值也为1，故稳态误差 $e_{ss} = 0$。

【例3-1】　一阶系统的结构图如图3-10所示。试求该系统单位阶跃响应的调节时间 t_s。如果要求 $t_s = 0.2$（s），试问系统的反馈系数应取何值？

解　首先由系统结构图求得闭环传递函数为

$$W_B(s) = \frac{\dfrac{100}{s}}{1 + \dfrac{100}{s} \times 0.1} = \frac{10}{0.1s + 1}$$

得时间常数

$$T = 0.1(s)$$

闭环系统的放大系数 $K=10$，相当于串接一个 $K=10$ 的放大器，故调节时间 t_s 与它无关，只取决于时间常数 T。

则调节时间

$$t_s = 3T = 3 \times 0.1 = 0.3(s) \quad （按5\% 误差带）$$

若要求 $t_s = 0.2s$，计算反馈系数 K_f 的值。

此时闭环传递函数为

$$W_B(s) = \cfrac{\cfrac{100}{s}}{1 + \cfrac{100}{s} \times K_f} = \cfrac{\cfrac{1}{K_f}}{\cfrac{0.01}{K_f}s + 1}$$

则有

$$T = \frac{0.01}{K_f}$$

而

$$t_s = 3T = \frac{3 \times 0.01}{K_f} = 0.2(s)$$

可得

$$K_f = \frac{3 \times 0.01}{0.2} = 0.15$$

三、一阶系统的单位斜坡响应

设系统的输入信号为单位斜坡信号，即 $r(t) = t$，其拉氏变换为 $R(s) = \frac{1}{s^2}$，则系统的输出量的拉氏变换式为

$$C(s) = \frac{1}{Ts+1}R(s) = \frac{1}{Ts+1} \cdot \frac{1}{s^2}$$

对上式取拉氏反变换，可求得系统单位阶跃响应为

$$c(t) = t - T + Te^{-\frac{t}{T}}, t \geqslant 0 \qquad (3-17)$$

一阶系统单位斜坡响应曲线如图 3-11 所示。

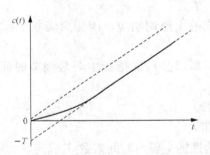

图 3-11　一阶系统单位斜坡响应曲线

四、一阶系统的单位脉冲响应

系统在单位脉冲信号作用下的输出响应成为单位脉冲响应。输入单位脉冲信号的拉氏变换为 $R(s) = 1$，则输出量的拉氏变换为

$$C(s) = \frac{1}{Ts+1}R(s) = \frac{1}{Ts+1}$$

对上式取拉氏逆变换，得一阶系统单位脉冲响应为

$$c(t) = e^{-\frac{t}{T}}, t \geqslant 0 \qquad (3-18)$$

一阶系统单位脉冲响应曲线如图 3-12 所示。由图可以看出，响应是单调下降的指数曲线。

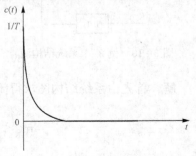

图 3-12　一阶系统单位脉冲响应曲线

第三节 典型二阶系统的动态性能分析

研究二阶系统的动态性能具有重要意义。这是因为在实际工作中二阶系统较为多见；另外，在一定条件下，通常可以忽略一些次要因素，把一个高阶系统降为二阶系统来处理。

凡是可以用二阶微分方程描述的系统，称为二阶系统。例如直流电动机，RLC 网络及机械位移系统等都是二阶系统的实例。

一、二阶系统的数学模型

典型二阶系统的结构如图 3-13 所示。

根据图 3-13，可求出二阶系统传递函数的标准形式为

开环传递函数

$$W_K(s) = \frac{\omega_n^2}{s(s+2\zeta\omega_n)} \tag{3-19}$$

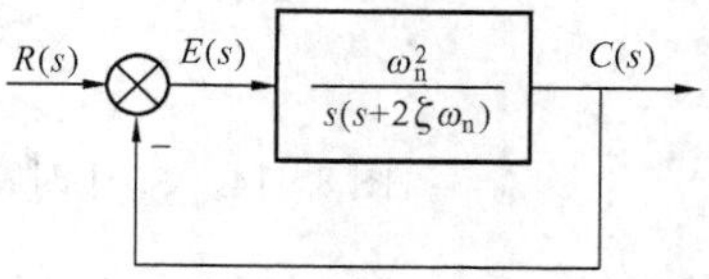

闭环传递函数

$$W_B(s) = \frac{\omega_n^2}{s^2 + 2\zeta\omega_n s + \omega_n^2} \tag{3-20}$$

图 3-13 典型二阶系统结构图

式中，ω_n 为二阶系统的自然振荡角频率；ζ 为二阶系统的阻尼比。它们均为系统参数。

上述二阶系统的传递函数也可改写成下列形式。

开环传递函数为

$$W_K(s) = \frac{1}{T^2 s^2 + 2\zeta T s} \tag{3-21}$$

闭环传递函数为

$$W_B(s) = \frac{1}{T^2 s^2 + 2\zeta T s + 1} \tag{3-22}$$

式中，T 为时间常数。

二、典型二阶系统的单位阶跃响应

现以图 3-13 所示典型的单位反馈系统为例，分析二阶系统的单位阶跃响应。假设初始条件为零，当输入量为单位阶跃函数时，输出量的拉氏变换为

$$C(s) = W_B(s)R(s) = \frac{\omega_n^2}{s(s^2 + 2\zeta\omega_n s + \omega_n^2)} \cdot \frac{1}{s} \tag{3-23}$$

取上式拉氏反变换得

$$c(t) = \mathscr{L}^{-1}[C(s)] = \mathscr{L}^{-1}\left(\frac{\omega_n^2}{s^2 + 2\zeta\omega_n s + \omega_n^2} \cdot \frac{1}{s}\right) \tag{3-24}$$

典型二阶系统的闭环特征方程为

$$s^2 + 2\zeta\omega_n s + \omega_n^2 = 0 \tag{3-25}$$

求得闭环两个特征根为

$$p_{1,2} = -\zeta\omega_n \pm \omega_n \sqrt{\zeta^2 - 1} \tag{3-26}$$

对不同的 ζ 值，p_1、p_2 有可能为实数根、复数根或重根。相应的单位阶跃响应的形式也不相同。下面分几种情况讨论。

1. 过阻尼（$\zeta > 1$）的情况

此时，$p_{1,2} = -\zeta\omega_n \pm \omega_n\sqrt{\zeta^2-1}$，为两个不相等的负实数根。特征根的分布如图 3-14 所示。

由式（3-24）可求得系统的单位阶跃响应为

$$c(t) = 1 - \frac{1}{2\sqrt{\zeta^2-1}}\left(\frac{e^{-(\zeta-\sqrt{\zeta^2-1})\omega_n t}}{\zeta-\sqrt{\zeta^2-1}} - \frac{e^{-(\zeta+\sqrt{\zeta^2-1})\omega_n t}}{\zeta+\sqrt{\zeta^2-1}}\right) \quad (t \geqslant 0) \qquad (3-27)$$

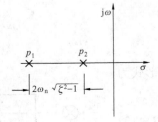

图 3-14　$\zeta > 1$ 时特征根分布　　　　图 3-15　$\zeta > 1$ 时单位阶跃响应

由式（3-27）可以看出，二阶系统在过阻尼情况下，暂态响应由稳态分量和暂态分量组成。暂态分量又包含两项衰减的指数项，一项的衰减指数为 $-p_1 = -(\zeta-\sqrt{\zeta^2-1})\omega_n$；另一项为 $-p_2 = -(\zeta+\sqrt{\zeta^2-1})\omega_n$。当 $\zeta \geqslant 1$ 时，后一项的衰减指数远比前一项大得多，即衰减速度快。在进行近似分析时，可将后一项忽略不计，这样二阶系统的阶跃响应类似于一阶系统的响应。如图 3-15 所示。

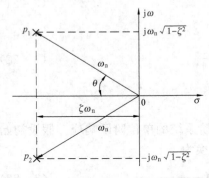

图 3-16　$0 < \zeta < 1$ 时特征根的分布

2. 欠阻尼（$0 < \zeta < 1$）的情况

此时系统的闭环特征根为

$$p_{1,2} = -\zeta\omega_n \pm \omega_n\sqrt{\zeta^2-1} = -\zeta\omega_n \pm j\omega_n\sqrt{1-\zeta^2}$$
$$= -\zeta\omega_n \pm j\omega_d$$

$p_{1,2}$ 为一对共轭复根，如图 3-16 所示。其中 $\omega_d = \omega_n\sqrt{1-\zeta^2}$ 称为阻尼振荡角频率。

输出量的拉氏变换为

$$C(s) = \frac{\omega_n^2}{s^2+2\zeta\omega_n s+\omega_n^2} \cdot \frac{1}{s} = \frac{1}{s} - \frac{s+2\zeta\omega_n}{s^2+2\zeta\omega_n s+\omega_n^2}$$

将上式进行变换得

$$C(s) = \frac{1}{s} - \frac{s+\zeta\omega_n}{(s+\zeta\omega_n)^2+(\omega_n\sqrt{1-\zeta^2})^2} - \frac{\zeta\omega_n}{(s+\zeta\omega_n)^2+(\omega_n\sqrt{1-\zeta^2})^2}$$

对上式进行拉氏反变换求得系统响应为

$$c(t) = \mathcal{L}^{-1}[c(s)]$$
$$= 1 - e^{-\zeta\omega_n t}\left(\cos\sqrt{1-\zeta^2}\omega_n t + \frac{\zeta}{\sqrt{1-\zeta^2}}\sin\sqrt{1-\zeta^2}\omega_n t\right)$$
$$= 1 - \frac{1}{\sqrt{1-\zeta^2}}e^{-\zeta\omega_n t}\sin(\sqrt{1-\zeta^2}\omega_n t+\theta)$$

$$= 1 - \frac{1}{\sqrt{1-\zeta^2}} e^{-\zeta\omega_n t} \sin(\omega_d t + \theta) \quad (t \geqslant 1) \quad\quad (3-28)$$

其中
$$\theta = \arctan \frac{\sqrt{1-\zeta^2}}{\zeta}$$

由式（3-28）可以看出，当二阶系统处于欠阻尼情况时，系统的单位阶跃响应稳态分量为1，暂态分量为一项，暂态分量的衰减指数为$-\zeta\omega_d$，$\zeta\omega_d$ 越大，该因子趋向于零的速度越快。系统的单位阶跃响应 $c(t)$ 是一条衰减振荡的曲线。以 ζ 为参变量的二阶系统单位阶跃响应曲线如图 3-17 所示。

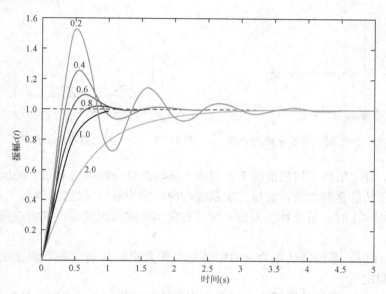

图 3-17 二阶系统单位阶跃响应曲线

3. 临界阻尼（$\zeta=1$）的情况

此时，系统具有一对相等的负实根：
$$p_{1,2} = -\omega_n$$
如图 3-18 所示。

输出量的拉氏变换为

$$C(s) = \frac{\omega_n^2}{(s+\omega_n)^2 s} = \frac{1}{s} - \frac{1}{s+\omega_n} - \frac{\omega_n}{(s+\omega_n)^2}$$

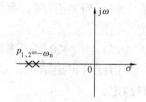

图 3-18 $\zeta=1$ 时二阶系统根的分布

对上式进行拉氏反变换求得系统响应为

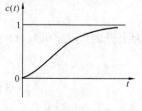

$$c(t) = 1 - e^{-\omega_n t}(1 + \omega_n t) \quad\quad (t \geqslant 0) \quad\quad (3-29)$$

当 $\zeta=1$ 时，系统响应曲线为一单调上升曲线，如图 3-19 所示。无振荡，无超调，此时系统响应速度比 $\zeta>1$ 时快。

4. 无阻尼（$\zeta=0$）的情况

此时系统的特征根为一对共轭虚根

$$p_{1,2} = \pm j\omega_n$$

$\zeta=0$ 时，根的分布如图 3-20 所示。

图 3-19 $\zeta=1$ 时二阶系统的单位阶跃响应

这时系统的输出量的拉氏变换为

$$C(s) = \frac{\omega_n^2}{s^2 + \omega_n^2} \frac{1}{s} = \frac{1}{s} - \frac{s}{s^2 + \omega_n^2}$$

对上式进行拉氏反变换求得系统响应为

$$c(t) = 1 - \cos\omega_n t \qquad (t \geqslant 0) \tag{3-30}$$

在这种情况下，系统的单位阶跃响应为等幅振荡波形，如图 3-21 所示。振荡频率为 ω_n，系统处于不稳定状态。

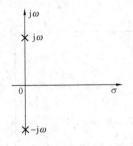

图 3-20　$\zeta = 0$ 时二阶系统根的分布　　　图 3-21　$\zeta = 0$ 时二阶系统单位阶跃响应

综上所述，在 ζ 取值不同的情况下，二阶系统的单位阶跃响应有很大的区别。因此，阻尼比 ζ 是二阶系统的重要参数，它对二阶系统的阶跃响应有决定性的影响。

（1）当 $0 < \zeta < 1$ 时，系统特征根为一对具有负实部的共轭复根，其响应是衰减振荡的过程，系统稳定。

（2）当 $\zeta = 1$ 时，系统特征根为一对相等的负实数根，其响应是单调变化的过程，且进程较慢，系统稳定。

（3）当 $\zeta > 1$ 时，系统特征根为一对互不相等的负实数根，其响应也是单调变化的过程，且进程较慢，系统稳定。

（4）当 $\zeta = 0$ 时，系统特征根为一对纯虚根（实部为零），其响应是等幅振荡的过程，系统不稳定。

（5）当 $\zeta < 0$ 时，系统特征根为实部为正，其响应是发散振荡的过程，系统是不稳定的。

由此可得出结论，只有当系统闭环特征根全部分布在 S 平面的左半平面上时，系统才能稳定。

三、二阶系统的暂态特性指标

在工程实际中，系统常常工作在欠阻尼的状态。下面针对欠阻尼二阶系统的性能指标进行讨论和定量计算。

1. 上升时间 t_r

按定义，在暂态过程中系统输出量第一次到达稳态值的时间称为上升时间 t_r，即 $c(t) = 1$ 时，$t = t_r$。将此关系代入式（3-28）中，则得

$$\frac{1}{\sqrt{1 - \zeta^2}} e^{-\zeta\omega_n t} \sin(\omega_d t_r + \theta) = 0 \tag{3-31}$$

由于式中正弦函数的幅值在 $t < \infty$ 期间不能为零，所以必有

$$\sin(\omega_d t_r + \theta) = 0$$

由此得

$$\omega_d t_r + \theta = \pi$$

$$t_r = \frac{\pi - \theta}{\omega_d} = \frac{\pi - \theta}{\omega_n \sqrt{1 - \zeta^2}} \tag{3-32}$$

由式（3-32）可以看出，当 ω_n 一定时，阻尼比越大，则上升时间 t_r 越长；当阻尼比 ζ 一定时，ω_n 越大，则 t_r 越短。

2. 峰值时间 t_p

根据求极值的方法，可求取峰值时间 t_p

令

$$\frac{dc(t)}{dt}\bigg|_{t=t_p} = 0$$

结合式（3-28）可得

$$\frac{\sin(\omega_d t_p + \theta)}{\cos(\omega_d t_p + \theta)} = \frac{\sqrt{1 - \zeta^2}}{\zeta}$$

即

$$\tan(\omega_d t_p + \theta) = \tan\theta$$

$$\omega_d t_p = n\pi \quad (n = 0, 1, 2\cdots)$$

当 $n=1$ 时，有

$$\omega_d t_p = \pi$$

于是得

$$t_p = \frac{\pi}{\omega_d} = \frac{\pi}{\omega_n \sqrt{1 - \zeta^2}} \tag{3-33}$$

3. 最大超调量 $\delta\%$

将 $t_p = \dfrac{\pi}{\omega_d}$ 代入欠阻尼二阶系统单位阶跃响应表达式，求得输出最大值为

$$c_{max}(t) = 1 - \frac{e^{-\frac{\zeta\pi}{\sqrt{1-\zeta^2}}}}{\sqrt{1 - \zeta^2}}\sin(\pi + \theta)$$

又由于

$$\sin(\pi + \theta) = -\sin\theta = -\sqrt{1 - \zeta^2}$$

则

$$c_{max}(t) = 1 + e^{-\frac{\zeta\pi}{\sqrt{1-\zeta^2}}}$$

根据定义

$$\delta\% = \frac{c(t_p) - c(\infty)}{c(\infty)} \times 100\%$$

在单位阶跃输入下，稳态值 $c(\infty)=1$，因此得最大超调量为

$$\delta\% = e^{-\frac{\zeta\pi}{\sqrt{1-\zeta^2}}} \times 100\% \tag{3-34}$$

由式（3-34）可知，阻尼比 ζ 直接影响 $\delta\%$ 的大小，ζ 越大，超调量越小。

4. 调节时间 t_s

按定义，调节时间 t_s 是系统输出量与稳态值之差达到并不再超过规定的误差范围所需

的时间。暂态过程输出误差为

$$\Delta c(t) = c(\infty) - c(t) = \frac{e^{-\zeta \omega_n t}}{\sqrt{1 - \zeta^2}} \sin(\omega_d t + \theta)$$

式中，$\Delta c(t)$ 可取 0.05 或 0.02。

在计算时，可用响应曲线的包络线代替实际响应曲线来近似计算调节时间，即包络线一旦进入事先确定的误差带，也就意味着系统已经结束动态响应过程而进入稳态。依此有

$$\frac{e^{-\zeta \omega_n t_s}}{\sqrt{1 - \zeta^2}} = 0.05（或 0.02）$$

由此可求得调节时间。一般用下列算式近似计算

$$t_s(5\%) = \frac{3}{\zeta \omega_n} \tag{3-35}$$

$$t_s(2\%) = \frac{4}{\zeta \omega_n} \tag{3-36}$$

5. 振荡次数 M

振荡次数 M 是指在调节时间 t_s 范围内，系统输出量偏离稳态值的波动次数。按定义可得

$$M = \frac{t_s}{t_f} \tag{3-37}$$

式中，$t_f = \dfrac{2\pi}{\omega_d} = \dfrac{2\pi}{\omega_n \sqrt{1 - \zeta^2}}$ 为阻尼振荡的周期时间。

根据对欠阻尼二阶系统的动态性能的分析和计算，可以得出如下结论：

（1）系统的动态性能，只与系统的参数 ζ 和 ω_n 有关。

（2）对于 ζ 值相同的系统，系统调节时间 t_s 与系统的时间常数成正比。

（3）阻尼比 ζ 的大小，直接影响系统阶跃响应曲线 $c(t)$ 的形状。

调节时间 t_s、最大超调量与 ζ 之间的关系如图 3-22 所示。

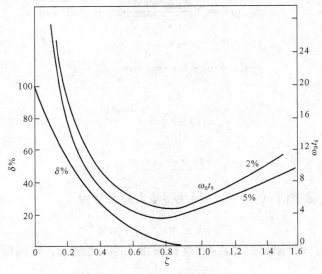

图 3-22 $\delta\%$、$\omega_n t_s$ 与 ζ 之间的关系

四、二阶工程最佳参数

在某些控制系统的工程设计中，常采用所谓二阶工程最佳参数作为设计的依据。这种系统选择的参数使 $\zeta = \dfrac{1}{\sqrt{2}} = 0.707$，即选 $K = \dfrac{1}{2T}$。这时 $T = \dfrac{1}{2\zeta\omega_n} = \dfrac{1}{\sqrt{2}\omega_n}$，将此参数代入二阶系统传递函数的标准形式，得开环传递函数为

$$W_K(s) = \frac{K}{s(Ts+1)} = \frac{1}{2Ts(Ts+1)}$$

闭环传递函数为

$$W_B(s) = \frac{1}{2T^2 s^2 + 2Ts + 1}$$

这一系统的单位阶跃响应暂态特性指标为
最大超调量

$$\delta\% = 4.3\%$$

上升时间

$$t_r = 4.72T$$

调节时间

$$t_s(2\%) = 8.43T$$
$$t_s(5\%) = 6.68T$$

【例 3 - 2】 已知一单位负反馈闭环控制系统的开环传递函数为

$$W_K(s) = \frac{5K_A}{s(s+34.5)}$$

当 $K_A = 200$ 时，试分别计算系统的动态性能指标 t_p、t_s 和 $\delta\%$。

解

$$W_B(s) = \frac{5K_A}{s^2 + 34.5s + 5K_A} = \frac{1000}{s^2 + 34.5s + 1000}$$

对照标准式，有

$$\begin{cases} \omega_n^2 = 1000 \\ 2\zeta\omega_n = 34.5 \end{cases}$$

因而求得

$$\begin{cases} \omega_n = 31.6 \\ \zeta = 0.545 \end{cases}$$

据此可求得动态性能指标为

$$\begin{cases} t_p = \dfrac{\pi}{\omega_n \sqrt{1-\zeta^2}} = 0.12(s) \\[2mm] t_s = \dfrac{3}{\zeta\omega_n} = 0.17(s) \quad (\text{按} \pm 5\% \text{误差带}) \\[2mm] \delta\% = e^{-\zeta\pi/\sqrt{1-\zeta^2}} \times 100\% = 13\% \end{cases}$$

第四节　高阶系统的动态性能分析

三阶及三阶以上的系统通常称为高阶系统。如果用求解微分方程的方法得出高阶系统对

典型输入信号的响应是极为困难的。在工程上常常根据高阶系统闭环零、极点在 S 平面上的分布情况，将其作合理的近似处理，降为二阶或一阶系统来分析。

一、高阶系统的单位阶跃响应

高阶系统的闭环传递函数一般可表示为如下的形式

$$W_{\mathrm{B}}(s) = \frac{C(s)}{R(s)} = \frac{b_m s^m + b_{m-1} s^{m-1} + \cdots + b_1 s + b_0}{a_n s^n + a_{n-1} s^{n-1} + \cdots + a_1 s + a_0} \quad (n \geqslant m) \tag{3-38}$$

改写为零、极点形式

$$W_{\mathrm{B}}(s) = \frac{K(s - z_1)(s - z_2) \cdots (s - z_m)}{(s - p_1)(s - p_2) \cdots (s - p_n)} \tag{3-39}$$

式中，z_1，z_2，$\cdots$，z_m 为系统闭环传递函数的零点；p_1，p_2，$\cdots$，p_n 为系统闭环传递函数的极点。

对于稳定的系统，由于闭环传递函数中的系数 $a_n \sim a_0$ 及 $b_m \sim b_0$ 均为正实数，所以零、极点只可能是负实数或具有负实部的共轭复数两种情况。

因此，系统在单位阶跃输入信号作用下，其输出量的拉氏变换式为

$$C(s) = W_{\mathrm{B}}(s) R(s) = W_{\mathrm{B}}(s) \frac{1}{s}$$

假设所有极点均不相同，则采用部分分式展开，可得

$$C(s) = \frac{c_0}{s} + \sum_{i=1}^{q} \frac{C_i}{s - p_i} + \sum_{k=1}^{r} \frac{B_k s + D_k}{s^2 + 2\zeta_k \omega_{nk} s + \omega_{nk}^2} \tag{3-40}$$

式中，q 为实数极点的个数，$q + 2r = n$；r 为共轭复数极点的对数。对 $C(s)$ 进行拉氏反变换，即可求得系统的单位阶跃响应

$$c(t) = \frac{a_0}{b_0} + \sum_{i=1}^{q} C_i \mathrm{e}^{p_i t} + \sum_{k=1}^{r} B_k \mathrm{e}^{-\zeta_k \omega_{nk} t} \cos \omega_{nk} \sqrt{1 - \zeta_k^2} t$$

$$+ \sum_{k=1}^{r} \frac{D_k - \zeta_k \omega_{nk} B_k}{\omega_{nk} \sqrt{1 - \zeta_k^2}} \mathrm{e}^{-\zeta_k \omega_{nk} \cdot t} \sin \omega_{nk} \sqrt{1 - \zeta_k^2} t \tag{3-41}$$

由式（3-41）可见，高阶系统的单位阶跃响应的动态分量由衰减的指数函数及衰减的正、余弦函数组成。各动态分量的相对大小及衰减快慢由对应的系数 C_i、B_k、D_k 及指数衰减常数 p_i、ζ_k、ω_{nk} 决定；其稳态分量为闭环传递函数中常数项的比值。据此分析可知，结合系统闭环零、极点在 S 平面的分布，可找到高阶系统的近似分析方法。

二、高阶系统动态性能的定性分析

从分析高阶系统单位阶跃响应表达式可得出以下结论：

（1）系统响应的各动态分量衰减的快慢由 p_i、ζ_k 及 ω_{nk} 决定，即由闭环极点离虚轴远近决定。极点在 S 左半平面离虚轴越远，相应的分量衰减得越快。反之，则衰减得越慢。

（2）各动态分量的系数决定于零、极点的分布。若某极点 p_i 越靠近零点，而远离其他极点或原点，则相应的系数 C_i 就越小，相应的分量也就减小；若一对零、极点靠得很近、即它们之间的距离比它们的幅值小一个数量级时，则对应该极点的分量就几乎被抵消。通常把这样互相靠得很近的闭环零、极点称为偶极子。

若某极点 p_i 远离零点，越接近其它极点或原点，则相应的系数 C_i 越大，该分量的影响就越大。

（3）若系统中距离虚轴最近的极点，其实数部分为其它极点实数部分的五分之一或更

小，且附近又没有零点，则可认为系统的响应主要由该极点（或共轭复数极点）决定，这一分量衰减得最慢。这种对系统的动态响应起主导作用的极点，称为系统的主导极点。一般情况下，高阶系统具有振荡性，所以主导极点通常是共轭复数极点。

找到共轭复数主导极点，高阶系统就可以近似当作二阶系统来分析，相应的动态性能指标可按二阶系统计算公式来估算，从而使高阶系统的分析得到简化。

三、利用主导极点估算高阶系统的动态性能指标

利用主导极点的概念可使高阶系统的分析大为简化。

【例 3 - 3】　已知系统的闭环传递函数为

$$W_B(s) = \frac{0.59s + 1}{(0.67s + 1)(0.01s^2 + 0.08s + 1)}$$

试估算该系统的动态性能指标。

解　由闭环传递函数可知，该系统是一个三阶系统。
其零、极点在 S 平面上的分布如图 3 - 23 所示。

闭环极点　　　　　　　　$p_1 = -1.5$

$$p_{2,3} = -4 \pm j9.2$$

闭环零点　　　　　　　　$z_1 = -1.7$

由图 3 - 23 可知：

（1）系统是稳定的。

（2）p_1 与 z_1 为偶极子，p_2，p_3 是系统的主导极点，于是系统近似为如下二阶系统。即

$$W_B(s) \approx \frac{1}{0.01s^2 + 0.08s + 1}$$

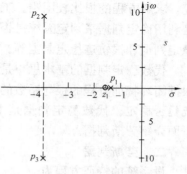

图 3 - 23　零极点分布图

与二阶系统的标准传递函数比较有

$$\zeta = 0.4$$

$$\omega_n = 10 \text{rad/s}$$

所以，相应的动态性能指标为

$$t_s = \frac{3.5}{\zeta \omega_n} = 0.9$$

$$\delta\% = e^{-\zeta \pi / \sqrt{1 - \zeta^2}} \times 100\% = 25\%$$

第五节　自动控制系统的代数稳定判据

稳定是自动控制系统正常工作的首要条件。稳定是指一个处于某平衡状态的系统。若在瞬时扰动作用下偏离了原来的平衡状态，而当扰动消失后，系统经过一定的时间，仍能恢复到原来的平衡状态，则称该系统是稳定的。否则，系统是不稳定的。对于结构和参数已知的系统，研究其稳定的条件，判别它是否稳定，以及采取什么措施以保证其稳定，是系统稳定性分析的基本任务。

一、系统稳定的充分必要条件

线性系统的稳定性反映了系统在扰动消失后系统自身的一种恢复能力。因此，它是系统

的一种固有特性，它只取决于系统的结构和参数，而与外部作用及初始条件无关。

根据前面讨论我们知道，系统的阶跃响应是由稳态分量和动态分量两部分组成，若是稳定系统，其输出量的动态分量必须是衰减的。而系统闭环特征方程的根（系统闭环传递函数的极点）在 S 复平面的位置直接决定了动态分量的性质，如果所有极点都分布在 S 复平面的左半平面，系统的暂态分量将逐渐衰减为零，则系统是稳定的；如果有共轭极点分布在虚轴上，则系统的暂态分量作简谐振荡，系统处于临界稳定状态，在工程上视为不稳定的；如果有闭环极点分布在 S 复平面的右半平面，系统发散振荡，则系统是不稳定的。

根据以上分析，线性系统稳定的充分必要条件是：系统特征方程的所有根（即系统闭环传递函数的极点）的实部小于零，即系统特征方程的所有根都分布在 S 平面的左半平面上。

若想通过求解特征方程的根，直接判定系统稳定，在原则上是可行的，但对于高阶系统，求解方程的根比较困难。工程上经常采用一些间接方法，即不直接求解系统特征根，而是利用稳定判据来判定系统是否稳定。判定系统是否稳定的判据主要有代数稳定判据、频率稳定判据和根轨迹稳定判据等。

代数稳定判据的基本思想是：通过对闭环特征方程各项的系数进行一定的代数运算，再根据闭环特征方程的根与系数的关系，得出所有特征根具有负实部的条件，以此条件判定系统是否稳定。代数稳定判据是由劳斯（Routh）和胡尔维茨（Hurwitz）分别独立提出的，下面介绍劳斯判据。

二、劳斯判据

设系统的特征方程为

$$a_n s^n + a_{n-1} s^{n-1} + \cdots + a_1 s + a_0 = 0$$

式中，a_0 为正（如果原方程首项系数为负，可先将方程两端同乘以 -1）。要利用劳斯判据判定系统的稳定性，首先要求根据系统特征方程式中的 s 各次项系数排列成下列劳斯表。

s^n	a_n	a_{n-2}	a_{n-4}	a_{n-6}	$\cdots$
s^{n-1}	a_{n-1}	a_{n-3}	a_{n-5}	a_{n-7}	$\cdots$
s^{n-2}	b_1	b_2	b_3	b_4	$\cdots$
s^{n-3}	c_1	c_2	c_3	c_4	$\cdots$
$\vdots$	$\vdots$	$\vdots$			
s^2	e_1	e_2			
s^1	f_1				
s^0	g_1				

劳斯表的行列数遵循下列规律：对于 n 阶系统，劳斯表共有 $n+1$ 行；最下面的两行仅有一列，其上两行各有二列，再上两行各有三列，依此类推；最高一行应有 $(n+1)/2$ 列（n 为奇数）或 $(n+2)/2$ 列（n 为偶数）。

表中前面二行由间隔取特征方程中系数形成。从第三行开始，各元素的计算按下述规律推算：

$$b_1 = -\frac{1}{a_{n-1}} \begin{vmatrix} a_n & a_{n-2} \\ a_{n-1} & a_{n-3} \end{vmatrix}, b_2 = -\frac{1}{a_{n-1}} \begin{vmatrix} a_n & a_{n-4} \\ a_{n-1} & a_{n-5} \end{vmatrix}, b_3 = -\frac{1}{a_{n-1}} \begin{vmatrix} a_n & a_{n-6} \\ a_{n-1} & a_{n-7} \end{vmatrix}, \cdots$$

$$c_1 = -\frac{1}{b_1}\begin{vmatrix} a_{n-1} & a_{n-3} \\ b_1 & b_2 \end{vmatrix}, c_2 = -\frac{1}{b_1}\begin{vmatrix} a_{n-1} & a_{n-5} \\ b_1 & b_3 \end{vmatrix}, c_3 = -\frac{1}{b_1}\begin{vmatrix} a_{n-1} & a_{n-7} \\ b_1 & b_4 \end{vmatrix}, \cdots$$

这一计算过程一直进行到 s^0 行，计算到每行其余的系数全部等于零为止。在上述计算各元素的过程中，为了简化数值计算，可以将一行中的各数均乘（或除）一个正整数，这时不改变系统稳定性的结论。

劳斯判据就是依据劳斯表中第一列数的性质来判定系统稳定性的。

1. 劳斯判据的一般情况

劳斯判据指出，系统稳定的充分必要条件是：系统闭环特征方程各项系数均为正，且其劳斯表第一列各元素均为正数。假如第一列有负数，则第一列元素符号改变的次数等于特征方程具有正实部的根的个数。

（1）应用劳斯判据分别研究一阶、二阶系统，其特征方程分别为

$$a_1 + a_0 = 0$$
$$a_2 s^2 + a_1 s + a_0 = 0$$

则一阶和二阶系统稳定的充分必要条件是：特征方程各项系数均为正。

（2）对于三阶系统，其特征方程式为

$$a_3 s^3 + a_2 s^2 + a_1 s + a_0 = 0$$

列出的劳斯表为

s^3	a_3	a_1
s^2	a_2	a_0
s^1	$\dfrac{a_2 a_1 - a_3 a_0}{a_2}$	
s^0	a_3	

由此可得出三阶系统稳定的充分必要条件是：特征方程所有系数均为正，且 $a_2 a_1 > a_3 a_0$。

值得指出的是，如果系统稳定，那么它的闭环特征方程（不论是几阶的）所有系数必须同号。这是系统稳定的必要条件，而不是充分条件。

【例 3-4】　设系统的闭环特征方程为

$$s^5 + 2s^4 + s^3 + 4s + 5 = 0$$

试判断系统的稳定性。

解　$a_i > 0$ 列写劳斯表如下：

s^5	1	1	4
s^4	2	0	5
s^3	1	$\dfrac{3}{2}$	
s^2	-3	5	
s^1	$\dfrac{19}{6}$		
s^0	5		

由上表看到，表中第一列出现了负数，可以判定该特征方程的根不全都在左半平面，故系统是不稳定的。又第一列系数符号改变了两次（由 $+1$ 变到 -3，又由 -3 变到 $+\dfrac{19}{6}$）。因

此系统有两个实部为正的根。

2. 劳斯判据的两种特殊情况

在应用劳斯判据时，可能遇到如下的特殊情况。

（1）劳斯表中第一列出现零。

如果劳斯表某行第一列的元素为零，而该行中其余各元素不等于零或没有其他元素，将使得劳斯表无法往下排列。此时可用一个接近于零的很小的正数 ε 来代替零，完成劳斯表的排列。

例如某系统的特征方程式为

$$s^4 + 3s^3 + s^2 + 3s + 1 = 0$$

其劳斯表为

s^4	1	1	1
s^3	3	3	
s^2	$\varepsilon\ (\approx 0)$	1	
s^1	$3 - \dfrac{3}{\varepsilon}$		
s^0	1		

观察劳斯表的第一列的各元素。当 ε 趋近于零时，$\left(3 - \dfrac{3}{\varepsilon}\right)$ 是一个很大的负值，因此可以认为第一列中各元素的符号改变了两次，由此可判定，该系统特征方程式有两个根具有正实部，系统不稳定。

如果 ε 上面一行的首列和 ε 下面一行的首列符号相同，这表明有一对纯虚根存在。例如某系统的特征方程式为

$$s^3 + 2s^2 + s + 2 = 0$$

劳斯表为

s^3	1	1
s^2	2	2
s^1	ε	
s^0	2	

从劳斯表可知，第一列元素 ε 的上面和下面的元素符号不变，故特征方程有一对虚根。

现将特征方程式分解，有

$$(s^2 + 1)(s + 2) = 0$$

解得根为

$$s_{1,2} = \pm j; \ s_3 = -2$$

（2）劳斯表的某一行中所有元素均为零。

如果劳斯表中某一行的元素全为零，表示相应方程中含有大小相等、符号相反的实根（或共轭根）。此时，应以上一行的元素为系数，构成一辅助多项式，该多项式对 s 求导后，所得多项式的系数即可用来取代全零行。同时，上述大小相等、符号相反的根，可通过求解辅助方程（辅助多项式等于零）求得。

【例 3 - 5】　某控制系统的特征方程式

$$s^6 + 2s^5 + 8s^4 + 12s^3 + 20s^2 + 16s + 16 = 0$$

试判断系统的稳定性。

解 该特征方程式劳斯表的前四行为

$$
\begin{array}{llll}
s^6 & 1 & 8 & 20 & 16 \\
s^5 & 2 & 12 & 16 \\
s^4 & 1 & 6 & 8 \\
s^3 & 0 & 0
\end{array}
\qquad \text{(各元素已除以 2)}
$$

由于 s^3 这一行的元素全为零，使得劳斯表无法往下进行计算。这时，可由上一行的元素作为系数组成辅助多项式

$$p(s) = s^4 + 6s^2 + 8$$

将 $p(s)$ 对 s 求导，得

$$\frac{\mathrm{d}p(s)}{\mathrm{d}s} = 4s^3 + 12s$$

用系数 8 和 24 代替 s^3 行相应的元素继续计算下去，得劳斯表为

$$
\begin{array}{llll}
s^6 & 1 & 8 & 20 & 16 \\
s^5 & 2 & 12 & 16 \\
s^4 & 1 & 6 & 8 \\
s^3 & 4 & 12 \\
s^2 & 3 & 8 \\
s^1 & 4/3 \\
s^0 & 8
\end{array}
$$

由上表知，第一列元素的符号没有变化，表明该特征方程在 S 平面右半平面上没有特征根，但 s^3 行元素全为零，表示有大小相等、符号相反的根。这些根可由辅助方程式求出。本例的辅助方程式是

$$p(s) = 0$$

则得

$$s^4 + 6s^2 + 8 = 0$$

解得方程的根为

$$s_{1,2} = \pm\mathrm{j}\sqrt{2}; \; s_{3,4} = \pm\mathrm{j}2$$

显然系统处于临界稳定状态。

三、代数稳定判据的应用

1. 系统待定参数的确定

应用代数判据，不仅可以判断参数已确定的系统是否稳定以及具有正根的数目，而且可以用来确定为保证系统稳定的待定参数的取值范围。

【例 3-6】 系统如图 3-24 所示。为使系统稳定，试确定放大倍数 K 的取值范围。

解 首先求出系统的闭环传递函数

$$W_B(s) = \frac{C(s)}{R(s)}$$

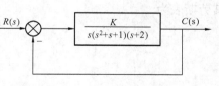

图 3-24 例 3-6 系统结构图

$$W_B(s) = \frac{K}{s(s^2 + s + 1)(s + 2) + K}$$

系统的特征方程为

$$s^4 + 3s^3 + 3s^2 + 2s + K = 0$$

列出劳斯表为

$$
\begin{array}{llll}
s^4 & 1 & 3 & K \\
s^3 & 3 & 2 & \\
s^2 & 7 & 3K & \\
s^1 & 2 - \dfrac{9}{7}K & & \\
s^0 & 3K & &
\end{array}
$$

系统稳定的条件为

$$
\begin{cases}
2 - \dfrac{9}{7}K > 0 \\
3K > 0
\end{cases}
$$

即

$$
\begin{cases}
K < \dfrac{14}{9} \\
K > 0
\end{cases}
$$

所以系统稳定的 K 取值范围为

$$0 < K < \frac{14}{9}$$

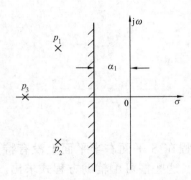

图 3-25 相对稳定性

2. 相对稳定性和稳定裕量

代数稳定判据只解决了系统绝对稳定性问题，即只能回答系统是否稳定；而不能回答系统距离稳定边界有多少裕量，也就是没有解决系统相对稳定性的问题。但尽管如此，利用代数稳定判据可以检查系统是否具有 α_1 的稳定裕量。设系统经过判定属于稳定的系统，即其闭环特征根全部分布在 S 平面的左半平面上。

要检查系统是否具有 α_1 的稳定裕量（见图 3-25），相当于把虚轴向左平移距离 α_1，然后再判断系统是否仍然稳定。即以

$$s = z - \alpha_1$$

代入系统特征方程式，写出关于 z 的多项式，然后用代数判据判定 z 的多项式的根是否都在新的虚轴的左侧。

例如系统的闭环特征方程式为

$$s^3 + 4s^2 + 6s + 4 = 0$$

其劳斯表为

$$
\begin{array}{lll}
s^3 & 1 & 6 \\
s^2 & 4 & 4 \\
s^1 & 5 & \\
s^0 & 4 &
\end{array}
$$

　　因为第一列中各元素没有改变符号，所以没有根在 S 平面的右半平面上，系统是稳定的。

　　现欲检查本系统是否具有 $\alpha_1 = 1$ 的裕量，可用 $s = z - 1$ 代入原特征方程式，得

$$(z-1)^3 + 4(z-1)^2 + 6(2-1) + 4 = 0$$

整理后得新特征方程式为

$$z^3 + z^2 + z + 1 = 0$$

列出其劳斯表

s^3	1	1
s^2	1	1
s^1	0 $(\approx \varepsilon)$	
s^0	1	

　　由于零 (ε) 上面的元素与下面的元素的符号相同，表明没有右半平面的特征根，但由于 s^1 行的元素为零，故有一对虚根。这说明，原系统刚好有 $\alpha_1 = 1$ 的稳定裕量。

第六节　控制系统的稳态误差

　　稳态误差是描述控制系统控制精度的性能指标，即系统的稳态性能指标。稳态误差定义为：在稳定条件下输出量的期望值与实际值之间存在的误差。系统的稳态误差与系统本身的结构和参数、输入量的形式等因素密切相关。对某种特定输入信号而言，没有稳态误差的系统称为无差系统，而具有稳态误差的系统则称为有差系统。

　　控制系统的结构如图 3-26 所示。通常，系统的输入量与输出量为不同的物理量，因此系统的误差不直接用它们的差值来表示，而是用输入量与反馈量的差值来定义，即

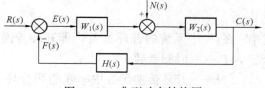

图 3-26　典型动态结构图

$$e(t) = r(t) - f(t) \qquad (3-42)$$

式中，给定信号 $r(t)$ 为期望值；反馈信号 $f(t)$ 为实际值。对于单位反馈系统来说，反馈量 $f(t)$ 就等于输出量 $c(t)$。

　　两种误差定义存在一定的关系

若

$$e(s) = C_i(s) - C_r(s)$$
$$E(s) = R(s) - F(s)$$

则

$$e(s) = \frac{1}{H(s)} E(s)$$

　　对于单位反馈系统，两种误差的定义是相同的。

　　误差信号 $e(t)$ 反映了系统在跟踪输入信号 $r(t)$ 和抑制干扰信号 $n(t)$ 的整个过程中的精度。显然，误差信号也包含动态分量和稳态分量两部分，对于稳定的系统，动态分量必将趋于零。如果我们不考虑误差信号稳态分量随时间变化的全过程，而只考虑计算系统达到稳态后的误差值，即稳态误差为稳定系统误差信号的终值，以 e_{ss} 表示。当时间 t 趋于无穷时，若

$e(t)$ 的极根存在，则稳态误差为

$$e_{ss} = \lim_{t \to \infty} e(t) \tag{3-43}$$

稳态误差分为由给定输入信号引起的误差和由扰动信号引起的误差两种。下面分别讨论。

一、给定信号作用下的稳态误差及误差系数

考虑给定信号 $R(s)$ 单独作用时，设扰动信号 $N(s) = 0$，将图 3-26 改画成图 3-27。

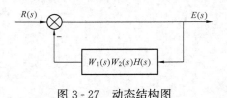

图 3-27　动态结构图

由图 3-27 可得在 $R(s)$ 单独作用下，系统误差闭环传递函数为

$$W_B(s) = \frac{1}{1 + W_1(s)W_2(s)H(s)}$$

由此得误差的拉氏变换为

$$E(s) = \frac{1}{1 + W_1(s)W_2(s)H(s)}R(s) = \frac{R(s)}{1 + W_K(s)}$$

$$W_K(s) = W_1(s)W_2(s)H(s)$$

根据终值定理得

$$e_{ss} = \lim_{t \to \infty} e(t) = \lim_{s \to 0} sE(s) = \lim_{s \to 0} \frac{sR(s)}{1 + W_K(s)} \tag{3-44}$$

可见，系统的稳态误差与系统的输入及系统的开环传递函数 $W_K(s)$ 有关。

设系统开环传递函数的一般表达式为

$$W(s)H(s) = \frac{K_K \prod\limits_{i=1}^{m}(T_i s + 1)}{s^N \prod\limits_{j=1}^{n-N}(T_j s + 1)} \tag{3-45}$$

式中　　K_K——系统的开环增益，即开环传递函数中各因式的常数项为 1 时的总比例系数；

T_i，T_j——时间常数；

　　N——开环传递函数中串联的积分环节的个数，称为系统的无差度，也称为系统的型别。

$N=0$ 时的系统，称为 0 型系统；$N=1$ 时的系统称为 Ⅰ 型系统；相应的，$N=2$ 时，称为 Ⅱ 型系统。

下面分析系统在不同输入信号时的稳态误差。

1. 当 $r(t)$ 是单位阶跃信号时的稳态误差

当 $r(t) = 1(t)$ 时，相应的拉氏变换式为 $R(s) = \dfrac{1}{s}$，则根据式（3-44）得稳态误差为

$$e_{ss} = \lim_{s \to 0} \frac{s\dfrac{1}{s}}{1 + W_K(s)} = \lim_{s \to 0} \frac{1}{1 + W_K(s)}$$

令 $k_p = \lim\limits_{s \to 0} W_K(s)$，$k_p$ 称为位置误差系数，则

$$e_{ss} = \frac{1}{1 + k_p} \tag{3-46}$$

因此，在单位阶跃输入下，位置误差系数决定了给定稳态误差大小。对于 0 型系统，由于 $N=0$，则

$$k_p = \lim_{s \to 0} \frac{K_K \prod\limits_{i=1}^{m}(T_i s + 1)}{\prod\limits_{j=1}^{n}(T_j s + 1)} = K_K$$

稳态误差为

$$e_{ss} = \frac{1}{1+k_p} = \frac{1}{1+K_K}$$

对于 I 型（或 II 型）系统，由于 $N=1$（或 $N=2$），则位置误差系数为

$$k_p = \infty$$

稳态误差为

$$e_{ss} = \frac{1}{1+k_p} = 0$$

可见，在单位阶跃输入下，仅 0 型系统有稳态误差，其大小与系统的开环放大系数 K_K 近似成反比。对于 I 型及 I 型以上系统来说，其稳态误差为零，如图 3-28 所示。

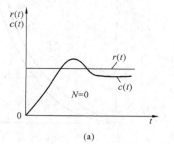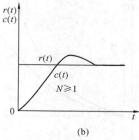

图 3-28　阶跃输入信号作用下的响应曲线

(a) 0 型系统；(b) I 型及以上系统

2. 当 $r(t)$ 是单位斜坡信号时的稳态误差

当 $r(t) = t$ 时，相应的拉氏变换式为 $R(s) = \dfrac{1}{s^2}$，则根据式（3-44）得给定稳态误差为

$$e_{ss} = \lim_{s \to 0} \frac{1}{s[1+W_K(s)]} = \lim_{s \to 0} \frac{1}{sW_K(s)}$$

令 $k_v = \lim\limits_{s \to 0} sW_K(s)$，$k_v$ 称为速度误差系数，则可得以下结论：

（1）对于 0 型系统，$k_v = 0$，$e_{ss} = \infty$。

（2）对于 I 型系统，$k_v = K_k$，$e_{ss} = \dfrac{1}{K_k}$。

（3）对于 II 型系统，$k_v = \infty$，$e_{ss} = 0$。

由此可见，在斜坡信号输入情况下，0 型系统的稳态误差为 ∞，系统的输出量不能跟踪其输入量的变化；对于 I 型系统，其输出量与输入量虽以相同的速度变化，但存在跟踪误差，即稳态误差；对于 II 型系统，其输出量能准确地跟踪斜坡信号输入，稳态误差为零，如图 3-29 所示。

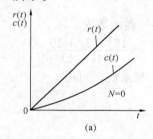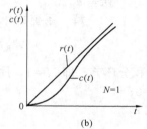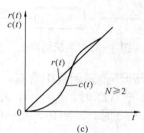

图 3-29　斜坡输入信号作用下的响应曲线

(a) 0 型系统；(b) I 型系统；(c) II 型及以上系统

3. 当 $r(t)$ 是单位抛物线信号时的稳态误差

当 $r(t)=\frac{1}{2}t^2$ 时，相应的拉氏变换式为 $R(s)=\frac{1}{s^3}$，则根据式（3-44），给定稳态误差为

$$e_{ss}=\lim_{s\to 0}\frac{s}{1+W_K(s)}\frac{1}{s^3}=\lim_{s\to 0}\frac{1}{s^2 W_K(s)}$$

令 $k_a=\lim_{s\to 0}s^2 W_K(s)$，$k_a$ 称为加速度误差系数，则可得以下结论：

（1）对于 0 型和 Ⅰ 型系统，$k_a=0$，$e_{ss}=\infty$。

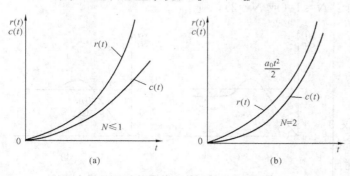

（2）对于 Ⅱ 型系统，$k_a=K_K$，$e_{ss}=\frac{1}{K_K}$。

上述结论表明，0 型和 Ⅰ 型系统都不能跟踪抛物线输入信号，只有 Ⅱ 型系统能跟踪，但存在稳态误差。图 3-30 给出了不同型别的系统在抛物线输入信号作用下的响应曲线。

表 3-1 中列出了系统的类型、静态误差系数及输入信号之间的关系。

图 3-30　抛物线输入信号作用下的响应曲线

（a）0 型及 Ⅰ 型系统；（b）Ⅱ 型系统

表 3-1　　　　　　　　　　　　误差系数与稳态误差

$r(t)$	1		t		$\frac{1}{2}t^2$	
系　统	k_p	e_{ss}	k_v	e_{ss}	k_a	e_{ss}
0　型	K_K	$\frac{1}{1+K_K}$	0	∞	0	∞
Ⅰ　型	∞	0	K_K	$\frac{1}{K_K}$	0	∞
Ⅱ　型	∞	0	∞	0	K_K	$\frac{1}{K_K}$

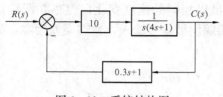

图 3-31　系统结构图

【例 3-7】　设系统结构图如图 3-31 所示。已知输入信号 $r(t)=1(t)+t+\frac{1}{2}t^2$，试求系统的稳态误差 e_{ss}。

解　系统的开环传递函数为

$$W_K(s)=\frac{10(0.3s+1)}{s(4s+1)}$$

由于开环传递函数中含有一个积分环节，即 $N=1$，属 Ⅰ 型系统，可得

$r(t)=1(t)$ 时，$k_p=\infty$，$e_{ss}=0$；

$r(t)=t$ 时，$k_v=10$，$e_{ss}=0.1$；

$r(t)=\frac{1}{2}t^2$ 时，$k_a=0$，$e_{ss}=\infty$。

所以系统在输入信号 $r(t)=1(t)+t+\dfrac{1}{2}t^2$ 时，稳态误差为 $e_{ss}=\infty$。

二、扰动信号作用下的稳态误差

图 3-26 所示为有给定作用和扰动作用的系统动态结构图，当 $R(s)=0$ 时，研究在干扰信号 $N(s)$ 单独作用下系统的稳态误差即为扰动误差。分析时，可先求出稳态误差表达式，然后再使用终值定理计算。

考虑扰动信号 $N(s)$ 作用时，设 $R(s)=0$，将图 3-26 所示系统结构图变换成图 3-32 的形式。

由图 3-32 可得在 $N(s)$ 作用下系统误差的闭环传递函数为

$$W_{en}(s)=-\frac{W_2(s)H(s)}{1+W_1(s)W_2(s)H(s)}$$

则误差的拉氏变换式为

$$E(s)=W_{en}(s)N(s)$$

据终值定理，扰动作用下的稳态误差为

$$e_{ss}=\lim_{s\to0}sE(s)=\lim_{s\to0}sW_{en}(s)N(s)$$

$$=\lim_{s\to0}s\frac{-W_2(s)H(s)}{1+W_1(s)W_2(s)H(s)}N(s)$$

当 $W_1(s)W_2(s)H(s)\gg1$ 时，上式可近似为

$$e_{ss}=\lim_{s\to0}s\frac{-N(s)}{W_1(s)}$$

设

$$W_1(s)=\frac{K_1\prod\limits_{i=1}^{m_1}(T_is+1)}{s^{N_1}\prod\limits_{j=1}^{N_1}(T_js+1)}$$

则可得

$$e_{ss}=-\lim_{s\to0}\frac{s^{N_1+1}}{K_1}N(s) \tag{3-47}$$

由式（3-47）可见，系统在干扰作用下的稳态误差与干扰信号作用点以前的环节的传递函数有关，即与 $W_1(s)$ 所含积分环节数目 N_1 及放大倍数 K_1 有关，而与干扰信号作用点以后环节的放大倍数及所含积分环节数目无关。认识到这一点很重要，因为一般来说，$W_1(s)$ 环节就是系统的调节器或校正装置，所以可按此结论指导调节器的选型及整定其参数。

需要指出的是，稳态误差 e_{ss} 为负，表示反馈信号比输入信号大，这是由于 $N(s)$ 的加入使得输出量增大，反馈量也随之加大引起的。

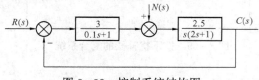

图 3-33　控制系统结构图

【例 3-8】　控制系统如图 3-33 所示，已知输入信号 $r(t)=t$，干扰信号 $n(t)=1(t)$，试计算系统的稳态误差。

解　由图 3-33 可求得系统的开环传递函数为

$$W_K(s)=\frac{7.5}{s(2s+1)(0.1s+1)}$$

可见，系统为Ⅰ型系统，令 $n(t) = 0$ 当 $r(t) = t$ 时，给定稳态误差为

$$e_{ss1} = \frac{1}{k_v} = \frac{1}{K} = \frac{1}{7.5} = 0.134$$

令 $r(t) = 0$，当 $n(t) = 1(t)$ 时

$$e_{ss} = -\lim_{s \to 0} s \frac{-W_2(s)H(s)N(s)}{1 + W_1(s)W_2(s)H(s)} = -\lim_{s \to 0} s \frac{\dfrac{2.5}{s(2s+1)}}{1 + \dfrac{3}{0.1s+1} \times \dfrac{2.5}{s(2s+1)}}$$

所以

$$e_{ss2} = -\frac{1}{3} = -0.334$$

根据线性叠加原理，系统在输入信号及干扰信号同时作用下的稳态误差为

$$e_{ss} = |e_{ss1}| + |e_{ss2}| = 0.134 + 0.334 = 0.468$$

三、减小稳态误差的方法

为了减小系统的给定或扰动稳态误差，一般经常采用的方法是提高系统开环传递函数中的串联积分环节的阶次 N，或增大系统的开环放大系数 K_K。但是 N 值一般不超过 2，K_K 值也不能任意增大，否则系统不稳定。为了进一步减小给定和扰动误差，可以采用补偿的方法。所谓补偿是指作用于控制对象的控制信号中，除了偏差信号外，还引入与扰动或给定量有关的补偿信号，以提高系统的控制精度，减小误差。这种控制称为复合控制或前馈控制。

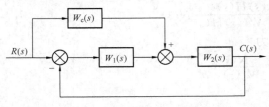

图 3-34　按给定补偿的复合系统

1. 按给定进行补偿

在图 3-34 所示的控制系统中，给定量 $R(s)$ 通过补偿校正装置 $W_c(s)$，对系统进行开环控制，以减小给定信号引起的稳态误差。

这时系统的稳态误差为

$$E(s) = R(s) - C(s) = R(s)[1 - W_B(s)]$$
$$= R(s)\left[1 - \frac{W_1(s)W_2(s) + W_2(s)W_c(s)}{1 + W_1(s)W_2(s)}\right]$$
$$= \frac{1 - W_c(s)W_2(s)}{1 + W_1(s)W_2(s)}R(s) \tag{3-48}$$

可见，若使 $1 - W_c(s)W_2(s) = 0$，则有 $E(s) = 0$，即当取 $W_c(s) = \dfrac{1}{W_2(s)}$ 时，可使系统的输出 $c(t)$ 始终等于其输入 $r(t)$，无误差产生。这种将误差完全补偿的作用称为全补偿，如图 3-34 所示。

2. 按干扰进行补偿

在图 3-35 所示的控制系统中，为了减小扰动信号引起的误差，利用扰动信号经过 $W_c(s)$ 来进行补偿。

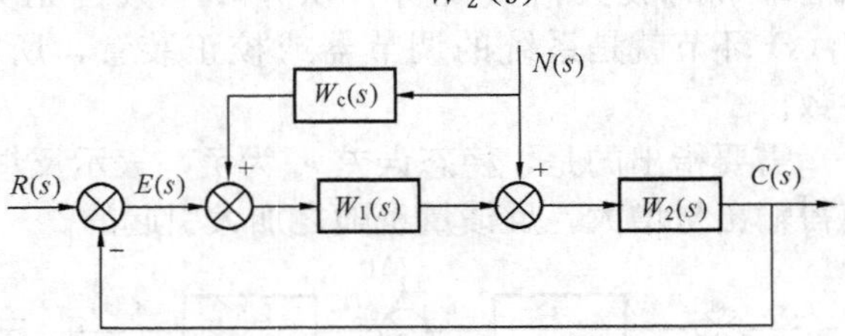

设

图 3-35　按干扰补偿的复合系统

$$R(s) = 0$$

$$E(s) = -C(s) = -\frac{W_2(s)[1 + W_c(s)W_1(s)]}{1 + W_1(s)W_2(s)}N(s)$$

可见，要使 $E(s) = 0$，必须满足

$$1 + W_c(s)W_1(s) = 0 \tag{3-49}$$

即取

$$W_c(s) = -\frac{1}{W_1(s)}$$

就可实现完全补偿。

在工程实践中，上述两种完全补偿的条件一般难以全部满足，而只能近似地实现。虽然在实践中采用的补偿是近似的，但它对改善系统的稳态性能仍能产生十分有效的作用。

第七节 利用 MATLAB 进行控制系统时域分析

一、用 MATLAB 进行时域动态响应分析

在 MATLAB 中，可以利用工具箱中的阶跃函数进行阶跃响应的时域分析。

如果给定系统的传递函数为

$$W(s) = \frac{\text{num}(s)}{\text{den}(s)}$$

其中，num 为 $W(s)$ 的分子多项式系数向量，den 为 $W(s)$ 的分母多项式系数向量。则其时域响应可由函数 step（ ）得到，其格式为

$[C, t] = \text{step}(G)$

$C = \text{step}(G, t)$

$C = \text{step}(\text{num}, \text{den}, t)$

Step（G，t）和 C=step（num，den，t）表示利用用户指定的时间向量 t 来绘制系统的单位阶跃函数响应。当 step（ ）函数含有返回变量时，可以得到系统阶跃响应的输出数据，不直接绘制曲线；当 step（ ）函数没有返回变量时，则可绘制系统的单位阶跃响应曲线。

1. 一阶系统单位阶跃响应

【例 3-9】 一阶系统传递函数为 $W_B(s) = \dfrac{10}{0.1s+1}$，用 MATLAB 做出单位阶跃响应曲线。

解 ≫ num = [10];

≫ den = [0.1, 1];

≫ step(num, den)

其单位阶跃响应曲线如图 3-36 所示。

2. 二阶系统单位阶跃响应

【例 3-10】 二阶系统闭环传递函数为 $W_B(s) = \dfrac{4}{s^2+s+4}$，求单位阶跃响应曲线并做系统性能分析。

解 ≫ num = [4];

≫ den = [1, 1, 4];

≫ step(num, den)

其单位阶跃响应曲线如图 3-37 所示。

计算峰值：

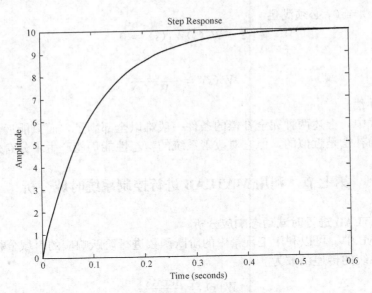

图 3 - 36　一阶系统单位阶跃响应曲线

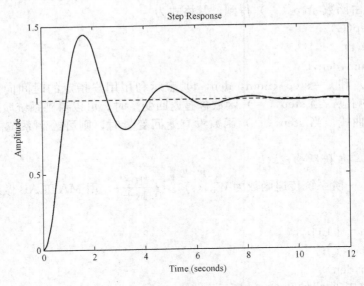

图 3 - 37　二阶系统单位阶跃响应曲线

≫ max(step(num,den))

ans =

1. 440 1

计算峰值时间：

≫ [y,x,t] = step(num,den);

≫ tp = spline(y,t,max(y))

tp =

1. 573 8

二阶系统超调量与峰值时间如图 3 - 38 所示。

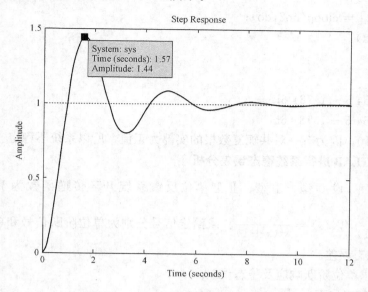

图 3 - 38　二阶系统超调量与峰值时间

二、用 MATLAB 求根并进行系统稳定性分析

借助于 MATLAB 语言工具，系统稳定性分析采用直接求根的方法。设系统闭环特征方程为

$$a_n s^n + a_{n-1} s^{n-1} + \cdots + a_1 s + a_0 = 0$$

其 n 个根为 $s_i(i = 1, 2, 3, \cdots, n)$

如果有 $\mathrm{Re}[s_i] < 0(i = 1, 2, 3, \cdots, n)$，则系统稳定。

在 MATLAB 中用函数 roots (d) 判断其稳定性。该函数的功能为：对应于特征方程 $d_1 s^n + d_2 s^{n-1} + \cdots + d_n s + d_{n+1} = 0$，给定多项式向量 $d = [d_1, d_2, \cdots, d_n, d_{n+1}]$，计算该多项式方程的根向量

$$\mathrm{length}(d) = n + 1, \mathrm{length}(\mathrm{roots}(d)) = n$$

【例 3 - 11】　系统动态结构图如图 3 - 39 所示。试分别确定 $k = 2$、$k = 10$ 时系统的稳定性。

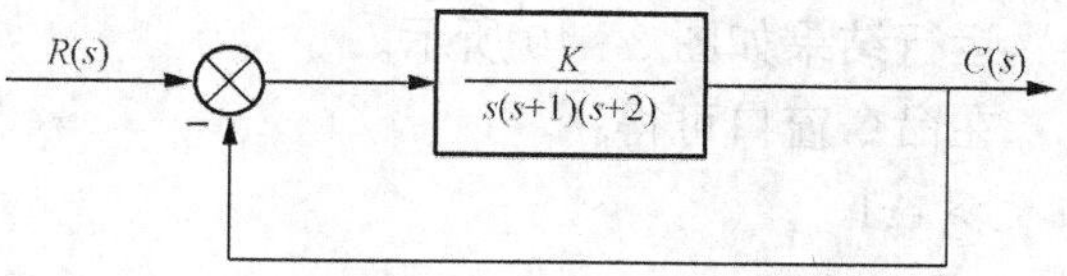

解　≫ dz = [0 - 1 - 2];

≫ do = poly(dz);

≫　nol = [2];

≫　[ncl, dcl] = cloop(nol, do);

≫ roots(dcl)

ans =

－2.5214

　　－0.239 3 ＋ 0.857 9i

　　－0.239 3 － 0.857 9i

因此 $k = 2$，由于系统的闭环根全部具有负实部，所以系统是稳定。

图 3 - 39　系统动态结构图

≫ no2 = [10];

≫ [nc2,dc2] = cloop(no2,do);

≫ roots(dc2)

ans =

－3.308 9

　　　－0.154 5＋1.731 6i

　　　－0.154 5－1.731 6i

因此当 $k=10$，因为有一对共轭复数根的实部为正值，所以系统不稳定。

三、用 MATLAB 进行系统稳态误差分析

【例 3 - 12】　设 0 型、Ⅰ 型、Ⅱ 型单位反馈系统开环传递函数为 $W_1(s) = \dfrac{1}{s+1}$，

$W_2(s) = \dfrac{1}{s(s+1)}$，$W_3(s) = \dfrac{4s+1}{s^2(s+1)}$，求给定信号分别为单位阶跃信号和单位斜坡信号时系统的响应及稳态误差。

解　（1）求单位阶跃响应及稳态误差。

MATLAB 程序如下：

≫ t = 0:0.1:20;

≫ [num1,den1] = cloop([1],[1,1,1]);

≫ [num2,den2] = cloop([1],[1,1,0]);

≫ [num3,den3] = cloop([4 1],[1,0,0]);

≫ y1 = step(num1,den1,t);

≫ y2 = step(num2,den2,t);

≫ y3 = step(num3,den3,t);

≫ subplot(3,1,1);plot(t,y1);

≫ subplot(3,1,2);plot(t,y2);

≫ subplot(3,1,3);plot(t,y3);

≫ er1 = y1(length(t))－1;

≫ 　er2 = y2(length(t))－1;

≫ 　er3 = y3(length(t))－1;

运行结果如图 3 - 40 所示。

在命令窗口可得：

≫ er1

er1 =

　－0.500 0　　　　　　　　　%0 型系统稳态误差

≫ er2

er2 =

2.429 4e－05　　　　　　　　%Ⅰ型系统稳态误差

≫ er3

er3 =

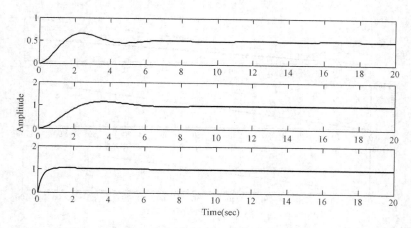

图 3 - 40 三种类型系统的单位阶跃响应

3.639 9e－04 　　　　　　　%Ⅱ 型系统稳态误差

（2）求单位斜坡响应及稳态误差。

MATLAB 程序如下：

```
≫ t1 = 0:1.1:100;
≫ [num1,den1] = cloop([1],[1,1]);
≫ [num2,den2] = cloop([1],[1,1,0]);
≫ [num3,den3] = cloop([4 1],[1,1,0,0]);
≫ y1 = step(num1,[den1 0],t1);
≫   y2 = step(num2,[den2 0],t1);
≫   y3 = step(num3,[den3 0],t1);
≫ subplot(3,1,1);plot(t1,y1,t1,t1);
≫ subplot(3,1,2);plot(t1,y2,t1,t1);
≫ subplot(3,1,3);plot(t1,y3,t1,t1);
≫ er1 = y1(length(t1))－t1(length(t1));
≫ er2 = y2(length(t1))－t1(length(t1));
≫ er3 = y3(length(t1))－t1(length(t1));
```

运行结果如图 3 - 41 所示。

在命令窗口可得：

er1 =

－49.750 0 　　　　　　　%0 型系统的稳态误差

≫ er2

er2 =

－1.000 0 　　　　　　　%Ⅰ 型系统的稳态误差

≫ er3

er3 =

－1.691 1e－12 　　　　　　　%Ⅱ 型系统的稳态误差

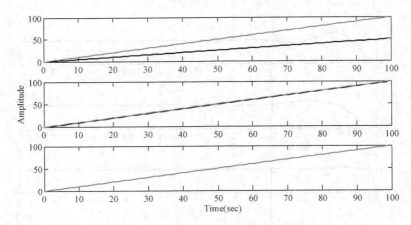

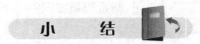

图 3 - 41　三种类型的单位斜坡响应

小　结

1. 自动控制系统一般不但要具有足够的稳定性，还应有较高的稳态控制精度和较快的响应过程。为了评价这三方面的性能，在典型输入信号下定义了反映系统稳、准、快三方面性能的指标。通常是以系统阶跃响应的超调量，调整时间和稳态误差等性能指标来评价系统性能的优劣。

2. 时域分析是通过直接求解系统在典型输入信号作用下的时域响应来分析系统的性能的。一阶系统和二阶系统是时域分析法重点分析的两类系统。

一阶系统的单位阶跃响应是单调递增的。

二阶系统在欠阻尼时的响应虽有振荡，但只要阻尼比 ζ 取值适当，则系统既有响应的快速性，又有过渡过程的平稳性，因而在控制工程中常把二阶系统设计为欠阻尼。

对于高阶系统，如果系统中含有一对闭环主导极点，则该系统的瞬态响应就可以近似地用这对主导极点所描述的二阶系统来表征。

3. 系统能正常工作的首要条件是系统稳定。线性定常系统的稳定性是系统的一种固有特性，它仅取决于系统的结构和参数，与外加信号的形式和大小无关。可采用劳斯判据来判断系统的稳定性，劳斯判据是不用求根便能直接判别系统稳定性的方法，它只回答特征方程式的根在 S 平面上的分布情况，而不能确定根的具体数值。

4. 稳态误差是衡量系统控制精度的性能指标。稳态误差可分为由给定信号引起的误差以及由扰动信号引起的误差两种。稳态误差也可用误差系数来表述。系统的稳态误差主要是由积分环节的个数和开环增益来确定的。为了提高精度等级，可增加积分环节的数目，为了减小有限误差，可增加开环增益。但这两种方法都会使系统的稳定性变差，甚至导致系统不稳定。而采用补偿的方法，则可在保证稳定性的前提下减小稳态误差。

习　题

3-1　典型一阶系统的闭环传递函数为 $W_B(s) = \dfrac{1}{Ts+1}$，试求系统的单位阶跃和单位斜坡响应。

3-2　设系统的闭环传递函数 $W_B(s) = \dfrac{1}{Ts+1}$，当输入单位阶跃信号时，经 15s 系统响应达到稳态值的 98%，试确定系统的时间常数 T 及开环传递函数 $W_K(s)$。

3-3　设一单位反馈控制系统的开环传递函数为 $W_k(s) = \dfrac{1}{s(s+1)}$，试求系统的单位阶跃响应及动态性能指标 $\delta\%$、t_r、t_s、M。

3-4　已知系统的单位阶跃响应为 $C(t) = 1 - 1.8e^{-4t} + 0.8e^{-9t}$，求：

（1）系统的闭环传递函数；

（2）系统的阻尼比和无阻尼自然振荡角频率。

3-5　已知单位负反馈二阶系统的单位阶跃响应曲线如图 3-42 所示。试确定系统的开环传递函数。

3-6　控制系统如图 3-43 所示。

（1）若 $H(s) = 1$，试求系统的 t_s 和 $\delta\%$；

（2）若 $H(s) = 1 + 0.8s$，试求系统的 t_s 和 $\delta\%$。

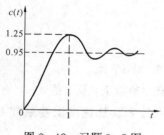

图 3-42　习题 3-5 图

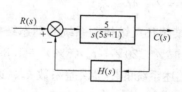

图 3-43　习题 3-6 图

3-7　已知单位负反馈系统的开环传递函数 $W_K(s) = \dfrac{K}{s(Ts+1)}$，若要求 $\delta\% \leqslant 16\%$，$t_s = 6s$（$\pm 5\%$ 误差带），试确定 K，T 值。

3-8　设控制系统如图 3-44 所示。若要求超调量等于 16.3%，峰值时间为 0.9s，试确定 K 与 T_d 值，并确定此时的上升时间及调节时间。

3-9　闭环系统的结构如图 3-45 所示。若要求 $\zeta = 0.707$，则参数 τ 应如何选择？

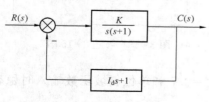

图 3-44　习题 3-8 图

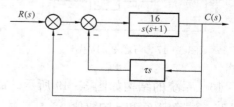

图 3-45　习题 3-9 图

3-10 闭环系统的特征方程式如下，试用劳斯判据判断系统的稳定性。

(1) $s^3 + 20s^2 + 4s + 50 = 0$；

(2) $s^3 + 20s^2 + 4s + 100 = 0$；

(3) $s^4 + 2s^3 + 6s^2 + 8s + 8 = 0$；

(4) $2s^5 + s^4 + 15s^3 + 25s^2 + 2s - 7 = 0$；

(5) $s^5 + 3s^4 + 12s^3 + 24s^2 + 32s + 48 = 0$。

3-11 单位反馈系统的开环传递函数为 $W_K(s) = \dfrac{K_K(0.5s+1)}{s(s+1)(0.5s^2+s+1)}$，试确定使系统稳定的 K_K 值范围。

3-12 已知系统的结构图如图 3-46 所示，试用劳斯判据确定使系统稳定的 τ 值范围。

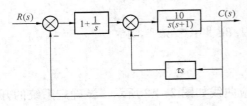

图 3-46 习题 3-12 图

3-13 已知单位反馈系统的开环传递函数如下：

(1) $W_K(s) = \dfrac{10}{(0.1s+1)(0.5s+1)}$；

(2) $W_K(s) = \dfrac{7(s+1)}{s(s+4)(s^2+2s+2)}$；

(3) $W_K(s) = \dfrac{8(0.5s+1)}{s^2(0.1s+1)}$。

试计算 $r(t)$ 为下列函数时的稳态误差。

(1) $r(t) = 1(t)$；

(2) $r(t) = 1(t) + t$；

(3) $r(t) = 2 + 4t + \dfrac{1}{2}t^2$。

3-14 某闭环反馈控制系统的动态结构图如图 3-47 所示。

(1) 求当 $\delta\% \leqslant 20\%$，$t_s(5\%) = 1.8s$ 时，系统的参数 K_1 及 τ 值。

(2) 求上述系统的位置误差系数 k_p、速度误差系数 k_v、加速度误差系数 k_a 及其相应的稳态误差。

3-15 系统如图 3-48 所示。为了使系统在 $r(t) = t^2$ 时的稳态误差不大于 $\dfrac{1}{10}$，同时系统要稳定。试确定 τ 和 K 的取值。

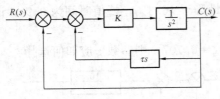

图 3-47 习题 3-14 图

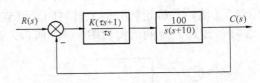

图 3-48 习题 3-15 图

3-16 系统的结构如图 3-49 所示。欲保证 $\zeta = 0.7$ 和单位斜坡函数输入时稳态误差 $e_{ss} = 0.25$，试确定 K 和 τ 的取值。

3-17 系统的结构如图 3-50 所示。求 $n_1(t) = n_2(t) = 1(t)$ 时，系统的稳态误差。

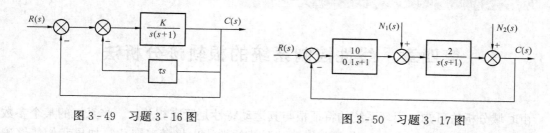

图 3-49 习题 3-16 图

图 3-50 习题 3-17 图

3-18 控制系统如图 3-51 所示。试计算 $n(t) = A1(t)$ 时，系统的稳态误差。

3-19 复合控制系统如图 3-52 所示，问应怎样选择传递函数 $W_c(s)$，才能使系统的稳态误差为零？

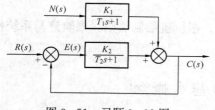

图 3-51 习题 3-18 图

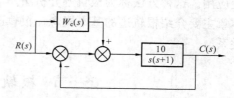

图 3-52 习题 3-19 图

3-20 某系统如图 3-53 所示，其中 K_1、K_2 为常数，$\beta \geqslant 0$。试分析：

（1）β 值对稳定性的影响；

（2）β 值对 t_s 及 $\delta\%$ 的影响；

（3）β 值对 $r(t) = At$ 时稳态误差的影响。

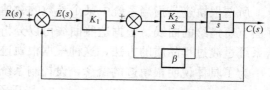

图 3-53 习题 3-20 图

第四章　线性控制系统的根轨迹分析法

由时域分析法可知，闭环系统的特征根与其运动特性是紧密相关的，当系统的某个参数发生变化时，特征根将随之在 S 平面上移动，系统的性能也将随着变化。如果我们能够确定闭环系统的特征根，那么就可以掌握瞬态响应的基本特征。然而求解高次代数方程的工作量非常大，为解决这个问题，1948 年伊文斯（W·R·Evans）根据反馈系统开环和闭环传递函数之间的关系，提出了一种由开环传递函数求闭环特征根的简便方法，并在工程中获得了广泛应用。这种方法称为根轨迹分析法。

本章主要介绍根轨迹的基本概念，根轨迹方程，根轨迹绘制法则，根轨迹与系统性能之间的关系。

第一节　根轨迹的基本概念

一、根轨迹的概念

所谓根轨迹是指当系统中某个参数的数值从零至无穷大变化时，闭环特征方程的根在 S 平面上所描绘的曲线。根据这些曲线可以分析不同参数情况下系统过渡过程的特征，以及改善系统过渡过程品质的方法，这种根据根轨迹曲线研究系统运动特性的方法称为根轨迹法。

为了具体说明根轨迹的概念，设控制系统如图 4-1 所示。

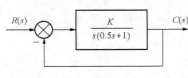

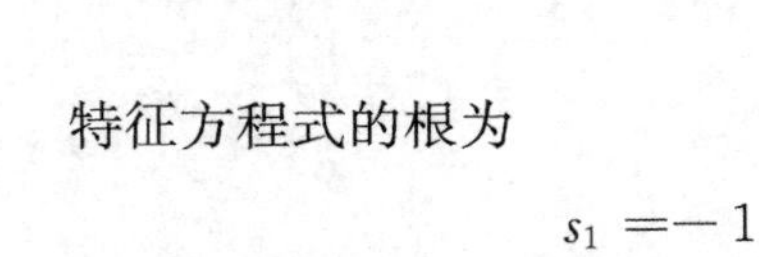

图 4-1　控制系统结构图

其开环传递函数为

$$W_K(s) = \frac{K}{s(0.5s+1)} = \frac{2K}{s(s+2)}$$

闭环传递函数为

$$W_B(s) = \frac{2K}{s^2 + 2s + 2K}$$

闭环系统特征方程式为

$$s^2 + 2s + 2K = 0$$

特征方程式的根为

$$s_1 = -1 + \sqrt{1-2K}, s_2 = -1 - \sqrt{1-2K}$$

下面研究开环放大系数 K 与闭环特征根的关系。当 K 取不同数值时，特征根如表 4-1 所示。当 K 由 $0 \to \infty$ 变化时，闭环特征根在 S 平面上移动的轨迹如图 4-2 所示。

图 4-2 直观地表示了参数 K 变化时，闭环特征根的变化，并且还给出了参数 K 对闭环特征根在 S 平面上分布的影响。

现分析如下：

（1）当 $K > 0$ 时，闭环特征根位于 S 左半平面，因此闭环系统稳定。

（2）当 $0 < K < 1$ 时，系统有两个不相等的实数根，呈过阻尼状态。

（3）当 $K = 1$ 时，系统有两个相等的实数根，呈临界阻尼状态。

（4）当 $K > 1$ 时，系统有一对共轭复数根，呈欠阻尼状态。

表 4 - 1　开环放大系数 K 与闭环特征根的关系

K	s_1	s_2
0	0	-2
0.5	-1	-1
1	$-1+j1$	$-1-j1$
2	$-1+j\sqrt{3}$	$-1-j\sqrt{3}$
∞	$-1+j\infty$	$-1-j\infty$

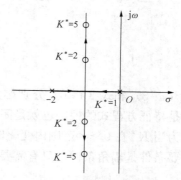

图 4 - 2　闭环系统根轨迹图

由此可见，闭环特征根的位置与系统的性能是密切相关的。当系统的某个参数发生变化时，特征根在 S 平面上的位置以及系统的性能将随之变化，根轨迹法是分析和研究这种变化规律的有效工具。

二、根轨迹方程

控制系统结构图如图 4 - 3 所示。

系统闭环传递函数为

$$W_B(s) = \frac{W(s)}{1 + W(s)H(s)}$$

开环传递函数为

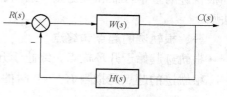

图 4 - 3　控制系统结构图

$$W_K(s) = W(s)H(s) = \frac{K^* \prod_{i=1}^{m}(s - z_i)}{\prod_{j=1}^{n}(s - p_j)} \tag{4-1}$$

式中　z_i——开环零点；

　　　p_j——开环极点；

　　　K^*——根轨迹增益。

系统闭环特征方程式为

$$1 + W(s)H(s) = 0 \tag{4-2}$$

即

$$W(s)H(s) = -1 \tag{4-3}$$

所以

$$\frac{K^* \prod_{i=1}^{m}(s - z_i)}{\prod_{j=1}^{n}(s - p_j)} = -1 \tag{4-4}$$

将式（4-4）称为根轨迹方程。根据式（4-4）可以画出当 K^* 由零变到无穷时系统的根轨迹。应当指出，只要闭环特征方程可以化成式（4-4）的形式，都可以绘制根轨迹，其中处于变动地位的不仅是 K^*，也可以是其他参数。

由式（4-4）可以看出，根轨迹方程实质上是一个向量方程，因此可做如下变化

$$-1 = 1 \cdot e^{j(2k+1)\pi} \quad (k = 0, \pm 1, \pm 2, \cdots)$$

$$\sum_{i=1}^{m} \angle(s-z_i) - \sum_{j=1}^{n} \angle(s-p_j) = (2k+1)\pi \quad (k=0,\pm1,\pm2,\cdots) \qquad (4-5)$$

$$K^* = \frac{\prod\limits_{j=1}^{n} |s-p_j|}{\prod\limits_{i=1}^{m} |s-z_i|} \qquad (4-6)$$

式（4-5）和式（4-6）分别称为辐角条件和幅值条件。满足幅值条件和辐角条件的 s 值，就是特征方程式的根，也就是闭环极点。

因为当 K^* 在 $0 \rightarrow \infty$ 范围内变化时，总有一个 K^* 能满足幅值条件，所以绘制根轨迹的充分必要条件是辐角条件。只有需要确定根轨迹上各点的 K^* 值时，才使用幅值条件。

第二节　根轨迹绘制的基本法则

当根轨迹增益 K^* 由 $0 \rightarrow \infty$ 变化时，要准确地绘制出根轨迹是困难的。但是如果能够找到根轨迹的基本特征和关键点，绘制起来就比较容易了。本节将讨论绘制概略根轨迹的基本法则。

一、根轨迹的起点和终点

根轨迹起始于开环极点，终止于开环零点。

根轨迹的起点是指当 $K^* = 0$ 时的根轨迹点，根轨迹的终点是指当 $K^* = \infty$ 时的根轨迹点。由根轨迹幅值条件 $K^* = \dfrac{\prod\limits_{j=1}^{n} |s-p_j|}{\prod\limits_{i=1}^{m} |s-z_i|}$ 可知，当 $K^* = 0$ 时，$s = p_j$，即根轨迹起始于开环极点；$K^* = \infty$ 时，$s = z_i$，即根轨迹终止于开环零点。

在物理系统中一般 $n \geq m$，当 $n > m$ 时，有 m 条根轨迹终止于开环零点，有 $n-m$ 条根轨迹终止于无穷远处。

在无穷远处（$s \rightarrow \infty$），有

$$\frac{\prod\limits_{i=1}^{m} (s-z_i)}{\prod\limits_{j=1}^{n} (s-p_j)} \approx \frac{1}{s^{n-m}} = 0$$

符合终点处的根轨迹方程，因此可以说根轨迹终止于开环零点。

二、根轨迹对称性和分支数

由于闭环特征根只有实数和共轭复数两种，因此形成的根轨迹必然对称于实轴。

当 K^* 取某一数值时，n 阶系统有 n 个确定的根，n 为开环极点个数，根轨迹是从开环极点出发，故根轨迹数与开环极点个数相同，即有 n 条。

三、实轴上的根轨迹

实轴上根轨迹存在的区域，其右边开环实数零、极点个数之和为奇数。

设开环系统零极点分布如图 4-4 所示。

设 N_z 为实轴上根轨迹右侧的开环有限零点数目，N_P 为实轴上根轨迹右侧的开环极点

数目，则实轴上存在根轨迹的条件应满足

$$N_z + N_P = 1 + 2k \quad (k = 0, 1, 2, \cdots)$$

只有这样才能满足辐角条件

$$\sum_{i=1}^{m} \alpha_i - \sum_{j=1}^{n} \beta_j = N_z \pi - N_P \pi = \pm \pi(1 + 2k)$$

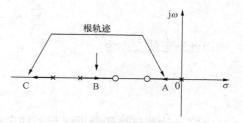

图 4-4　开环系统零极点分布图

如图 4-4 所示，对于根轨迹 A

$$N_z + N_P = 1 \quad (N_P = 1, N_z = 0)$$

对于根轨迹 B　　$N_z + N_P = 3 (N_P = 1, N_z = 2)$

对于根轨迹 C　　　　　　$N_z + N_P = 5 (N_P = 3, N_z = 2)$

四、根轨迹的渐近线

当 $n > m$ 时，在 $K^* \to \infty$，有 $n - m$ 条根轨迹将伸向无穷远处，趋于无穷远的根轨迹的渐近线可用以下方法确定。

渐近线与实轴的夹角

$$\varphi_a = \frac{\pm(2k+1)\pi}{n - m} \quad (k = 0, 1, 2, \cdots) \tag{4-7}$$

渐近线与实轴的交点

$$\sigma_a = \frac{\sum_{j=1}^{n} p_j - \sum_{i=1}^{m} z_i}{n - m} \tag{4-8}$$

渐近线就是 s 值很大时的根轨迹，因此渐近线也一定对称于实轴。假设在无穷远处有特征根 s_k，则 S 平面上所有开环有限零点和极点到 s_k 的矢量辐角都相等，即

$$\alpha_i = \beta_j = \varphi_a$$

把上式代入辐角条件可得

$$\sum_{i=1}^{m} \alpha_i - \sum_{j=1}^{n} \beta_j = m\varphi_a - n\varphi_a = \pm(2k+1)\pi$$

由此得渐近线的夹角为

$$\varphi_a = \frac{\mp(2k+1)\pi}{n - m}$$

对于无穷远处的特征根 s_k 来说，S 平面上所有开环有限零点和极点到 s_k 的矢量长度均相等，因此可以认为，对于无限远处的闭环极点 s_k 而言，所有开环零点、极点都汇集在一起，其位置为 σ_a，即为渐近线与实轴交点。

幅值条件为

$$\left| \frac{\prod_{i=1}^{m}(s - z_i)}{\prod_{j=1}^{n}(s - p_j)} \right| = \left| \frac{s^m + \sum_{i=1}^{m} z_i s^{m-1} + \cdots + \prod_{i=1}^{m} z_i}{s^n + \sum_{j=1}^{n} p_j s^{n-1} + \cdots + \prod_{j=1}^{n} p_j} \right| = \frac{1}{K^*}$$

当 $s = s_k = \infty$ 时　　$z_i = p_j = \sigma_a$

$$\left| \frac{1}{(s - \sigma_a)^{n-m}} \right| = \left| \frac{1}{s^{n-m} + (\sum_{j=1}^{n} p_j - \sum_{i=1}^{m} z_i) s^{n-m-1} + \cdots} \right| = \frac{1}{K^*}$$

$$\sum_{j=1}^{n} p_j - \sum_{i=1}^{m} z_i = n\sigma_\alpha - m\sigma_\alpha$$

因此渐近线交点为

$$\sigma_\alpha = \frac{\sum_{j=1}^{n} p_j - \sum_{i=1}^{m} z_i}{n-m}$$

上式是计算根轨迹渐近线与实轴交点的依据，由于 p_j 和 z_i 为实数或共轭复数，故 σ_α 必为实数。因此渐近线交点总在实轴上。

【例 4-1】 设开环传递函数为 $W_K(s) = \dfrac{K^*}{s(s+1)(s+2)}$，试画出实轴上的根轨迹和渐近线。

解 （1）开环零、极点为 $p_1 = 0$，$p_2 = -1$，$p_3 = -2$。

（2）在实轴上 $(-1, 0)$ 和 $(-\infty, -2)$ 区间之右的实数零极点数之和为奇数，故这两个区间的实轴是根轨迹。

（3）$n = 3$，$m = 0$，故有三条根轨迹在 $K^* \to \infty$ 伸向无穷远处，其渐近线与实轴的交点为

$$\sigma_\alpha = \frac{\sum_{j=1}^{n} p_j - \sum_{i=1}^{m} z_i}{n-m} = \frac{0-1-2}{3} = -1$$

渐近线与实轴的夹角为

$$\varphi_\alpha = \frac{\pm(2k+1)\pi}{n-m} = \frac{\pm(2k+1)\pi}{3}$$

$$\varphi_\alpha = \frac{\pi}{3}, \pi, -\frac{\pi}{3}$$

实轴上的根轨迹及渐近线如图 4-5 所示。

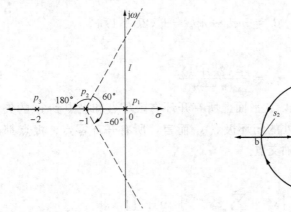

图 4-5　实轴上的根轨迹及渐近线

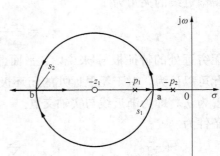

图 4-6　分离点与会合点

五、根轨迹的分离点与会合点

图 4-6 中画出了两条根轨迹。在 K^* 由 $0 \to \infty$ 变化的过程中，根轨迹从 a 点分离进入复平面，在 b 点又自复平面回到实轴，则称 a 点为分离点，b 点为会合点。大部分的分离点和会合点在实轴上，在分离点和会合点处闭环特征根为重根。下面介绍分离点和会合点的求法。

方法 1：分离点对应闭环特征方程的重根，可依此作为计算分离点和会合点的依据。

设系统开环传递函数为

$$W_K(s) = \frac{K^* M(s)}{N(s)} \tag{4-9}$$

则闭环特征方程为

$$K^* M(s) + N(s) = 0 \tag{4-10}$$

根据重根的条件，必须同时满足

$$K^* M(s) + N(s) = 0$$
$$K^* M'(s) + N'(s) = 0 \tag{4-11}$$

将式（4-11）代入式（4-10）得　　$M'(s)N(s) = N'(s)M(s) \tag{4-12}$

注意：根据式（4-12）求出的是 $K^* = -\infty \rightarrow +\infty$ 区域内的重根，而根轨迹在 $K^* = 0 \rightarrow \infty$ 区域内，若按上式求出的所谓分离点或会合点处的 $K < 0$，则此点不在根轨迹上，不是分离点或会合点。

【例 4-2】　若开环系统传递函数为 $W_K(s) = \dfrac{K^*(s+3)}{(s+1)(s+2)}$，绘制系统的根轨迹图。

解　（1）系统开环零、极点为 $z_1 = -3$，$p_1 = -1$，$p_2 = -2$。

（2）实轴上 $(-\infty, -3)$，$(-2, -1)$ 区间为根轨迹。

（3）$n = 1$，$m = 2$，有一条根轨迹趋于无穷远处，渐近线与实轴的夹角为

$$\varphi_a = \frac{\pm(2k+1)\pi}{1} = \pm\pi \quad (k = 0)$$

（4）分离点和会合点

$$M(s) = s + 3$$
$$N(s) = s^2 + 3s + 2$$
$$M'(s) = 1$$
$$N'(s) = 2s + 3$$

由式（4-12）得　　　　　$s^2 + 3s + 2 = (2s+3)(s+3)$

整理得　　　　　　　　　$s^2 + 6s + 7 = 0$

解方程有　　　　　　　$s_1 = -1.6,\ s_2 = -4.4$

s_1 为分离点，s_2 为会合点，完整的根轨迹如图 4-7 所示。

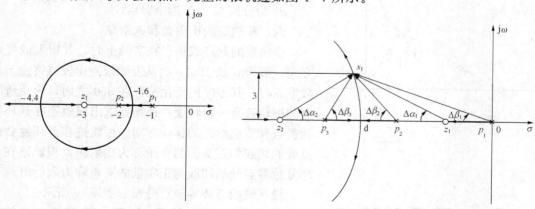

图 4-7　根轨迹图　　　　　　　　　　　　图 4-8　零极点分布图

方法 2：若开环系统零极点分布如图 4-8 所示，由极点 p_2 和 p_3 出发的根轨迹在 d 点相遇，然后进入复平面，d 点就是分离点。

因为 d 点是根轨迹上的点，因此满足辐角条件，即

$$\sum_{i=1}^{2} \alpha_i - \sum_{j=1}^{3} \beta_j = (2k+1)\pi \quad (k = 0, \pm 1, \pm 2, \cdots) \tag{4-13}$$

在离 d 点很近的复数平面内取一试验点 s_1，并令 s_1 至实轴的距离为 ε，如果 s_1 点在根轨迹上，则 s_1 点也应满足辐角条件，即

$$\sum_{i=1}^{2} (\alpha_i + \Delta\alpha_i) - \sum_{j=1}^{3} (\beta_j + \Delta\beta_j) = (2k+1)\pi \quad (k = 0, \pm 1, \pm 2, \cdots) \tag{4-14}$$

式中，$\Delta\alpha_i$、$\Delta\beta_j$ 为根轨迹由 d 点至 s_1 点过程中开环零极点指向根轨迹的矢量辐角增量。

式（4-14）减去式（4-13）得

$$\sum_{i=1}^{2} \Delta\alpha_i - \sum_{j=1}^{3} \Delta\beta_j = 0 \tag{4-15}$$

当 $\Delta\alpha_i$、$\Delta\beta_j$ 很小时，可用正切值代替，于是有

$$\sum_{i=1}^{2} \frac{\varepsilon}{d - z_i} - \sum_{j=1}^{3} \frac{\varepsilon}{d - p_j} = 0 \tag{4-16}$$

式（4-16）除以小的正数 ε，则有

$$\sum_{i=1}^{2} \frac{1}{d - z_i} - \sum_{j=1}^{3} \frac{1}{d - p_j} = 0 \tag{4-17}$$

如果开环传递函数有 m 个零点和 n 个极点，式（4-17）可写成

$$\sum_{i=1}^{m} \frac{1}{d - z_i} - \sum_{j=1}^{n} \frac{1}{d - p_j} = 0 \tag{4-18}$$

式（4-18）是根据开环传递函数的零极点均为实数情况下导出的，如果开环传递函数中含有复数零极点，该式仍然成立。当系统高于三阶时，该方程难以求解，一般要用试探法求解。

【例 4-3】　求例 4-2 中根轨迹的分离点和会合点。

解　根据式（4-18）有　$\dfrac{1}{d+3} - \dfrac{1}{d+1} - \dfrac{1}{d+2} = 0$

整理有　　　　　　　　　　$d^2 + 6d + 7 = 0$

解　　　$d_1 = -1.6, d_2 = -4.4$

d_1 为分离点，d_2 为会合点。

六、根轨迹的出射角和入射角

根轨迹的起点或终点在实轴上时，其出发或终止方向一般为 0°或 180°，而从复数极点出发或终止于复数零点时，其方向的变化范围在 360°之内，为使所绘制的根轨迹有一定精度，还需要求出根轨迹在开环复数极点和零点附近的移动方向。根轨迹在开环复数极点处的切线与正实轴的夹角称为出射角，根轨迹在开环复数零点处的切线与正实轴的夹角称为入射角。

设系统的开环零极点分布如图 4-9 所示。

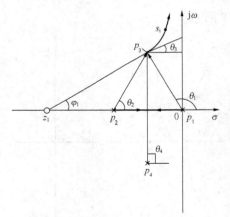

图 4-9　开环零极点分布图

设 p_3 的出射角为 θ_3，如果 s_1 为根轨迹上的一

点，则 s_1 应满足辐角条件

$$\sum_{i=1}^{1} \angle(s_1 - z_i) - \sum_{j=1}^{4} \angle(s_1 - p_j) = (2k+1)\pi$$

即　$\angle(s_1 - z_1) - \angle(s_1 - p_1) - \angle(s_1 - p_2) - \angle(s_1 - p_3) - \angle(s_1 - p_4) = (2k+1)\pi$

$$(4-19)$$

当 $s_1 \to p_3$ 时，$\angle(s_1 - p_3) = \theta_3$，代入式（4-19）得

$$\theta_3 = (2k+1)\pi + \angle(p_3 - z_1) - \angle(p_3 - p_1) - \angle(p_3 - p_2) - \angle(p_3 - p_4)$$

由此可推出出射角的一般表达式

$$\theta_l = (2k+1)\pi + \sum_{i=1}^{m} \angle(p_l - z_i) - \sum_{\substack{j=1 \\ j \neq l}}^{n} \angle(p_l - p_j)$$

$$= (2k+1)\pi + \sum_{i=1}^{m} \varphi_i - \sum_{\substack{j=1 \\ j \neq l}}^{n} \theta_j \qquad (4-20)$$

同理可求出入射角的一般表达式

$$\varphi_l = (2k+1)\pi - \sum_{\substack{i=1 \\ i \neq l}}^{m} \angle(z_l - z_i) + \sum_{j=1}^{n} \angle(z_l - p_j)$$

$$\varphi_l = (2k+1)\pi - \sum_{\substack{i=1 \\ i \neq l}}^{m} \varphi_i + \sum_{j=1}^{n} \theta_j \qquad (4-21)$$

【例 4-4】　已知系统开环传递函数为 $W_K(s) = \dfrac{K^*(s+1.5)(s^2+4s+5)}{s(s+2.5)(s^2+s+1.5)}$，试绘制系统的根轨迹图。

解　（1）开环零点为 $z_1 = -1.5$，$z_2 = -2+j$，$z_3 = -2-j$。

开环极点为 $p_1 = 0$，$p_2 = -2.5$，$p_3 = -0.5+j1.5$，$p_4 = -0.5-j1.5$。

（2）实轴上区间 $(-\infty, -2.5)$，$(-1.5, 0)$ 为根轨迹。

（3）$n-m=1$，有一条根轨迹趋于无穷远，渐近线与实轴的夹角为

$$\varphi_\alpha = \frac{\pm(2k+1)\pi}{1} = \pm 180° \quad (k=0)$$

（4）根轨迹的出射角和入射角：

出射角

$$\theta_3 = (2k+1)\pi + \sum_{i=1}^{3} \varphi_i - \sum_{\substack{j=1 \\ j \neq 3}}^{4} \theta_j$$

$$= (2k+1)\pi + \varphi_1 + \varphi_2 + \varphi_3 - \theta_1 - \theta_2 - \theta_4$$

其中

$$\varphi_1 = \angle(p_3 - z_1) = \angle[(-0.5+j1.5) - (-1.5)]$$
$$= \angle(1+j1.5) = 56.5°$$

$$\varphi_2 = \angle(p_3 - z_2) = \angle[(-0.5+j1.5) - (-2+j)]$$
$$= \angle(1.5+j0.5) = 18.4°$$

$$\varphi_3 = \angle(p_3 - z_3) = \angle[(-0.5+j1.5) - (-2-j)]$$
$$= \angle(1.5+j2.5) = 59°$$

$$\theta_1 = \angle(p_3 - p_1) = \angle[(-0.5+j1.5) - 0] = \angle(-0.5+j1.5) = 108.4°$$

$$\theta_2 = \angle(p_3 - p_2) = \angle[(-0.5+j1.5) - (-2.5)] = \angle(2+j1.5) = 36.9°$$

$$\theta_4 = \angle(p_3 - p_4) = \angle[(-0.5+j1.5)-(-0.5-j1.5)] = \angle(j3) = 90°$$

所以 $\theta_3 = 180° + 56.3° + 18.4° + 59° - 108.4° - 36.9° - 90° = 78.4°$

由于根轨迹是对称的，所以 $\theta_4 = -78.4°$

入射角 $$\varphi_2 = (2k+1)\pi + \sum_{\substack{i=1 \\ i \neq 2}}^{3} \varphi_i - \sum_{j=1}^{4} \theta_j$$

$$= (2k+1)\pi - \varphi_1 - \varphi_3 + \theta_1 + \theta_2 + \theta_3 + \theta_4$$

其中 $\varphi_1 = \angle(z_2 - z_1) = \angle[(-2+j)-(-1.5)] = \angle(-0.5+j) = 116.6°$

$$\varphi_3 = \angle(z_2 - z_3) = \angle[(-2+j)-(-2-j)] = \angle(j2) = 90°$$

$$\theta_1 = \angle(z_2 - p_1) = \angle[(-2+j)-0] = \angle(-2+j) = 153.4°$$

$$\theta_2 = \angle(z_2 - p_2) = \angle[(-2+j)-(-2.5)] = \angle(0.5+j) = 63.4°$$

$$\theta_3 = \angle(z_2 - p_3) = \angle[(-2+j)-(-0.5+j1.5)]$$
$$= \angle(-1.5-j0.5) = 198.4°$$

$$\theta_4 = \angle(z_2 - p_4) = \angle[(-2+j)-(-0.5-j1.5)]$$
$$= \angle(-1.5+j2.5) = 121°$$

代入后得 $\varphi_2 = 180° - 116.6° - 90° + 153.4° + 63.4° + 198.4° + 121° = 149.6°$

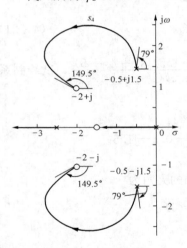

图 4-10　根轨迹图

由根轨迹对称性可知 $\varphi_3 = -149.6°$

根轨迹曲线如图 4-10 所示。

七、根轨迹与虚轴交点

当 K^* 增大到一定数值时，根轨迹可能越过虚轴进入 S 右半平面，根轨迹与虚轴的交点是系统稳定与不稳定的分界点，因此精确地确定根轨迹与虚轴的交点是非常必要的。若根轨迹与虚轴相交，则交点上的 K^* 值和 ω 值可用劳斯判据确定，也可令闭环特征方程中的 $s = j\omega$，然后分别令其实部和虚部为零求得。

【例 4-5】   试求例 4-1 系统的根轨迹与虚轴交点，并绘制全部根轨迹。

解   该系统开环传递函数为 $W_K(s) = \dfrac{K^*}{s(s+1)(s+2)}$

闭环特征方程为 $s^3 + 3s^2 + 2s + K^* = 0$

劳斯行列表为

s^3	1	2
s^2	3	K^*
s^1	$2-\dfrac{K^*}{3}$	
s^0	K^*	

令 $2 - \dfrac{K^*}{3} = 0$，得 $K^* = 6$，将 K^* 值代入 s^2 行系数，列写出由此行系数构成的辅助方程 $3s^2 + 6 = 0$。

解出 $s_{1,2} = \pm j\sqrt{2}$，$s_{1,2}$ 即为根轨迹与虚轴的交点。由上面计算可知，系统临界稳定时，根轨迹增益为 6,此时临界开环放大倍数为 $K = \frac{1}{2}K^* = 3$。

由前面分析可知,$(-1,0)$ 区间为根轨迹,并且存在分离点,下面计算分离点。

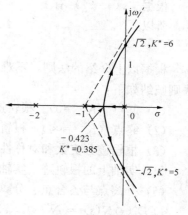

图 4-11 根轨迹图

$$M(s) = 1, M'(s) = 0$$

$$N(s) = s^3 + 3s^2 + 2s, N'(s) = 3s^2 + 6s + 2$$

因为 $\qquad M(s)N'(s) = N(s)M'(s)$

所以 $\qquad 3s^2 + 6s + 2 = 0$

求解方程得 $\quad s_1 = -0.423, s_2 = -1.577$

显然 s_1 为分离点,s_2 舍去。

本系统完整的根轨迹图如图 4-11 所示。

八、根之和与根之积

系统开环传递函数为

$$W_K(s) = \frac{K^* \prod\limits_{i=1}^{m}(s - z_i)}{\prod\limits_{j=1}^{n}(s - p_j)} \tag{4-22}$$

闭环特征方程式为

$$\prod_{j=1}^{n}(s - p_j) + K^* \prod_{i=1}^{m}(s - z_i) = 0 \tag{4-23}$$

$$s^n + a_1 s^{n-1} + \cdots + a_n = \prod_{j=1}^{n}(s - s_i) = 0 \tag{4-24}$$

式中,s_i 为闭环特征根。

所以有

$$K^* \prod_{i=1}^{m}(s - z_i) + \prod_{j=1}^{n}(s - p_j) = \prod_{j=1}^{n}(s - s_i) \tag{4-25}$$

将式(4-25)两端展开

$$K^* \left[s^m - (\sum_{i=1}^{m} z_i)s^{m-1} + \cdots + \prod_{i=1}^{m}(-z_i) \right] + \left[s^n - (\sum_{j=1}^{n} p_j)s^{n-1} + \cdots + \prod_{j=1}^{n}(-p_j) \right]$$

$$= s^n - (\sum_{j=1}^{n} p_j)s^{n-1} + \cdots + \prod_{j=1}^{n}(-s_j) \tag{4-26}$$

当 $n \geqslant m+2$ 时,式(4-26)左端 s^n 和 s^{n-1} 项系数与 K^* 和 z_i 无关,所以存在

$$\sum_{j=1}^{n} p_j = \sum_{j=1}^{n} s_j \tag{4-27}$$

即当 $n \geqslant m+2$ 时,开环极点之和等于闭环极点之和,若开环传递函数在原点有极点,则式(4-26)左端第二部分常数项为零,所以有

$$K^* \prod_{i=1}^{m}(-z_i) = \prod_{j=1}^{n}(-s_j) \tag{4-28}$$

【**例 4-6**】 试确定例 4-5 中根轨迹与虚轴相交时所对应的闭环实数根。

解 $n=3$,$m=0$,该系统满足 $n \geqslant m+2$ 条件。

根据式（4-27）有 $p_1 + p_2 + p_3 = s_1 + s_2 + s_3$

所以 $s_3 = p_1 + p_2 + p_3 - s_1 - s_2$

$$= 0 - 1 - 2 - \mathrm{j}\sqrt{2} + \mathrm{j}\sqrt{2} = -3$$

根据以上介绍的法则，不难画出系统的概略根轨迹。为了便于使用，把上面介绍的绘制法则归纳如下：

（1）起点（$K^* = 0$）。根轨迹起始于开环极点。

（2）终点（$K^* = \infty$）。根轨迹终止于开环零点（包括无限零点）。

（3）根轨迹分支数和对称性。根轨迹分支数与开环极点数相同，根轨迹对称于实轴。

（4）实轴上的根轨迹。实轴上根轨迹右侧的零、极点之和为奇数。

（5）分离点与会合点。分离点与会合点的计算式为

1）$D'(s)N(s) = N'(s)D(s)$；

2）$\sum\limits_{i=1}^{m} \dfrac{1}{d - z_i} = \sum\limits_{j=1}^{n} \dfrac{1}{d - p_j}$。

（6）根轨迹的渐近线：

渐近线与实轴交点 $\sigma_a = \dfrac{\sum\limits_{j=1}^{n} p_j - \sum\limits_{i=1}^{m} z_i}{n - m}$

渐近线与实轴夹角 $\varphi_a = \dfrac{\pm(2k+1)\pi}{n - m}$

（7）根轨迹出射角和入射角：

出射角 $\theta_l = (2k+1)\pi + \sum\limits_{i=1}^{m} \angle(p_l - z_i) - \sum\limits_{\substack{j=1 \\ j \neq l}}^{n} \angle(p_l - p_j)$

入射角 $\varphi_l = (2k+1)\pi - \sum\limits_{\substack{i=1 \\ i \neq l}}^{m} \angle(z_l - z_i) + \sum\limits_{j=1}^{n} \angle(z_l - p_j)$

（8）根轨迹与虚轴交点。根轨迹与虚轴交点可由劳斯表求出。

（9）根之和与根之积。

当 $n \geq m + 2$ 时 $\sum\limits_{j=1}^{n} p_j = \sum\limits_{j=1}^{n} s_i$

当开环传递函数在原点有零点时 $K^* \prod\limits_{i=1}^{m} (-z_i) = \prod\limits_{j=1}^{n} (-s_j)$

值得注意的是，在绘制常规根轨迹时，上述步骤并不一定每一步都涉及，需要具体情况具体分析，如极点和零点均在实轴上时，就不需要求取出射角和入射角。

【例4-7】 开环系统的传递函数为 $W_K(s) = \dfrac{K^*}{s(s+3)(s^2+2s+2)}$，试绘制其根轨迹。

解 （1）开环极点为 $p_1 = 0$，$p_2 = -3$，$p_3 = -1 + \mathrm{j}$，$p_4 = -1 - \mathrm{j}$。

（2）$n = 4$，$m = 0$ 故有四条根轨迹，当 $K^* \to \infty$ 时，四条根轨迹均趋向无穷远处。

（3）渐近线：

渐近线与实轴交点 $\sigma_a = \dfrac{\sum\limits_{j=1}^{n} p_j - \sum\limits_{i=1}^{m} z_i}{n - m} = \dfrac{0 - 3 - 1 + \mathrm{j} - 1 - \mathrm{j}}{4} = -1.25$

渐近线与实轴夹角为　　$\varphi_\alpha = \dfrac{\pm(2k+1)\pi}{n-m}$　$(k=0,1,2,\cdots)$

$k=0$ 时　　　　　　　　　　　　　　$\varphi_{1,2} = \pm\dfrac{\pi}{4}$

$k=1$ 时　　　　　　　　　　　　　　$\varphi_{3,4} = \pm\dfrac{3}{4}\pi$

（4）实轴上根轨迹。在（−3，0）区域右侧开环零、极点数之和为奇数，故实轴上（−3，0）区域为根轨迹。

（5）分离点。由 0 和 −3 出发的根轨迹在 d 点相遇进入复平面

$$\frac{1}{d} + \frac{1}{d+3} + \frac{2(d+1)}{(d+1)^2+1} = 0$$

在此可采用试探法求解 d 值，具体方法是假定一个 d 值并将其代入上式，直到左端计算的值与零之差小于给定的值为止。

1）令 $d=-1.5$　　$\dfrac{1}{-1.5} + \dfrac{1}{-1.5+3} + \dfrac{2(-1.5+1)}{(-1.5+1)^2+1} = -0.8$

计数数值过大。

2）令 $d=-2.3$　　$\dfrac{1}{-2.3} + \dfrac{1}{-2.3+3} + \dfrac{2(-2.3+1)}{(-2.3+1)^2+1} = 0.027$

3）令 $d=-2.28$　　$\dfrac{1}{-2.28} + \dfrac{1}{-2.28+3} + \dfrac{2(-2.28+1)}{(-2.28+1)^2+1} = -0.02$

由上面两次计算结果可以看出，d 的准确数值在 −2.3 与 −2.28 之间，最大误差小于 0.02，今取 $d=-2.28$。

（6）出射角和入射角

$$\theta_{P_3} = (2k+1)\pi - \sum_{\substack{j=1 \\ j\neq 3}}^{4} \angle(p_3 - p_j)$$

$$\theta_1 = \angle(p_3 - p_1) = \angle(-1+\mathrm{j}) - 0 = \angle(-1+\mathrm{j}) = 135°$$

$$\theta_2 = \angle(p_3 - p_2) = \angle(-1+\mathrm{j}) - (-3) = \angle(2+\mathrm{j}) = 26.6°$$

$$\theta_4 = \angle(p_3 - p_4) = \angle(-1+\mathrm{j}) - (-1-\mathrm{j}) = \angle(\mathrm{j}2) = 90°$$

$$\theta_3 = 180° - (135° + 26.6° + 90°) = -71.6°$$

（7）根轨迹与虚轴交点。

闭环特征方程为　　　　$s^4 + 5s^3 + 8s^2 + 6s + K^* = 0$

劳斯行列表为

s^4	1	8	K^*
s^3	5	6	
s^2	$\dfrac{34}{5}$	K^*	
s^1	$6-\dfrac{25}{34}$	K^*	
s^0	K^*		

令 $6-\dfrac{25}{34}K^* = 0$，$K^* > 0$，得　　　$K^* = 8.16$

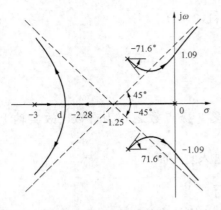

图 4-12 根轨迹图

辅助方程式 $\dfrac{34}{5}s^2 + 8.16 = 0$

解出与虚轴交点为 $\quad s_{3,4} = \pm j1.09$

根轨迹如图 4-12 所示。

【例 4-8】 已知系统开环传递函数为 $W_K(s) = \dfrac{K^*}{s(s+4)(s^2+4s+20)}$，绘制系统的根轨迹图。

解 （1）开环极点为 $p_1 = 0$，$p_2 = -4$，$p_3 = -2 + j4$，$p_4 = -2 - j4$。

（2）$n = 4$，$m = 0$，有 4 条根轨迹，均伸向无穷远处。

（3）渐近线：

渐近线与实轴夹角 $\quad \varphi_\alpha = \dfrac{\pm(2k+1)\pi}{n-m} \quad (k = 0,1,2,\cdots)$

$k = 0$ 时 $\quad\quad\quad\quad\quad\quad\quad\quad \varphi_{1,2} = \pm\dfrac{\pi}{4}$

$k = 1$ 时 $\quad\quad\quad\quad\quad\quad\quad\quad \varphi_{3,4} = \pm\dfrac{3}{4}\pi$

渐近线与实轴交点 $\quad \sigma_\alpha = \dfrac{\sum\limits_{j=1}^{n} p_j - \sum\limits_{i=1}^{m} z_i}{n-m} = \dfrac{0-4-2+4j-2-4j}{4} = -2$

（4）实轴上根轨迹：$(-4, 0)$ 区域为根轨迹。

（5）出射角和入射角

$$\theta_3 = (2k+1)\pi + \sum_{i=1}^{m}\varphi_i - \sum_{\substack{j=1\\j\neq 3}}^{n}\theta_j = \pi - \theta_1 - \theta_2 - \theta_4$$

$\theta_1 = \angle(p_3 - p_1) = \angle(-2+j4) - 0 = \angle(-2+j4) = \pi - \arctan 2$

$\theta_2 = \angle(p_3 - p_2) = \angle(-2+j4) - (-4) = \angle(2+j4) = \arctan 2$

$\theta_4 = \angle(p_3 - p_4) = 90°$

$\therefore \theta_3 = \pi - \pi + \arctan 2 - \arctan 2 - 90° = -90°$

根据对称性知 $\theta_4 = 90°$。

（6）根轨迹与虚轴的交点。

系统闭环特征方程式为 $\quad s^4 + 8s^3 + 36s^2 + 30s + K^* = 0$

劳斯行列表

s^4	1	36	K^*
s^3	8	80	
s^2	26	K^*	
s^1	$\dfrac{26\times80-8K^*}{26}$		
s^0	K^*		

令 $\dfrac{26\times80-8K^*}{26} = 0$，$K^* > 0$，解出 $K^* = 260$

辅助方程为
$$26s^2 + 260 = 0$$
$$s^2 + 10 = 0$$

与虚轴交点为　　$s_{3,4} = \pm\sqrt{10}$

（7）分离点与会合点。由式 $N(s)M'(s) = N'(s)M(s)$ 可得

$$4s^3 + 24s^2 + 72s + 80 = 0$$

解出　　　　$s_1 = -2, \ s_{2,3} = -2 \pm j2.45$

s_1 在根轨迹段上，为根轨迹分离点。$s_{2,3}$ 在复平面上，必须进行判断。

s_2 点的相角为

$$-\angle(s_2 - p_1) - \angle(s_2 - p_2)$$
$$-\angle(s_2 - p_3) - \angle(s_2 - p_4) = -180°$$

符合辐角方程，所以 s_2 点为根轨迹上的点。同理由极点 p_3、p_4 连成的直线上的所有点均符合辐角方程，所以这一段为根轨迹，因此 s_2、s_3 为分离点。给出的根轨迹如图 4 - 13 所示。

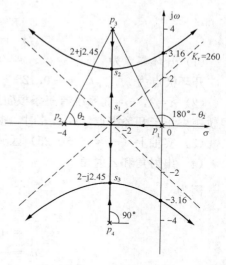

图 4 - 13　根轨迹图

第三节　广 义 根 轨 迹

在控制系统中，通常将负反馈系统中根轨迹的增益 K^* 变化时的根轨迹叫作常规根轨迹，其他情形下的根轨迹统称为广义根轨迹，如参数根轨迹、零度根轨迹等。

一、参数根轨迹

在第二节中研究的是以根轨迹增益 K^* 为变量的根轨迹，而当校正系统时，往往要改变某一参数，并研究由此引起的根轨迹变化规律。其中以 K^* 以外的参数作为变量的根轨迹称为参数根轨迹。

绘制参数根轨迹的法则与绘制常规根轨迹的法则完全相同，只需在绘制之前对闭环特征方程式做相应等数变换即可。则

$$1 + W(s)H(s) = 0 \tag{4-29}$$

进行等效变换
$$K'\frac{P(s)}{Q(s)} = -1 \tag{4-30}$$

式中，K' 为除 K^* 外系统任意变化的参数；$P(s)$、$Q(s)$ 为两个与 A 无关的多项式。

式（4 - 29）与式（4 - 30）相等

即　　　　$$Q(s) + K'P(s) = 1 + W(s)H(s) = 0 \tag{4-31}$$

其等数单位反馈系统的开环传递函数为

$$W_1(s)H_1(s) = K'\frac{P(s)}{Q(s)} \tag{4-32}$$

利用式（4 - 32）绘出的根轨迹就是参数根轨迹。

【例 4 - 9】　系统开环传递函数为 $W_K(s) = \dfrac{1}{s(K's+1)(4s+1)}$，试绘制 $K' = 0 \to \infty$ 变化时系统的根轨迹图。

解 系统闭环特征方程式为 $s(K's+1)(4s+1)+1=0$

$$\frac{K's^2(4s+1)}{4s^2+s+1}=-1$$

$$\frac{K's^2(s+0.25)}{s^2+0.25s+0.25}=-1$$

（1）开环零点为 $z_1=0, z_2=0, z_3=-0.25$

开环极点为 $p_1=-0.125+j0.484, p_2=-0.125-j0.484$

（2）$n=2$, $m=3$ 系统有三条根轨迹，两条始于开环极点，一条起始于无穷远处，三条根轨迹终止于开环零点。（$m>n$ 时，根轨迹分支数与 m 相同。）

（3）实轴上（$-\infty$, -0.25）区域为根轨迹。

（4）出射角和入射角

因为

$$\theta_1 = (2k+1)\pi + \sum_{i=1}^{3}\varphi_i - \sum_{j\neq1}^{2}\theta_j$$
$$= (2k+1)\pi + \varphi_1 + \varphi_2 + \varphi_3 - \theta_2$$
$$= (2k+1)\pi + 104.48° + 104.48° + 72.52° - 90° = 14.48°$$
$$\theta_2 = -14.48°$$
$$2\varphi_1 = (2k+1)\pi - \varphi_3 + \theta_1 + \theta_2$$
$$= \pi - 0° + 75.52° - 75.52°$$
$$= \pi$$

所以 $\varphi_1 = 90°$

（5）根轨迹与虚轴交点。

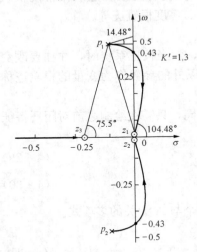

图 4-14 根轨迹图

闭环特征方程式为 $4K's^3 + (4+K')s^2 + s + 1 = 0$

劳斯行列表

s^3	$4K'$	1
s^2	$4+K'$	1
s^1	$\dfrac{4-3K'}{4+K'}$	
s^0	1	

令 $\dfrac{4-3K'}{4+K'}=0$，解出 $K'=\dfrac{4}{3}$

辅助方程为 $\left(4+\dfrac{4}{3}\right)s^2+1=0$

解出 $s_{1,2}=\dfrac{\sqrt{3}}{4}j$

系统根轨迹图如图 4-14 所示。

二、零度根轨迹

以上讨论的系统，其特征方程式必须满足 $(2k+1)\pi$ 这一辐角条件，但在有些情况下，由于某种性能指标要求，使得控制系统必须包含正反馈内回路。此时，根轨迹的辐角条件为 $0°+2k\pi$，这样的根轨迹称为零度根轨迹，零度根轨迹的绘制方法与常规根轨迹的绘制方法略有不同。

设控制系统结构图如图 4-15 所示。为了分析整个控制系统的性能，首先要确定内回路

的零、极点。当采用根轨迹法分析时，就需要
绘制正反馈系统的根轨迹。

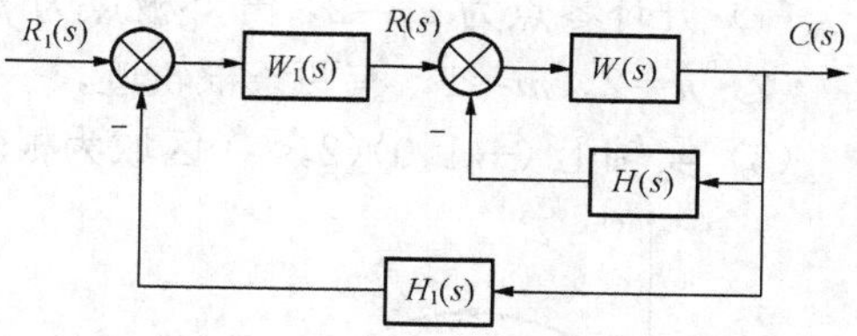

正反馈回路的闭环传递函数为

$$\frac{C'(s)}{R(s)} = \frac{W(s)}{1 - W(s)H(s)}$$

正反馈回路的根轨迹方程为

$$W(s)H(s) = 1 \qquad (4-33)$$

图 4-15　控制系统结构图

零度根轨迹的相角方程为

$$\sum_{i=1}^{m} \angle(s - z_i) - \sum_{j=1}^{n} \angle(s - p_j) = 0° + 2k\pi \quad (k = 0, \pm 1, \pm 2\cdots) \qquad (4-34)$$

零度根轨迹的幅值方程为

$$K^* = \frac{\prod\limits_{j=1}^{n} |s - p_j|}{\prod\limits_{i=1}^{m} (s - z_i)} \qquad (4-35)$$

与常规根轨迹相比，相角条件发生了变化，因此绘制法则需做调整，见表 4-2。

表 4-2　　　　　　　　　　常规根轨迹与零度根轨迹绘制区别

根轨迹	常规根轨迹	零度根轨迹
渐近线倾角	$\varphi_a = \dfrac{\pm(2k+1)\pi}{n-m}$	$\varphi_a = \dfrac{\pm 2k\pi}{n-m}$
实轴上的根轨迹	其右侧开环零、极点的个数和为奇数	其右侧开环零、极点的个数和为偶数
出射角、入射角	$\theta_1 = (2k+1)\pi + \sum\limits_{\substack{i=1}}^{m}\varphi_i - \sum\limits_{\substack{j=1\\j\neq 1}}^{n}\theta_j$ $\theta_1 = (2k+1)\pi - \sum\limits_{\substack{i=1\\i\neq 1}}^{m}\varphi_i + \sum\limits_{j=1}^{n}\theta_j$	$\theta_1 = 2k\pi + \sum\limits_{i=1}^{m}\varphi_i - \sum\limits_{\substack{j=1\\j\neq 1}}^{n}\theta_j$ $\varphi_1 = 2k\pi - \sum\limits_{\substack{i=1\\i\neq 1}}^{m}\varphi_i + \sum\limits_{j=1}^{n}\theta_j$

三、非最小相位系统的根轨迹

当系统的全部零、极点都分布在 S 平面虚轴的左侧时，称系统为最小相位系统；当开环传递函数中有开环极点或开环零点在 S 平面虚轴右侧时，则称系统为非最小相位系统。当系统为非最小相位系统时，根轨迹可能就要按照零度根轨迹的绘制方法进行绘制。

有的非最小相位系统虽是负反馈结构，但在其开环传递函数的分子或分母多项式里，s 的最高次幂的系数为负，使得 $W_K(s)$ 为负，因此系统具有正反馈性质，这时需要用绘制零度根轨迹的法则来做根轨迹图。还有一些非最小相位系统，既无正反馈结构，又不具有正反馈性质，如 $\dfrac{K(\tau s+1)}{s(Ts-1)}$、$\dfrac{K(\tau s-1)}{s(Ts+1)}$ 一类的负反馈系统，它们的幅值方程和相角方程与常规根轨迹相同，故其根轨迹图的绘制方法与常规根轨迹是相同的。

【例 4-10】　已知单位负反馈系统开环传递函数为 $W_K(s) = \dfrac{K(1-0.5s)}{s(s+1)}$，试绘制系统的根轨迹图

解　　$W_K(s) = \dfrac{K(1-0.5s)}{s(s+1)} = \dfrac{-0.5K(s-2)}{s(s+1)} = \dfrac{-K^*(s-2)}{s(s+1)}$

（1）开环零点为 $z_1=2$，开环极点为 $p_1=0$，$p_2=-1$。

（2）$n=2$，$m=1$，有两条根轨迹，一条趋于无穷远处。

（3）实轴上 $(-1,0)(2,\infty)$ 区域为根轨迹。

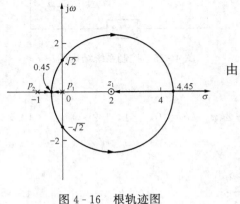

图 4-16　根轨迹图

（4）分离点和会合点

$$M(s)=s-2,M'(s)=1$$
$$N(s)=s^2+s,N'(s)=2s+1$$

由　　　　　$$M(s)N'(s)=N(s)M'(s)$$

有　　　　　　$$s^2-4s-2=0$$

解出　　　　$$s_1=-0.45,s_2=4.45$$

（5）与虚轴交点：

闭环特征方程式为　$$s^2+(1-K^*)s+2K^*=0$$

与虚轴相交时　$$1-K^*=0,\quad K^*=1$$

所以　　　　　　$$s^2+2=0$$

交点为　　　　　$$s_{1,2}=\pm\sqrt{2}\mathrm{j}$$

系统根轨迹如图 4-16 所示。

第四节　系统性能分析

当根轨迹图绘出以后，对于给定的 K^* 值，即可以利用幅值条件确定出相应的闭环极点，知道了闭环系统的零、极点位置及输入信号，就可以方便地分析系统的暂态性能。

一、在根轨迹上确定闭环极点

根据已知 K^* 值，在根轨迹上确定闭环极点位置一般采用试探法。即先在根轨迹上取一试验点，然后画出试验点与开环零、极点的连线，量得这些连线的长度后，代入幅值条件求得 K^* 值，如果与已知的 K^* 值相等，则试验点即为所求的闭环极点。

【例 4-11】　已知系统开环传递函数为 $W_K(s)=\dfrac{K^*}{s(s+1)(s+2)}$，试确定 $K^*=1$ 时系统的闭环极点。

解　系统根轨迹如图 4-17 所示。

在分离点处 $s=-0.423$，$K^*=0.358$，因此 $K^*=1$ 时系统的闭环极点为一个实数极点和一对共轭复数极点。

设试验点 s_3 在实轴上。

取 $s_3=-2.32$　　$K^*=|s_3||s_3+1||s_3+2|=2.32\times1.32\times0.32=0.98$

取 $s_3=-2.33$　　$K^*=2.33\times1.33\times0.33=1.023$

取 $s_3=-2.325$　　$K^*=2.325\times1.325\times0.325=1.001$

即 $K^*=1$ 时　　$s_3=-2.325$

然后根据闭环特征方程和长除法有

$$\frac{s^3+3s^2+2s+1}{s+2.325}=s^2+0.675s+0.432=0$$

解出　　　　　　　　　$$s_{1,2}=-0.338\pm\mathrm{j}0.56$$

【例 4 - 12】　已知系统开环传递函数为 $W_K(s) = \dfrac{K^*}{s(s+1)(s+2)}$，根据性能指标要求 $\xi = 0.5$，试确定满足条件的闭环极点和对应的 K^*。

解　系统的根轨迹如图 4 - 18 所示。

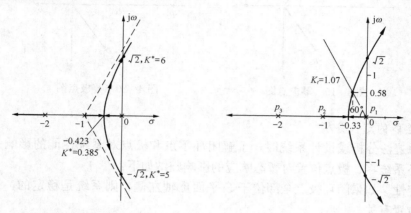

图 4 - 17　根轨迹图　　　　　图 4 - 18　根轨迹图

$\xi = 0.5$，在根轨迹图上作 $\beta = 60°$ 的射线，与根轨迹交点为 s_1

$$s_1 = -0.33 + j0.58$$

由对称性知

$$s_2 = -0.33 - j0.58$$

因为 $n - m \geqslant 2$，所以　$s_3 = \displaystyle\sum_{j=1}^{3} p_j - s_1 - s_2 = -3 + 0.33 \times 2 = -2.34$

此时　　　$K^* = |s_3||s_3 + 1||s_3 + 2| = 2.34 \times 1.34 \times 0.34 = 1.066$

二、用根轨迹法分析系统的暂态特性

由根轨迹求出闭环系统极点和零点位置后，就可以用第三章中所讲的方法分析系统的暂态品质。

1. 闭环零极点与时间响应

如果闭环系统有两个负实数极点，其单位阶跃响应是指数型的。如果两个极点相距较远时，暂态过程主要由离虚轴近的极点（主导极点）决定。

如果闭环系统有一对共轭复数极点，其单位阶跃响应是衰减振荡型的。

如果闭环系统除一对共轭复数极点外还有一个零点，如图 4 - 19 所示，系统超调量将增大，当 $z_1 \geqslant 4\xi\omega_n$ 时，零点的影响可忽略不计。

如果闭环系统除一对共轭复数极点外还有一个实极点，如图 4 - 20 所示，则系统超调量将减小，但调节时间加长。当实极点与虚轴的距离比复极点与虚轴的距离大 5 倍以上时，实极点的影响可忽略不计。

闭环系统中一对相距很近的实极点和零点称为偶极子。偶极子对系统暂态响应的影响很小，可以忽略不计。

在工程计算中，常采用主导极点来估算高阶系统的性能，为使估算得到满意的结果，应合理选取主导极点。

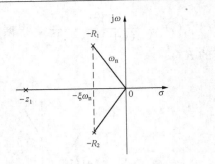

图 4 - 19　零极点图

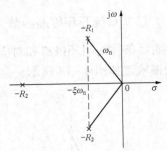

图 4 - 20　零极点图

2. 系统性能的定性分析

采用根轨迹法分析或设计系统时，了解闭环零点和极点对系统性能的影响是非常重要的。现将闭环系统零、极点位置对暂态响应的影响归纳如下：

（1）稳定性。如果闭环极点全部位于 S 平面虚轴左侧，则系统是稳定的，即稳定性只与闭环极点位置有关。

（2）运动形式。如果闭环系统无零点，且闭环极点均为实数极点，则响应是单调的，如果闭环极点为复数极点，则响应为振荡的。

（3）超调量。超调量主要取决于闭环负数主导极点的衰减率，并与其他闭环零、极点接近坐标原点的程度有关。

（4）调节时间。调节时间主要取决于靠近虚轴极点的实部。

（5）实数零、极点的影响。零点减小系统阻尼，超调量增大；极点增大系统阻尼，超调量减小。它们的作用随零、极点接近坐标原点的程度而加强。

第五节　利用 MATLAB 绘制系统的根轨迹

对于比较复杂的系统，人工绘制根轨迹会十分困难，这时候可以运用 MATLAB 进行绘制。

通常将系统的开环传递函数写成如下的形式

$$W_K(s) = K \frac{num}{den}$$

其中，K 为要研究的参变量，num 和 den 分别为分子和分母多项式。

采用 MATLAB 命令：

（1）pzmap（num，den）可以绘制系统的零、极点图。

（2）rlocus（num，den）可以绘制系统的根轨迹图。

（3）rlocfind（num，den）可以确定系统根轨迹上某些点的增益。

下面举例说明根轨迹的绘制方法。

【例 4 - 13】　已知系统的开环传递函数为 $W_K(s) = \dfrac{K(2s^2 + 5s + 1)}{s^4 + 4s^3 + s^2 + 3s + 8}$，试确定系统开环零、极点的位置。

解　在 MATLAB 命令窗口输入：

$\gg$ num $= [2\ 5\ 1]$；

≫ den = [1 4 1 3 8];

≫ pzmap(num,den);

≫ title('Pole − zero Map')

执行后得到如图 4-21 所示的系统的根轨迹图。

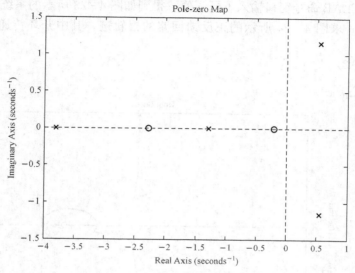

图 4-21 例 4-13 的根轨迹图

【**例 4-14**】 绘制 $W_K(s) = \dfrac{K^*}{s(s+1)(s+2)}$ 的根轨迹图。

解 在 MATLAB 命令窗口输入：

≫ num = [2 5 1];

≫ den = [1 4 1 3 8];

≫ rlocus(num,den)

执行后得到如图 4-22 所示的系统的根轨迹图。

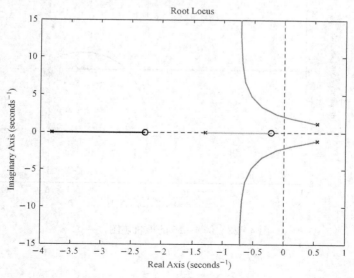

图 4-22 例 4-14 的根轨迹图

【例 4-15】 已知系统的开环传递函数为

$$W_K(s) = \frac{K(s+1)}{s^2(s+a)}$$

试分别绘制 $a=10$，9，5，1 时的系统根轨迹。

解 在 MATLAB 命令窗口输入不同 a 值，得到如图 4-23 所示的系统的根轨迹图。

【例 4-16】 求图 4-24 所示的正反馈回路的根轨迹，其中开环传递函数为 $W(s) = \dfrac{K(s+2)}{(s+3)(s^2+2s+2)}$。

$a=10$

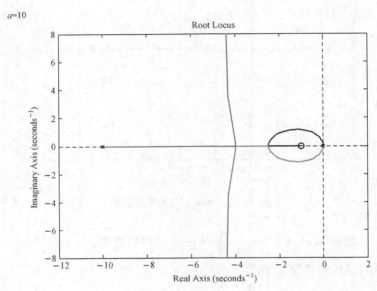

$a=9$

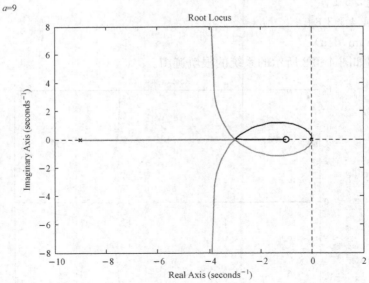

图 4-23 例 4-15 的根轨迹图（一）

$a=5$

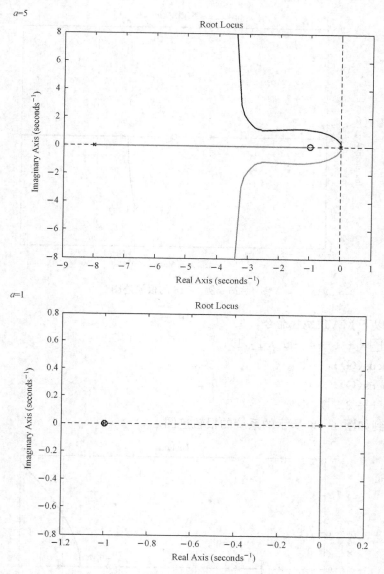

$a=1$

图 4 - 23　例 4 - 15 的根轨迹图 （二）

解　输入以下 MATLAB 命令：

num = [− 1 − 2] ;

den = [conv([1 3],[1 2 2])] ;

rlocus(num,den)

title(′系统根轨迹′)

执行后得到如图 4 - 25 所示的系统的根轨迹图。

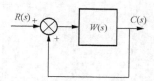

图 4 - 24　正反馈回路框图

【例 4 - 17】　已知系统开环传递函数为 $W_K(s) = \dfrac{K^*}{(s+1)(s+4)(s+5)(s-0.1)}$，若要求系统的闭环极点都为负数，试确定 K^* 的范围。

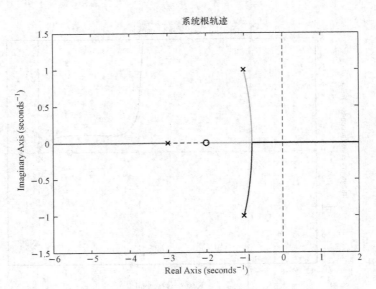

图 4 - 25　例 4 - 16 的根轨迹图

解　输入以下 MATLAB 命令：

G = zpk([],[−1 − 4 − 5 0.1],1);

figure,rlocus(G);

figure,rlocus(G);

axis([−6 1 −3 3])

执行后得到如图 4 - 26 所示的系统的根轨迹图。

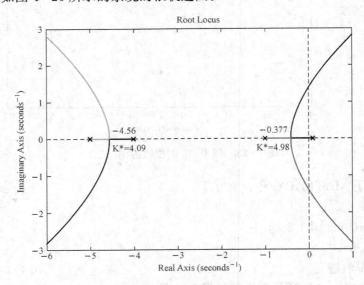

图 4 - 26　例 4 - 17 的根轨迹图

由根轨迹的幅值条件可得：

（1）当闭环根位于分离点 $d = -4.56$ 处时，$K^* = 4.09$。

（2）当闭环根位于分离点 $d=-0.377$ 处时，$K^*=4.98$。

（3）当闭环根位于原点处时，$K^*=2$。

故若要求系统的闭环极点都为负实数，则 K^* 的范围为 $2<K^*\leqslant4.09$。

小　结

根轨迹是以开环传递函数中的某个参数（一般是根轨迹增益）为变量画出的闭环特征根的轨迹，根据系统开环零点、极点在 S 平面上的分布，按照根轨迹绘制法则，可方便地绘出根轨迹。

由根轨迹图可以比较直观地分析闭环系统的性能，了解参数变化对系统性能的影响，确定闭环极点，避免了求解高阶微分方程的麻烦。

习　题

4-1　设反馈控制系统开环零点、极点分布如图 4-27 所示，试画出相应的闭环系统根轨迹草图。

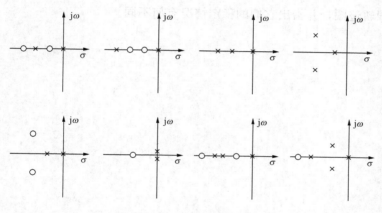

图 4-27　习题 4-1 图

4-2　设系统开环传递函数如下，试绘制其根轨迹图。

（1）$W(s)=\dfrac{K^*(s+5)}{s(s+1)(s+3)}$；

（2）$W(s)=\dfrac{K^*}{s(s^2+4s+2)}$；

（3）$W(s)=\dfrac{K^*}{s(s+1)^2}$；

（4）$W(s)=\dfrac{K^*(s+2)}{s(s+3)(s^2+2s+2)}$。

4-3　若单位反馈控制系统开环传递函数为 $W(s)=\dfrac{K^*}{s(s+1)(s+2)}$，试完成：

（1）绘制其根轨迹图；

（2）求当系统稳定时 K^* 的数值范围及临界稳定时的全部特征根；

（3）确定主导极点的阻尼比 $\zeta=0.5$ 时 K^* 的数值。

4-4　已知单位反馈系统的开环传递函数为 $W(s)=\dfrac{K^*}{s(s+1)(0.5s+1)}$，试完成：

（1）用根轨迹分析系统的稳定性；

（2）若主导极点的阻尼比 $\zeta=0.5$，求系统的性能指标。

4-5　已知系统闭环特征方程式为 $s(s+4)(s^2+4s+20)+K^*=0$，试绘制这个系统在 $0<K^*<\infty$ 时的根轨迹，并计算使系统稳定的 K^* 的范围。

4-6　一单位反馈系统，其开环传递函数为 $W(s)=\dfrac{K(s^2+6s+25)}{s(s^2+8s+25)}$，试用根轨迹法计算闭环系统根的位置。

4-7　已知系统开环传递函数为 $W(s)=\dfrac{K(1+Ts)}{s(s+1)(s+2)}$，试完成：

（1）$K=20$，T 从 0 至 ∞ 变化时的根轨迹；

（2）写出使系统闭环能够稳定的 T 取值范围（$K=24$）。

4-8　设控制系统开环传递函数为 $W(s)=\dfrac{K^*(s+1)}{s^2s+2)(s+4)}$，试分别画出正反馈系统和负反馈系统的根轨迹图，并指出它们的稳定情况有何不同。

第五章　控制系统的频域分析法

　　用时域法分析自动控制系统，可以非常直观地观察出输出量随时间变化的情况，尤其适用于二阶系统性能的分析和计算。但用时域分析法分析高阶系统时，由于求解微分方程的工作量大，系统结构或参数同系统动态性能之间没有明确的关系，因而不易看出系统结构或参数对动态性能的影响，当系统的动态性能不能满足要求时，很难确定采取什么样的措施来改进。

　　本章讨论的频域分析法是用频率特性分析系统的一种工程方法。它可以间接揭示系统的性能，能迅速地判断出某个环节或参数对系统性能的影响，同时频率特性可通过实验方法获取，对于那些很难从物理（或化学）规律出发得到数学模型的环节和系统，有很大的实际意义。

第一节　频率特性的基本概念

一、频率特性定义

　　为了说明频率特性的概念，首先研究一下图 5-1 所示 RC 电路的正弦响应。

　　设输入信号 $u_1(t) = U_{1m}\sin\omega t$，从交流电路理论知道，其稳态输出电压 $u_2(t)$ 是与输入电压同频率的正弦振荡，但幅值和相位与输入信号不同。输出电压为

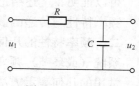

图 5-1　RC 电路

$$\dot{U}_2 = \frac{\dfrac{1}{j\omega C}}{R + \dfrac{1}{j\omega C}} \dot{U}_1 = \frac{1}{1 + j\omega RC} \dot{U}_1 \qquad (5-1)$$

$$\frac{\dot{U}_2}{\dot{U}_1} = \frac{1}{1 + j\omega RC} = \frac{1}{1 + j\omega T} = \frac{1}{\sqrt{1 + (\omega T)^2}} e^{j\varphi} \qquad (5-2)$$

式中　　$T = RC$——电路时间常数；

　　$\varphi = -\arctan\omega T$——$u_2$ 与 u_1 的相位差。

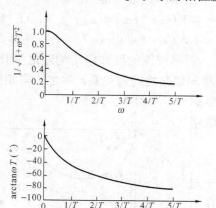

图 5-2　RC 电路的幅频特性和相频特性

　　由式（5-2）得出稳态输出电压的时域表达式为

$$u_2(t) = \frac{U_{1m}}{\sqrt{1 + (\omega T)^2}} \sin[\omega t + \varphi(\omega)] \quad (5-3)$$

定义

$$W(j\omega) = \frac{\dot{U}_2}{\dot{U}_1} = \frac{1}{1 + j\omega T}$$

$W(j\omega)$ 即为图 5-1 所示电路的频率特性，$|W(j\omega)| = \dfrac{1}{\sqrt{1 + (\omega T)^2}}$ 称为幅频特性，$\varphi(\omega) = -\arctan\omega T$ 称为相频特性。RC 电路的幅频和相频特性曲线如图 5-2 所示。

　　对于上述的 RC 电路，其阶跃响应没有超调，因

而其动态性能指标主要是调节时间 t_s，RC 电路的时间常数 T 越大，快速性越差。反映在 RC 电路的幅频特性曲线上，表现为幅值 $\dfrac{1}{\sqrt{1+(\omega T)^2}}$ 随外加信号频率 ω 的增加很快衰减，也就是说，利用幅值衰减的快慢可以衡量其动态响应的快速性。因此，系统（或环节）的动态性能可以在频率特性上反映出来。

依据对 RC 电路的分析，对频率特性可作如下定义：

对于线性定常系统（或环节），当输入信号为正弦量时，在稳态情况下，输出信号是与输入信号同频率的正弦量，它们的振幅比和相位差都是频率 ω 的函数。输出与输入的振幅比用 $A(\omega)$ 表示，称为幅频特性，输出与输入的相位差用 $\varphi(\omega)$ 表示，称之为相频特性，幅频特性与相频特性综合在一起称为系统（或环节）的频率特性，它等于稳态输出正弦量与输入正弦量的复数比，如用 $W(\text{j}\omega)$ 表示，则有

$$W(\text{j}\omega) = A(\omega)\text{e}^{\text{j}\varphi(\omega)} \tag{5-4}$$

$W(\text{j}\omega)$ 描述了在不同频率下系统（或环节）传递正弦信号的特性。

对比上面 RC 电路的频率特性和传递函数可发现，只要把传递函数中的 s 以 $\text{j}\omega$ 代替，就得到频率特性，即

$$W(\text{j}\omega) = \left.\frac{1}{1+Ts}\right|_{s=\text{j}\omega} \tag{5-5}$$

可以证明，上述结论对于稳定的线性定常系统（或环节）都是成立的。

频率特性与传递函数一样，表示了系统的运动特性，它是数学模型的一种表示形式。

二、频率特性的几何表示法

系统（或环节）频率特性的表示方法很多，其本质都是一样的，只是表示形式不同而已。常用的几何表示方法有：幅相频率特性、对数频率特性和对数幅相特性。

1. 幅相频率特性

频率特性 $W(\text{j}\omega)$ 是一个复数，它可以表示成模和辐角的形式，也可以表示成实部与虚部的形式，即

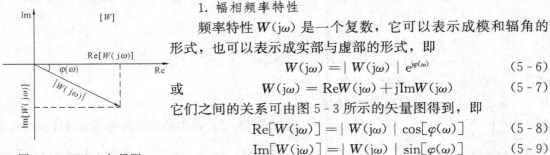

$$W(\text{j}\omega) = |W(\text{j}\omega)|\,\text{e}^{\text{j}\varphi(\omega)} \tag{5-6}$$

或　　　　$$W(\text{j}\omega) = \text{Re}W(\text{j}\omega) + \text{j}\text{Im}W(\text{j}\omega) \tag{5-7}$$

它们之间的关系可由图 5-3 所示的矢量图得到，即

$$\text{Re}[W(\text{j}\omega)] = |W(\text{j}\omega)|\cos[\varphi(\omega)] \tag{5-8}$$

$$\text{Im}[W(\text{j}\omega)] = |W(\text{j}\omega)|\sin[\varphi(\omega)] \tag{5-9}$$

图 5-3　$W(\text{j}\omega)$ 矢量图

当 ω 从零至无穷大变化时，频率特性的模和辐角均随之变化，矢量端点便在复平面上画出一条轨迹。这条轨迹反映了模与辐角之间的关系，称之为幅相频率特性曲线或奈奎斯特（H. Nyquist）曲线，这个图形称之为幅相频率特性图或奈奎斯特图，简称奈氏图。RC 电路奈氏图如图5-4所示。

2. 对数频率特性

幅相频率特性是一个以 ω 为参变量的图形，不便于定量分析，因此，工程上常常将 $A(\omega)$ 和 $\varphi(\omega)$ 分别表示在两个图上，且由于这两个图在刻度上的特点，因而被称为对

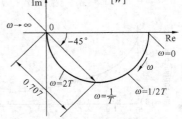

图 5-4　RC 电路幅相频率特性

数频率特性（波德图）。

对数幅频特性的横坐标按 $\lg\omega$ 均匀刻度，ω 和 $\lg\omega$ 的对应关系如图 5 - 5 所示。从图中可以看出，ω 每变化 10 倍，对数坐标变化一个单位。ω 的数值变化 10 倍在对数坐标上的长度称为十倍频程，并用英文缩写"dec"表示。

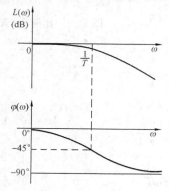

图 5 - 5　对数坐标

对数幅频特性的纵坐标按 $20\lg|W(\text{j}\omega)|$ 均匀刻度，其单位是分贝（dB），并用符号 $L(\omega)$ 表示，即

$$L(\omega) = 20\lg|W(\text{j}\omega)| = 20\lg A(\omega) \qquad (\text{dB})$$

对数相频特性的纵坐标为 $\varphi(\omega) = \angle W(\text{j}\omega)$，按度或弧度均匀刻度。

RC 电路的对数频率特性如图 5 - 6 所示。

3. 对数幅相特性

将对数幅频特性和对数相频特性合起来描绘成一条曲线，其纵坐标为 $L(\omega)$，横坐标为 $\varphi(\omega)$，ω 为参变量。RC 网络的对数幅相特性如图 5 - 7 所示。

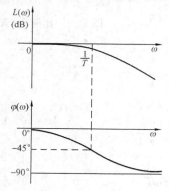

图 5 - 6　RC 电路对数频率特性

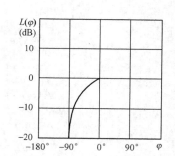

图 5 - 7　RC 电路对数幅相特性

上述三种表示方法中，幅相频率特性在一条曲线上同时给出了频率特性的模及辐角随 ω 的变化关系，看起来清楚，但作图复杂，对数频率特性作图方便，工程上经常使用，对数幅相特性使用较少。

第二节　典型环节的频率特性

一、比例环节

比例环节的传递函数为

$$W(s) = K \qquad (5 - 10)$$

其频率特性为

$$W(\text{j}\omega) = K \qquad (5 - 11)$$

幅频特性为

$$A(\omega) = K$$

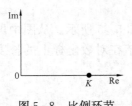

图 5-8　比例环节
幅相频率特性

相频特性为

$$\varphi(\omega) = 0°$$

1. 幅相频率特性

由于其幅值和相角均与 ω 无关，所以呈现的幅相频率特性就是实轴上的一个点 $(K,\ j0)$，如图 5-8 所示。

2. 对数频率特性

对数幅频特性为

$$L(\omega) = 20\lg K \tag{5-12}$$

$L(\omega)$ 为一条高为 $20\lg K$ 的水平直线，改变 K 值，$L(\omega)$ 的位置上下移动。

对数相频特性为

$$\varphi(\omega) = 0° \tag{5-13}$$

对数频率特性如图 5-9 所示。

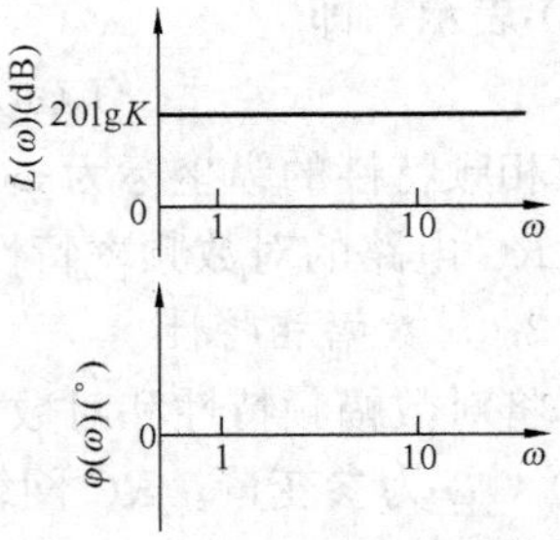

二、惯性环节

惯性环节传递函数为

$$W(s) = \frac{1}{Ts+1} \tag{5-14}$$

图 5-9　比例环节对数频率特性

其频率特性为

$$W(j\omega) = \frac{1}{j\omega T+1} \tag{5-15}$$

幅频特性为

$$A(\omega) = \frac{1}{\sqrt{(\omega T)^2+1}}$$

相频特性为

$$\varphi(\omega) = -\arctan\omega T$$

1. 幅相频率特性

将频率特性分解为实部和虚部，即

$$W(j\omega) = u + jv$$

其中

$$u = \frac{1}{(T\omega)^2+1} \tag{5-16}$$

$$v = \frac{-T\omega}{(T\omega)^2+1} \tag{5-17}$$

式（5-17）除以式（5-16），得

$$T\omega = -\frac{v}{u} \tag{5-18}$$

将式（5-18）代入式（5-16），有

$$u = \frac{1}{\left(\dfrac{v}{u}\right)^2+1}$$

即

$$u^2 - u + v^2 = 0$$

将上式配方之后得

$$\left(u - \frac{1}{2}\right)^2 + v^2 = \left(\frac{1}{2}\right)^2 \qquad (5-19)$$

由上式可知，惯性环节的幅相频率特性为圆，其圆心为 $\left(\frac{1}{2},\ j0\right)$，半径为 $\frac{1}{2}$。其幅相频率特性如图 5-10 所示。

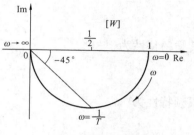

图 5-10　惯性环节幅相频率特性

2. 对数频率特性

惯性环节的对数幅频特性为

$$L(\omega) = 20\lg \frac{1}{\sqrt{(T\omega)^2 + 1}} = -20\lg \sqrt{(T\omega)^2 + 1} \qquad (5-20)$$

给出不同的 ω 值，计算出相应的对数幅值，即可绘出对数幅频特性曲线。但在实际分析计算时，常用渐近线表示对数幅频特性。

当 $\omega T \ll 1$，即 $\omega \ll \frac{1}{T}$ 时，$L(\omega) \approx 0$dB，即对数幅频特性的低频段渐近线为 0dB 线。

当 $\omega T \gg 1$，即 $\omega \gg \frac{1}{T}$ 时，$L(\omega) \approx -20\lg T\omega$，它是一条斜率为 -20dB/dec 与横轴交于 $\omega = \frac{1}{T}$ 的直线。

上述二直线为对数幅频特性的渐近线，由此二直线构成的折线称为惯性环节的渐近对数幅频特性，二直线的交点 $\omega = \frac{1}{T}$ 称为转折频率。

以渐近线代替准确曲线将产生误差，越靠近转折频率，误差越大，在 $\omega = \frac{1}{T}$ 处误差最大，其值为 3dB，这是因为渐近线在转折频率处的对数幅频特性的函数值为

$$L\left(\omega = \frac{1}{T}\right) = 0$$

而准确曲线在转折频率处的函数值为

$$L\left(\omega = \frac{1}{T}\right) = 20\lg \frac{1}{\sqrt{1 + (\omega T)^2}} = -3(\text{dB})$$

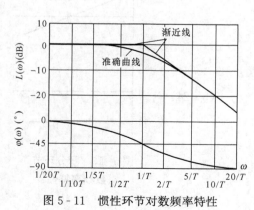

图 5-11　惯性环节对数频率特性

惯性环节对数幅频特性如图 5-11 所示。由图 5-11 可以看出，惯性环节具有高频衰减特性，因此，可以把数学模型为惯性环节的元件作为低通滤波器。

惯性环节的相频特性为

$$\varphi(\omega) = -\arctan\omega T \qquad (5-21)$$

当 $\omega = 0$ 时，$\varphi(0) = 0°$；在 $\omega = \frac{1}{T}$ 处，$\varphi\left(\frac{1}{T}\right) = -45°$；当 $\omega = \infty$ 时，$\varphi(\infty) = -90°$，再计算几个数据，便可绘制对数相频特性曲线。

从式（5-21）知，由于相角是以反正切函数表示的，所以相角对 $\varphi=-45°$ 点是斜对称的。惯性环节对数相频特性如图 5-11 所示。

三、积分环节

积分环节传递函数为

$$W(s) = \frac{1}{s}$$

其频率特性为

$$W(j\omega) = \frac{1}{j\omega} \qquad (5-22)$$

幅频特性为

$$A(\omega) = \frac{1}{\omega}$$

相频特性为

$$\varphi(\omega) = -\frac{\pi}{2}$$

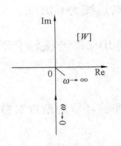

图 5-12　积分环节
幅相频率特性

1. 幅相频率特性

它的幅相频率特性如图 5-12 所示。其幅值与 ω 成反比，相角为 $-\frac{\pi}{2}$，当 $0 \leqslant \omega \leqslant \infty$ 时，幅相频率特性为整个负虚轴。

2. 对数频率特性

对数幅频特性为

$$L(\omega) = 20\lg\frac{1}{\omega} = -20\lg\omega \qquad (5-23)$$

由上式可知，积分环节的对数幅频特性为过横轴 $\omega=1$ 处，斜率为 $-20\mathrm{dB/dec}$ 的直线。

对数相频特性为

$$\varphi(\omega) = -\frac{\pi}{2}$$

它是一条平行于 ω 轴的直线，纵坐标为 $-\frac{\pi}{2}$。

积分环节对数频率特性如图 5-13 所示。

四、微分环节

微分环节的传递函数为

$$W(s) = s$$

其频率特性为

$$W(j\omega) = j\omega \qquad (5-24)$$

幅频特性为

$$A(\omega) = \omega$$

相频特性为

$$\varphi(\omega) = \frac{\pi}{2}$$

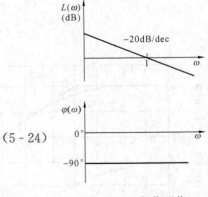

图 5-13　积分环节
对数频率特性

1. 幅相频率特性

它的幅相频率特性如图 5-14 所示。其幅值与 ω 成正比，相角恒为 $+\dfrac{\pi}{2}$，所以当 $0 \leqslant \omega \leqslant \infty$ 时，幅相频率特性为整个正虚轴。

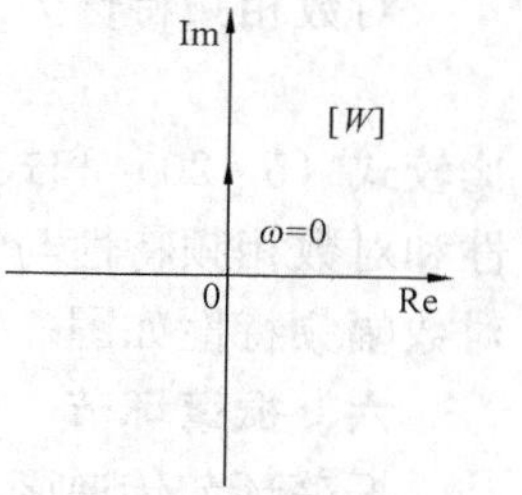

2. 对数频率特性

对数幅频特性为

$$L(\omega) = 20\lg\omega \qquad\qquad (5-25)$$

可见，它是交于 $\omega=1$，斜率为 20dB/dec 的直线。

对数相频特性为

$$\varphi(\omega) = \frac{\pi}{2} \qquad\qquad (5-26)$$

它是一条平行于 ω 轴的直线，纵坐标为 $\dfrac{\pi}{2}$。

图 5-14　微分环节
幅相频率特性

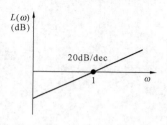
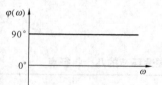
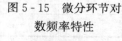

微分环节对数频率特性如图 5-15 所示。

五、一阶微分环节

一阶微分环节的传递函数为

$$W(s) = Ts + 1$$

其频率特性为

$$W(\mathrm{j}\omega) = 1 + \mathrm{j}\omega T \qquad\qquad (5-27)$$

幅频特性为

$$A(\omega) = \sqrt{1+(\omega T)^2}$$

相频特性为

$$\varphi(\omega) = \arctan\omega T$$

1. 幅相频率特性

$1+\mathrm{j}\omega T$ 的幅相频率特性是在复平面上由 $(1, \mathrm{j}0)$ 点出发，平行于虚轴向上的一条直线，如图 5-16 所示。

图 5-15　微分环节对
数频率特性

2. 对数频率特性

对数频率特性为

$$L(\omega) = 20\lg\sqrt{1+(\omega T)^2} \qquad\qquad (5-28)$$

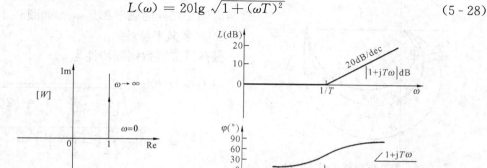

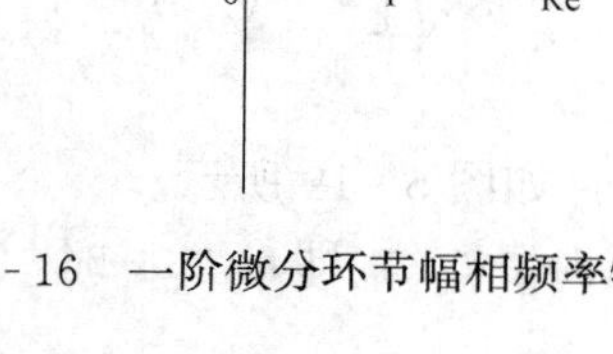

图 5-16　一阶微分环节幅相频率特性 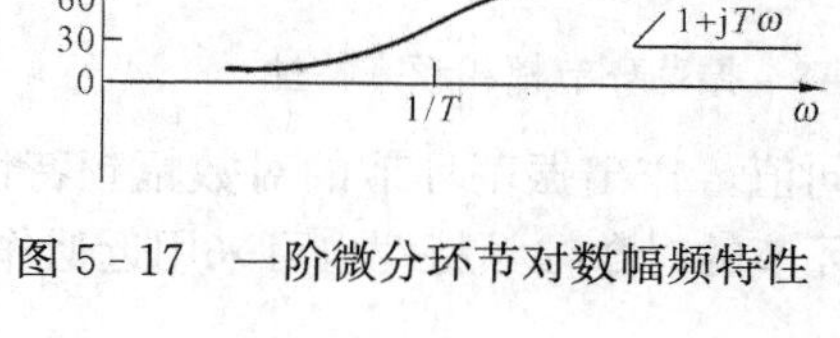　　　图 5-17　一阶微分环节对数幅频特性

对数相频特性为

$$\varphi(\omega) = \arctan\omega T \qquad\qquad (5\text{-}29)$$

比较式（5-20）和式（5-28），式（5-21）和式（5-29）可知，一阶微分环节对数幅频特性和对数相频特性与惯性环节的对数幅频特性和对数相频特性都对称于横轴。一阶微分环节对数幅频特性如图5-17所示。

六、振荡环节

振荡环节传递函数为

$$W(s) = \cfrac{1}{\cfrac{s^2}{\omega_n^2} + 2\zeta\cfrac{s}{\omega_n} + 1} \qquad (0 < \zeta < 1)$$

其频率特性为

$$W(j\omega) = \cfrac{1}{1 - \left(\cfrac{\omega}{\omega_n}\right)^2 + j2\zeta\cfrac{\omega}{\omega_n}} \qquad\qquad (5\text{-}30)$$

幅频特性为

$$A(\omega) = \cfrac{1}{\sqrt{\left[1 - \left(\cfrac{\omega}{\omega_n}\right)^2\right]^2 + \left(2\zeta\cfrac{\omega}{\omega_n}\right)^2}} \qquad\qquad (5\text{-}31)$$

相频特性为

$$\varphi(\omega) = -\arctan\cfrac{2\zeta\cfrac{\omega}{\omega_n}}{1 - \left(\cfrac{\omega}{\omega_n}\right)^2} \qquad\qquad (5\text{-}32)$$

1. 幅相频率特性

振荡环节有两个特征参数：阻尼比 ζ 和无阻尼自然振荡角频率 ω_n。当阻尼比为常数时，频率特性是相对频率（ω/ω_n）的函数。振荡环节几个特征点见表5-1。

表 5-1　　振荡环节的几个特征点

ω	0	ω_n	∞
$A(\omega)$	1	$\dfrac{1}{2\zeta}$	0
$\varphi(\omega)$	0	$-\dfrac{\pi}{2}$	$-\pi$

由表5-1可知，振荡环节的幅相频率特性从实轴（1，j0）点开始，最后在第三象限和负实轴相切并交于原点，且不论 ζ 如何，幅相频率特性与虚轴交点处的频率都是 ω_n，如图5-18所示。

2. 对数频率特性

振荡环节对数幅频特性为

$$\begin{aligned}
L(\omega) &= 20\lg\cfrac{1}{\sqrt{\left[1 - \left(\cfrac{\omega}{\omega_n}\right)^2\right]^2 + \left(2\zeta\cfrac{\omega}{\omega_n}\right)^2}} \\
&= -20\lg\sqrt{\left[1 - \left(\cfrac{\omega}{\omega_n}\right)^2\right]^2 + \left(2\zeta\cfrac{\omega}{\omega_n}\right)^2}
\end{aligned} \qquad (5\text{-}33)$$

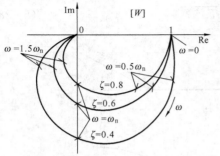

图 5-18　振荡环节幅相频率特性

给出 ζ 不同值，作出振荡环节的对数幅频特性曲线族，如图5-19所示。

振荡环节的对数幅频特性也可采用近似作法。当 $\omega/\omega_n \ll 1$，即 $\omega \ll \omega_n$ 时，$L(\omega) \approx 0(\mathrm{dB})$，

它是一条与横轴重合的直线；当 $\omega/\omega_n \gg 1$，即 $\omega \gg \omega_n$ 时，$L(\omega) \approx -20\lg\left(\dfrac{\omega}{\omega_n}\right)^2$，它是一条斜率为 $-40\mathrm{dB/dec}$ 交横轴于 ω_n 的直线。上述二直线是振荡环节对数幅频特性的渐近线，由此二直线衔接起来所构成的折线称为振荡环节的渐近对数幅频特性，二直线的交点 ω_n 称为转折频率（或交接频率）。

用渐近线代替准确曲线，在 $\omega = \omega_n$ 附近有较大的误差。当 $\omega = \omega_n$ 时，由渐近线得 $L(\omega) = 20\lg 1$，而用准确曲线时，$L(\omega) = 20\lg\dfrac{1}{2\zeta}$，与阻尼比 ζ 有关。只有在 $\zeta = 0.5$ 时才有 $L(\omega) = 20\lg 1$，而在 $\zeta \neq 0.5$ 时，$L(\omega) \neq 20\lg 1$。所以，渐近线作为对数幅频特性时，若 ζ 在 $0.4 \sim 0.7$ 之间，误差不大，而当 ζ 较小时，要考虑它有一个尖峰。

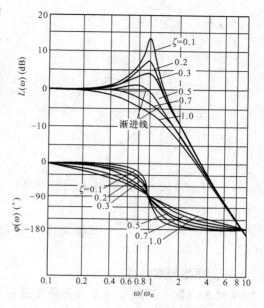

图 5 - 19　振荡环节对数频率特性

振荡环节的对数相频特性按式（5 - 32）逐点描迹绘出，如图 5 - 19 所示。由图可以看出，对数相频特性曲线随 ζ 值而异，但 $\omega = \omega_n$ 处的数值相同，其值为 $\varphi(\omega_n) = -90°$。

七、滞后环节

滞后环节传递函数为

$$W(s) = \mathrm{e}^{-\tau s}$$

其频率特性为

$$W(\mathrm{j}\omega) = \mathrm{e}^{-\mathrm{j}\omega\tau} \tag{5-34}$$

幅频特性

$$A(\omega) = 1 \tag{5-35}$$

相频特性

$$\varphi(\omega) = -\tau\omega \tag{5-36}$$

1. 幅相频率特性

由式（5 - 35）、式（5 - 36）可知，滞后环节幅相频率特性为以坐标原点为圆心、半径为 1 的圆，如图 5 - 20 所示。

2. 对数频率特性

滞后环节对数幅频特性为

$$L(\omega) = 0\mathrm{dB} \tag{5-37}$$

对数相频特性为

$$\varphi(\omega) = -\omega\tau \tag{5-38}$$

根据式（5 - 37）、式（5 - 38）绘出的对数频率特性如图 5 - 21 所示。

由滞后环节特性可见，在系统中增加滞后环节只影响相频特性而不影响幅频特性，频率越高，相位滞后越严重。

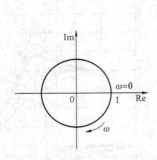

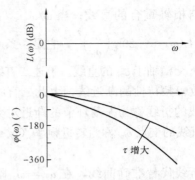

图 5-20　滞后环节幅、相频率特性　　　　图 5-21　滞后环节对数频率特性

第三节　系统开环频率特性

一、幅相频率特性

【例 5-1】　设某 0 型系统开环传递函数为

$$W_{\mathrm{K}}(s) = \frac{K}{(1+T_1 s)(1+T_2 s)}$$

试绘制该系统的开环幅相频率特性。

解　系统开环频率特性为

$$W_{\mathrm{K}}(\mathrm{j}\omega) = \frac{K}{(1+\mathrm{j}\omega T_1)(1+\mathrm{j}\omega T_2)} \tag{5-39}$$

开环幅频特性为

$$A(\omega) = K \frac{1}{\sqrt{1+(\omega T_1)^2}} \frac{1}{\sqrt{1+(\omega T_2)^2}} \tag{5-40}$$

开环相频特性为

$$\varphi(\omega) = 0° - \arctan\omega T_1 - \arctan\omega T_2 \tag{5-41}$$

给 $\omega(0\to\infty)$ 一系列值，如果 K、T_1、T_2 是已知值，则可计算出对应的 $A(\omega)$ 和 $\varphi(\omega)$，绘出开环幅相频率特性。它的起点和终点分别为

$$\lim_{\omega\to 0} W_{\mathrm{K}}(\mathrm{j}\omega) = K \angle 0°$$

$$\lim_{\omega\to\infty} W_{\mathrm{K}}(\mathrm{j}\omega) = 0 \angle -180°$$

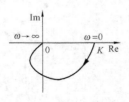

图 5-22　例 5-1 开环
系统幅相频率特性

其幅相频率特性如图 5-22 所示。它从正实轴开始，以 $-180°$ 的角度进入坐标原点。可以看出，如果开环传递函数中除比例环节外还有 n 个惯性环节，则必有 $\lim\limits_{\omega\to\infty} W_{\mathrm{K}}(\mathrm{j}\omega) = K \angle -90° \times n$。图 5-23上画出了 n 分别为 1～4 四种情况时，幅相曲线的大致形状。

如果传递函数不仅包含惯性环节和比例环节，而且包含一阶微分环节，则因 ω 从 0→∞ 一阶微分环节的相频特性从 0°变到 90°，总的幅相曲线必有如下特点：

$$\lim_{\omega\to\infty} W_{\mathrm{K}}(\mathrm{j}\omega) = 0 \angle -90° \times (n-m)$$

式中，m 和 n 分别为一阶微分环节和惯性环节的个数。幅相频率特性的变化也不再像图 5-23 所示曲线那样光滑，但 0 型系统的起点坐标不变。

$$W_K(s) = \frac{K(T_1s+1)}{(T_2s+1)(T_3s+1)(T_4s+1)}$$

则

$$\lim_{\omega \to 0} W_K(j\omega) = K \angle 0°$$

$$\lim_{\omega \to \infty} W_K(j\omega) = 0 \angle -90° \times (3-1) = 0 \angle -180°$$

当时间常数 T_2 和 T_3 大于 T_1，T_1 大于 T_4 时，幅相频率特性如图 5-24 所示。

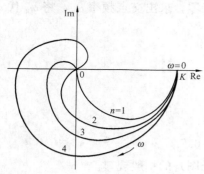

图 5-23　n 个惯性环节串联的幅相特性

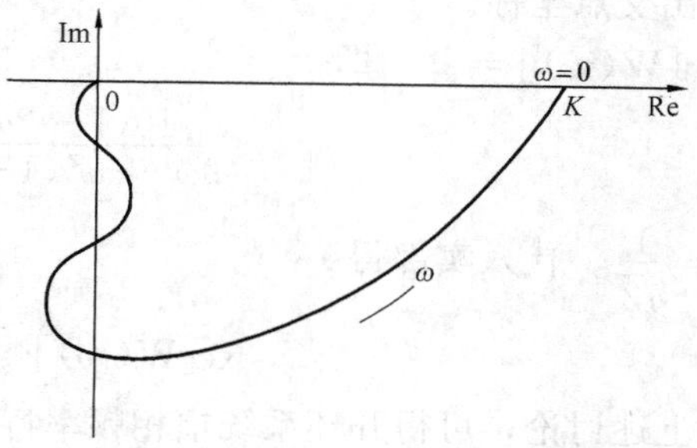

图 5-24　$W_K(s) = \dfrac{K(T_1s+1)}{(T_2s+1)(T_3s+1)(T_4s+1)}$ 幅相频率特性

【例 5-2】　设某 I 型系统的开环传递函数为

$$W_K(s) = \frac{10}{s(2s+1)(s+1)}$$

试画出幅相频率特性曲线。

解　系统开环频率特性为

$$W_K(j\omega) = \frac{10}{j\omega(2j\omega+1)(j\omega+1)}$$

幅频特性为

$$A(\omega) = \frac{10}{\omega\sqrt{(2\omega)^2+1}\sqrt{\omega^2+1}}$$

相频特性为

$$\varphi(\omega) = -\frac{\pi}{2} - \arctan 2\omega - \arctan \omega$$

开环幅相频率特性的起点和终点分别为

$$\lim_{\omega \to 0} W_K(j\omega) = \infty \angle -90°$$

$$\lim_{\omega \to \infty} W_K(j\omega) = 0 \angle -270°$$

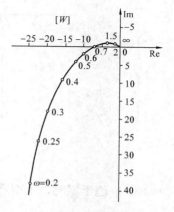

图 5-25　例 5-2 开环系统幅相频率特性

给 $\omega(0 \to \infty)$ 一系列值，求出 $A(\omega)$ 和 $\varphi(\omega)$ 数值，绘出其开环幅相频率特性如图 5-25 所示。它从负虚轴方向无穷远处开始，以 $-270°$ 的角度进入坐标原点。

$\omega \rightarrow 0$ 时，曲线的渐近线不是虚轴，而是一条横坐标为 V_x 平行于虚轴的直线。V_x 求法如下：

先将 $W(j\omega)$ 的实部和虚部分开，即将 $W_K(j\omega)$ 写为

$$W_K(j\omega) = -\frac{30\omega^2}{9\omega^4 + \omega^2(1-2\omega^2)^2} - j\frac{10(1-2\omega^2)\omega}{9\omega^4 + \omega^2(1-2\omega^2)^2}$$

然后求 $\omega \rightarrow 0$ 时 $W(j\omega)$ 实部的极限，即

$$V_x = \lim_{\omega \rightarrow 0} Re[W(j\omega)] = -30$$

奈氏曲线与负实轴的交点坐标可用如下方法确定。

将频率特性分解为实部和虚部形式，然后令虚部为零，求出交点频率 ω_g，将 ω_g 代入实部即可求出交点坐标。

令 $Im[W(j\omega)] = 0$　　即

$$\frac{10(1-2\omega^2)\omega}{9\omega^4 + \omega^2(1-2\omega^2)} = 0$$

解出 $\omega_g = \frac{1}{\sqrt{2}}$，代入实部得

$$Re[W(j\omega)]\big|_{\omega_g = \frac{1}{\sqrt{2}}} = -6.7$$

通过上述讨论，可得开环系统幅相频率特征（奈氏图）的一般规律。

设开环频率特性的一般形式为

$$W_K(j\omega) = \frac{K(1+j\omega T_a)(1+j\omega T_b)\cdots}{(j\omega)^N(1+j\omega T_1)(1+j\omega T_2)\cdots} \quad (n \geq m)$$

则常见奈氏图有下列规律：

（1）ω 等于零时，奈氏图的特性由比例环节 K 和系统的类型（取决于 N）确定。不同类型系统的奈氏图的形状如图 5-26（a）所示。

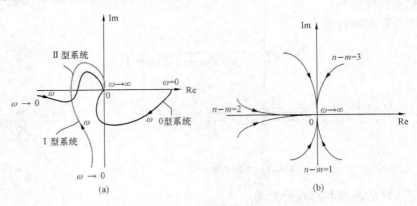

图 5-26　开环幅相频率特性曲线

（a）各类型系统低频区；（b）不同情况下高频区

（2）ω 趋于零时，Ⅰ型系统奈氏图渐近线是一条平行于虚轴的直线，其横坐标为

$$V_X = \lim_{\omega \rightarrow 0} Re[W(j\omega)]$$

Ⅱ型系统奈氏图渐近线是一条平行于实轴的直线，其纵坐标为

$$V_Y = \lim_{\omega \to 0} \text{Im}[W(j\omega)]$$

（3）对于常见的控制系统，一般有 $n \geq m$，当 ω 趋于无穷时，频率特性为

$$\lim_{\omega \to \infty} W_K(j\omega) = 0 \angle -90° \times (n-m)$$

即曲线以 $-90°(n-m)$ 的相角和原点相切，如图 5-26（b）所示。

（4）曲线与负实轴的交点频率和坐标可由实频特性及虚频特性求出。即令 $\text{Im}[W(j\omega)] = 0$，求出 ω_g，代入实部求交点坐标。

（5）系统传递函数中不包含一阶微分环节时，奈氏曲线的相角连续地减少，是一条平滑曲线。反之，曲线的相角就不一定连续减少，曲线可能会有弯曲。

二、系统开环对数频率特性

若开环系统由 n 个典型环节串联组成，则其开环频率特性可写成

$$W_K(j\omega) = W_1(j\omega)W_2(j\omega)W_3(j\omega) \cdots W_n(j\omega) \tag{5-42}$$

式中，$W_1(j\omega)$、$W_2(j\omega)$、$\cdots$、$W_n(j\omega)$ 为系统中各典型环节的频率特性。开环系统幅频特性为

$$A(\omega) = A_1(\omega)A_2(\omega) \cdots A_n(\omega) \tag{5-43}$$

开环相频特性为

$$\varphi(\omega) = \varphi_1(\omega) + \varphi_2(\omega) + \cdots + \varphi_n(\omega) \tag{5-44}$$

对式（5-43）两边取对数再乘 20，得

$$20\lg A(\omega) = 20\lg A_1(\omega) + 20\lg A_2(\omega) + \cdots + 20\lg A_n(\omega)$$

$$L(\omega) = L_1(\omega) + L_2(\omega) + \cdots + L_n(\omega) \tag{5-45}$$

由式（5-44）和式（5-45）可知，由 n 个典型环节串联组成的开环系统，其对数幅频特性和对数相频特性分别等于各典型环节的对数幅频特性之和及对数相频特性之和。

【例 5-3】 若系统开环传递函数为

$$W(s) = \frac{10(s+1)}{s(2s+1)\left(\dfrac{s^2}{400} + 0.7\dfrac{s}{20} + 1\right)}$$

试画出其开环对数频率特性。

解 该系统由五个典型环节组成：

比例环节 $\qquad W_1(s) = 10$

积分环节 $\qquad W_2(s) = \dfrac{1}{s}$

惯性环节 $\qquad W_3(s) = \dfrac{1}{2s+1}$

一阶微分环节 $\qquad W_4(s) = s+1$

振荡环节 $\qquad W_5(s) = \dfrac{1}{\dfrac{s^2}{400} + 0.7\dfrac{s}{20} + 1}$

其对数幅频特性及对数相频特性分别为

$$L_1(\omega) = 20\lg 10 = 20(\text{dB})$$

$$L_2(\omega) = -20\lg\omega$$

$$L_3(\omega) = -20\lg\sqrt{(2\omega)^2 + 1}$$

$$L_4(\omega) = 20\lg\sqrt{\omega^2 + 1}$$

$$L_5(\omega) = -20\lg\sqrt{\left[1-\left(\frac{\omega}{20}\right)^2\right]^2 + \left(0.7\frac{\omega}{20}\right)^2}$$

及

$$\varphi_1(\omega) = 0°$$

$$\varphi_2(\omega) = -90°$$

$$\varphi_3(\omega) = -\arctan 2\omega$$

$$\varphi_4(\omega) = \arctan^{-1}\omega$$

$$\varphi_5(\omega) = -\arctan\frac{0.7\dfrac{\omega}{20}}{1-\dfrac{\omega^2}{400}}$$

按照典型环节的对数频率特性的绘制方法绘制 $L_1(\omega)$、$L_2(\omega)$、$L_3(\omega)$、$L_4(\omega)$、$L_5(\omega)$ 和 $\varphi_1(\omega)$、$\varphi_2(\omega)$、$\varphi_3(\omega)$、$\varphi_4(\omega)$、$\varphi_5(\omega)$，并将其叠加得到 $L(\omega)$ 和 $\varphi(\omega)$，如图 5 - 27 所示。

由图 5 - 27 可以看出，开环系统对数幅频特性曲线有以下特点：

（1）$L(\omega)$ 曲线最低段的斜率等于 $-20N$ dB/dec。

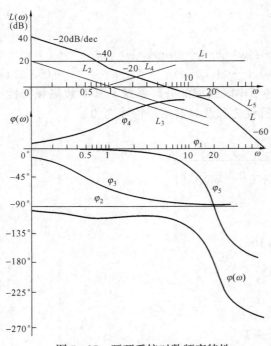

图 5 - 27　开环系统对数频率特性

（2）在 $\omega = 1$ rad/s 时，$L(\omega)$ 的最低段延长线的高度等于 $20\lg K$，这是因为 $L(\omega)$ 的低频段只考虑了积分环节和比例，而在 $\omega = 1$ rad/s 时，积分环节的对数幅频特性等于 0dB，故有此结论。

（3）如果各环节的对数幅频特性取渐近特性，那么开环系统的对数幅频特性为折线，折线的转折点频率为各环节的转折频率。

根据上述特点，得出绘制开环系统对数频率特性的步骤如下：

（1）在半对数坐标纸上标出横轴及纵轴刻度。

（2）在横轴上标出各典型环节的转折频率。

（3）计算 $20\lg K$ 值。

（4）在 $\omega = 1$ rad/s 处找到纵坐标等于 $20\lg K$ 的点，过该点作一斜率为 $-20N$ dB/dec 的直线。

（5）从所画的直线最左端向右延长，遇到惯性环节的转折频率，其斜率增加 -20 dB/dec，遇到振荡环节的转折频率，其斜率增加 -40 dB/dec，遇到一阶微分环节的转折频率，其斜率增加 $+20$ dB/dec，遇到二阶微分环节的转折频率，其斜率增加 $+40$ dB/dec，直至经过所有各典型环节的转折频率，便得 $L(\omega)$ 的渐近特性。

（6）如果欲画 $L(\omega)$ 的准确曲线，则应修正，特别是在振荡环节和二阶微分环节的转折频率附近，应注意修正。

（7）画出各典型环节的对数相频特性，代数相加之后便得开环系统的对数相频特性。

【例 5 - 4】　绘出开环传递函数为

$$W_K(s) = \frac{100(s+2)}{s(s+1)(s+20)}$$

的系统开环对数频率特性。

解 （1）将 $W(s)$ 中的各因式换成典型环节的标准形式，即

$$W(s) = \frac{10(1+0.5s)}{s(1+s)(1+0.05s)}$$

（2）$20\lg K = 20\text{dB}$。

（3）在横轴上自低而高标出各环节的转折频率 $\omega_1 = 1$，$\omega_2 = 2$，$\omega_3 = 20$。

（4）因为第一个转折频率 $\omega_1 = 1$，所以过 $[\omega_1 = 1, L(\omega) = 20\text{dB}]$ 点向左作斜率为 -20dB/dec 直线，过 ω_1 后斜率变为 -40dB/dec；当 $\omega_2 = 2$ 时斜率转为 -20dB/dec，向右当交至 $\omega_3 = 20$ 时，再转为 -40dB/dec，即得开环对数幅频特性渐近线。

系统开环对数相频特性为

$$\varphi(\omega) = -90° - \arctan\omega + \arctan 0.5\omega - \arctan 0.05\omega$$

该系统开环对数频率特性如图 5-28 所示。

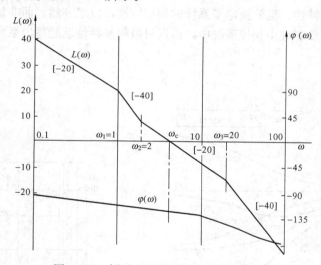

图 5-28 例 5-4 系统开环对数频率特性

系统开环对数幅频特性 $L(\omega)$ 通过 0 分贝线，即

$$L(\omega_c) = 0 \text{ 或 } A(\omega_c) = 1$$

时的频率 ω_c 称为穿越频率。穿越频率 ω_c 是开环对数相频特性的一个很重要的参量。

三、最小相位系统和非最小相位系统

在开环传递函数中，如果所有零点和极点均分布于 S 平面左侧，这样的系统称之为最小相位系统，反之为非最小相位系统。

【例 5-5】 设两个系统的开环传递函数分别为

$$W_a(s) = \frac{1+T_1s}{1+T_2s}$$

$$W_b(s) = \frac{1-T_1s}{1+T_2s}$$

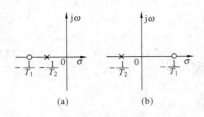

图 5-29　例 5-5 零极点图

(a) a 系统；(b) b 系统

式中，$0 < T_1 < T_2$。试画出两系统开环对数频率特性曲线，并分析其各自特点。

解　图 5-29（a）、(b) 分别示出 $W_a(s)$ 和 $W_b(s)$ 的零极点图。从图中可知，$W_a(s)$ 的零极点均位于 S 平面虚轴左侧，为最小相位系统，$W_b(s)$ 有一个零点位于 S 平面右侧，为非最小相位系统。

它们的对数幅频和相频特性为

$$L_1(\omega) = L_2(\omega) = 20\lg\sqrt{1+(T_1\omega)^2} - 20\lg\sqrt{1+(T_2\omega)^2}$$

$$\varphi_1(\omega) = \arctan T_1\omega - \arctan T_2\omega$$

$$\varphi_2(\omega) = -\arctan T_1\omega - \arctan T_2\omega$$

其对数频率特性如图 5-30 所示。从图中可知，二者对数幅频特性相同，但相频特性却有很大差别，$W_a(s)$ 的相角滞后比 $W_b(s)$ 的相角滞后小，即 $|\varphi_a(\omega)| < |\varphi_b(\omega)|$。

通过上例分析可知，最小相位系统的对数幅频特性和相频特性是一一对应的。就是说，给出了系统的对数幅频特性，也就决定了系统的相频特性，仅之亦然。而非最小相位系统就不存在这种对应关系，所以在最小相位系统中，根据对数幅频特性就能写出系统的传递函数。

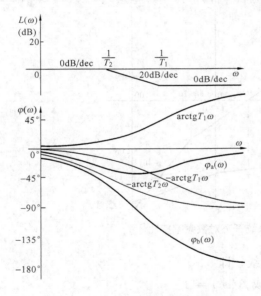

图 5-30　对数频率特性曲线

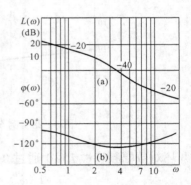

图 5-31　例 5-6 对数频率特性

【例 5-6】　最小相位系统对数幅频特性如图 5-31 曲线（a）所示，试确定其传递函数，并画出对数相频特性。

解　（1）低频段斜率为 -20dB/dec，所以系统有一个积分环节。

（2）在 $\omega = 1$ 处，$L(\omega) = 15\text{dB}$，可求得 $K = 5.6$。

（3）在 $\omega = 2$ 处，渐近线斜率由 -20dB/dec 变为 -40dB/dec，故系统有一个惯性环节，其时间常数 $T_1 = \dfrac{1}{2} = 0.5\text{s}$。

（4）在 $\omega = 7$ 处，渐近线斜率由 -40dB/dec 变成 -20dB/dec，故系统有一个一阶微分环

节，其时间常数 $T_2 = \dfrac{1}{7} = 0.143\text{s}$ 。

根据上面分析，可写出该系统开环传递函数为

$$W(s) = \frac{5.6(0.143s+1)}{s(0.5s+1)}$$

（5）根据 $W(s)$ 画出的对数相频特性如图 5-31 曲线（b）所示。

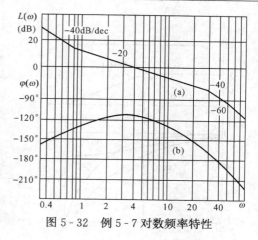

图 5-32 例 5-7 对数频率特性

【例 5-7】 最小相位系统对数幅频特性如图 5-32 曲线（a）所示，试确定其开环传递函数，并画出对数相频特性。

解 由图 5-32 曲线（a）可得系统传递函数为

$$W_{\text{K}}(s) = \frac{K\left(\dfrac{1}{0.8}s+1\right)}{s^2\left(\dfrac{1}{30}s+1\right)\left(\dfrac{1}{50}s+1\right)}$$

其对数幅频特性为

$$L(\omega) = 20\lg K + 20\lg\sqrt{\left(\frac{\omega}{0.8}\right)^2+1} - 20\lg\omega^2$$

$$- 20\lg\sqrt{\left(\frac{\omega}{30}\right)^2+1} - 20\lg\sqrt{\left(\frac{\omega}{50}\right)^2+1}$$

由图 5-32 曲线（a）可以看出，渐近线在 $\omega=4$ 时通过横轴，此时 $L(\omega)=0$ ，上式可以写成

$$L(4) = 20\lg K + 20\lg\sqrt{\left(\frac{4}{0.8}\right)^2+1} - 20\lg 4^2$$

$$\approx 20\lg K + 20\lg\frac{4}{0.8} - 20\lg 4^2$$

$$= 0$$

由上式解出 $K=3.2$ 。根据 $W_{\text{K}}(s)$ 画出的对数相频特性如图 5-32 曲线（b）所示。

如果系统开环传递函数中只包含前面所述的除滞后环节之外的其它典型环节时，因零、极点均位于 S 平面虚轴左侧，所以一定为最小相位系统。含有滞后环节的系统则属于非最小相位系统。因滞后环节可用幂级数展开为

$$\mathrm{e}^{-\tau s} = 1 - \tau s + \frac{\tau^2}{2!}s^2 - \frac{\tau^3}{3!}s^3 + \cdots$$

多项式系数有正，有负，所以传递函数中必定有位于 S 右半平面的零点。

【例 5-8】 已知 $W(s) = \dfrac{10}{s+1}\mathrm{e}^{-0.5s}$ ，绘制其开环对数频率特性。

解 系统开环频率特性为

$$W(\mathrm{j}\omega) = \frac{10}{1+\mathrm{j}\omega}\mathrm{e}^{-\mathrm{j}0.5\omega}$$

$$= W_1(\mathrm{j}\omega)W_2(\mathrm{j}\omega)$$

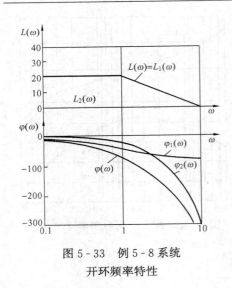

图 5-33　例 5-8 系统
开环频率特性

$$A_1(\omega) = \frac{10}{\sqrt{1+\omega^2}}$$

$$A_2(\omega) = 1$$

$$L(\omega) = L_1(\omega) + L_2(\omega)$$

$$= 20\lg\frac{10}{\sqrt{1+\omega^2}}$$

$$\varphi(\omega) = \varphi_1(\omega) + \varphi_2(\omega)$$

$$= -\arctan\omega - 0.5\omega$$

其开环对数频率特性如图 5-33 所示。由图中可以看出，$W_1(j\omega)$ 与 $W(j\omega)$ 的幅频特性相同，而相频特性却大不一样，由于滞后环节的引入，使系统相角滞后显著增大。设 $\Delta\varphi(\omega) = \varphi(\omega) - \varphi_1(\omega)$，则有

$$\frac{d[\Delta\varphi(\omega)]}{d\omega} = -\tau$$

式中，τ 为纯滞后时间，即 $W(j\omega)$ 与 $W_1(j\omega)$ 的相角之差随 ω 的增大有一恒定的相角变化率。

第四节　用开环频率特性分析系统稳定性

由系统时域分析方法可知，闭环系统稳定的充要条件是：系统闭环传递函数的所有极点均分布在 S 平面虚轴左侧。闭环系统的稳定性，可以运用系统的开环特性来判别，因为开环模型中包含了闭环的所有元部件，包含了所有环节的动态结构和参数。本节将讨论如何用频率特性曲线判别闭环系统的稳定性。

一、系统开环频率特性和闭环特征式的关系

系统稳定性决定于闭环特征根的性质，因此运用开环特性研究闭环的稳定性，应首先明确开环特性与闭环特征式的关系，并进而寻找开环特性与闭环特征根性质之间关系的规律性。

设系统为单位负反馈，其开环传递函数为 $W_K(s)$，则闭环传递函数为

$$W_B(s) = \frac{W_K(s)}{1+W_K(s)} \qquad (5-46)$$

设

$$W_K(s) = \frac{M(s)}{N(s)} \qquad (5-47)$$

则

$$W_B(s) = \frac{M(s)/N(s)}{1+M(s)/N(s)}$$

$$= \frac{M(s)}{N(s)+M(s)} \qquad (5-48)$$

式中，$N(s)$ 和 $N(s)+M(s)$ 分别为开环特征式和闭环特征式。

令

$$F(s) = 1+W_K(s) \qquad (5-49)$$

将式（5-47）代入式（5-49）有

$$F(s) = 1+\frac{M(s)}{N(s)}$$

$$= \frac{N(s) + M(s)}{N(s)} \tag{5-50}$$

辅助函数 $F(s)$ 的分母为开环特征式，分子为闭环特征式。对于一个实际系统，开环传递函数分母阶次总是大于分子阶次，所以闭环特征式的阶次与开环特征式阶次是相同的，即闭环与开环特征根个数相同。

将 $s = j\omega$ 代入式（5-50）得

$$F(j\omega) = 1 + W_K(j\omega)$$
$$= \frac{N(j\omega) + M(j\omega)}{N(j\omega)} \tag{5-51}$$

式（5-51）建立了系统开环频率特性和闭环特征式的关系。

二、辐角变化与系统稳定性之间的关系

设系统的特征方程为

$$N(s) = a_n s^n + a_{n-1} s^{n-1} + \cdots + a_1 s + a_0 = 0$$

如果 p_1、p_2、$\cdots$、p_n 为特征方程的根，上式可写成

$$N(s) = a_n(s - p_1)(s - p_2)\cdots(s - p_n)$$

令 $s = j\omega$，则有

$$N(j\omega) = a_n(j\omega - p_1)(j\omega - p_2)\cdots(j\omega - p_n)$$

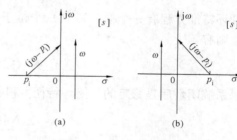

图 5-34　$(j\omega - p_i)$ 向量

以某一根 p_i 为例。在复平面上，当 ω 变化时，向量 $(j\omega - p_i)$ 的辐角也在变化，如果 p_i 位于虚轴左侧，如图 5-34（a）所示，ω 由 $-\infty$ 至 $+\infty$ 变化时，向量 $(j\omega - p_i)$ 辐角变化为 $+\pi$。即

$$\underset{\omega: -\infty \to +\infty}{\angle(j\omega - p_i)} = \pi$$

如果 p_i 位于虚轴右侧，如图 5-34（b）所示，ω 由 $-\infty$ 至 $+\infty$ 变化时，向量 $(j\omega - p_i)$ 辐角变化为 $-\pi$。即

$$\underset{\omega: -\infty \to +\infty}{\angle(j\omega - p_i)} = -\pi$$

如果特征根 $p_i \pm j\omega_i$ 为负实部的共轭复根，则

$$\underset{\omega: -\infty \to +\infty}{\angle[j\omega - (p_i + j\omega_i)]} + \underset{\omega: -\infty \to +\infty}{\angle[j\omega - (p_i - j\omega_i)]} = 2\pi$$

如果特征根 $p_i \pm j\omega_i$ 为正实部的共轭复根，则

$$\underset{\omega: -\infty \to +\infty}{\angle[j\omega - (p_i + j\omega_i)]} + \underset{\omega: -\infty \to +\infty}{\angle[j\omega - (p_i - j\omega_i)]} = -2\pi$$

总之，特征根实部为负，则向量 $j\omega - p_i$ 的平均辐角增量为 π；特征根实部为正，则平均辐角增量为 $-\pi$。

如果系统是稳定的，n 个根全部位于虚轴左侧，则有

$$\underset{\omega: -\infty \to +\infty}{\angle N(j\omega)} = n\pi$$

或写成

$$\underset{\omega: 0 \to +\infty}{\angle N(j\omega)} = n\frac{\pi}{2} \tag{5-52}$$

对于不稳定系统，设有 P 个根位于 S 平面虚轴右侧，其余 $(n-P)$ 个根位于 S 平面虚轴左侧，则有

$$\angle_{\omega:-\infty\to+\infty} N(j\omega) = (n-P)\pi - P\pi$$
$$= (n-2P)\pi$$

或写成

$$\angle_{\omega:0\to+\infty} N(j\omega) = (n-2P)\cdot\frac{\pi}{2} \tag{5-53}$$

由上面分析可知，如果 $N(j\omega)$ 向量的辐角变化在 ω 由 0 至 $+\infty$ 变化时等于 $n\frac{\pi}{2}$，则系统是稳定的，否则是不稳定的。

三、奈奎斯特稳定判据

奈奎斯特稳定判据，揭示了系统开环幅相特性和系统闭环稳定性的本质联系。

由前面讨论可知，$F(j\omega)$ 分母是开环系统的特征式，而分子是闭环系统的特征式。所以当频率 ω 由 $0\to\infty$ 变化时，$F(j\omega)$ 的辐角变化为

$$\angle_{\omega:0\to\infty} F(j\omega) = \angle[1+W_K(j\omega)]$$
$$= \angle_{\omega:0\to\infty} N_B(j\omega) - \angle_{\omega:0\to\infty} N_K(j\omega) \tag{5-54}$$

设开环特征方程有 n 个根，其中 P 个位于 S 平面虚轴右侧，$(n-P)$ 个位于 S 平面虚轴左侧，则有

$$\angle_{\omega:0\to\infty} N_K(j\omega) = (n-2P)\frac{\pi}{2}$$

如果系统闭环后是稳定的，闭环特征方程 n 个根均在虚轴左侧，则有

$$\angle_{\omega:0\to\infty} N_B(j\omega) = n\cdot\frac{\pi}{2}$$

那么

$$\angle_{\omega:0\to\infty}[1+W_K(j\omega)] = n\times\frac{\pi}{2} - (n-2P)\times\frac{\pi}{2} = P\cdot\pi \tag{5-55}$$

式（5-55）表明，若开环系统不稳定（有 P 个 S 平面虚轴右侧的极点），若使构成的闭环系统稳定，则要求：当 ω 由 $0\to\infty$ 变化时，向量 $1+W_K(j\omega)$ 绕坐标原点的转角为 $P\pi$。

若系统的开环是稳定的，$P=0$，则闭环稳定的条件是

$$\angle_{\omega:0\to\infty}[1+W_K(j\omega)] = 0 \tag{5-56}$$

即 ω 由 $0\to\infty$ 变化时，向量 $1+W_K(j\omega)$ 绕坐标原点的转角为 0。

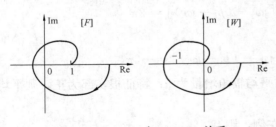

图 5-35　$F(j\omega)$ 与 $W_K(j\omega)$ 关系

由图 5-35 可见，$[1+W_K(j\omega)]$ 平面的坐标原点，相当于 $[W_K(j\omega)]$ 平面的 $(-1, j0)$ 点。则 $[1+W_K(j\omega)]$ 向量对其原点的转角，相当于 $W_K(j\omega)$ 曲线对 $(-1, j0)$ 点的转角。

故式（5-55）、式（5-56）可以表述为：若开环不稳定（有 P 个 S 平面虚轴右侧极点），当 ω 由 $0\to\infty$ 变化时，开环幅相特性 $W_K(j\omega)$ 曲线绕 $(-1, j0)$ 点转 $P\pi$ 角，则闭环稳定。

若开环稳定（$P=0$），则 ω 由 $0\to\infty$ 变化时，$W_K(j\omega)$ 曲线绕 $(-1, j0)$ 点转角为零，闭环稳定。

依据上述条件，即可由开环系统幅相频率特性判断闭环系统稳定性，该判别方法即为奈

奎斯特稳定判据，简称奈氏判据。

【例 5 - 9】　五个单位负反馈系统的开环幅相特性曲线如图 5 - 36 所示，试判别各闭环系统的稳定性。

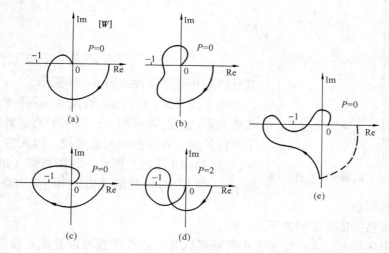

图 5 - 36　例 5 - 9 各系统 $W_K(j\omega)$ 曲线

　　解　图 5 - 36（a）、（b）、（e）所示三个系统开环右半平面根的个数为零，且开环幅相特性曲线均不包围（—1，j0）点，由奈氏判据可知，图（a）、（b）、（e）所示三个系统闭环是稳定的。

　　图（c）所示系统 $P=0$，$W_K(j\omega)$ 曲线当 ω 由 0→∞ 变化时，对（—1，j0）点转过的角度为 -2π，由奈氏判据可知，该系统闭环不稳定。

　　图（d）所示系统 $P=2$，$W_K(j\omega)$ 曲线当 ω 由 0→∞ 变化时，绕（—1，j0）点转过的角度为 $+2\pi$，由奈氏判据可知，该系统闭环是稳定的。

【例 5 - 10】　图 5 - 37（a）所示为开环系统，幅相频率特性，试利用奈氏判据确定使系统闭环稳定的 K 的临界值。

　　解　系统开环频率特性为

$$W_K(j\omega) = \frac{K}{j\omega - 1}$$

其幅相频率特性曲线为一个半圆，圆心在负实轴上 $-\dfrac{K}{2}$ 处，半径为 $\dfrac{K}{2}$，曲线如图（a）所示。由于该系统开环有一个右半平面极点即 $P=1$，由奈氏判据可知，若使该系统闭环稳定，则 $W_K(j\omega)$ 轨迹必须逆时针包围（—1，j0）点 $\dfrac{P}{2}$ 次（辐角变为 π）。由曲线（b）可见，欲使系统稳定，K 必须大于 1。$K=1$ 即为系统稳定的临界值。

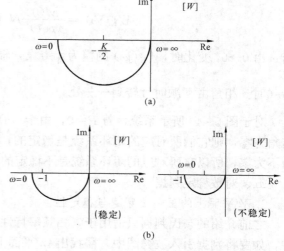

图 5 - 37　例 5 - 10 系统幅相频率特性曲线

四、关于零根的处理

设系统开环传递函数为

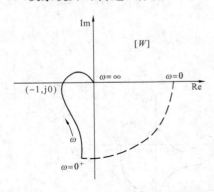

图 5 - 38　$W_K(j\omega)$ 幅相频率特性曲线

$$W_K(s) = \frac{K}{s(1 + T_1 s)(1 + T_2 s)}$$

则

$$W_K(j\omega) = \frac{K}{j\omega(1 + j\omega T_1)(1 + j\omega T_2)}$$

其开环幅相频率特性如图 5 - 38 所示。

由上图可见，$W_K(j\omega)$ 轨迹在 $\omega = 0$ 处是不连续的，很难判别轨迹是否包围（-1，j0）点。此时，可采用如下方法处理：将零根视为稳定根，以无穷大为半径，从 $W_K(j0)$ 端和正实轴之间作一辅助圆弧（如图 5 - 38 虚线所示），使 $W_K(j\omega)$ 连续变化，则可应用奈氏判据对这类系统进行稳定性判别。

上述处理方法的依据证明如下。

在复平面上将原点以半径为无穷小的圆弧代替（这样零根可以看成是稳定根），此小圆弧的数学表达式为

$$s = \rho e^{j\varphi}$$

令 $\rho \rightarrow 0$，当 ω 由 $0 \rightarrow 0^+$ 变化时，φ 的变化为 $0 \leqslant \varphi \leqslant \dfrac{\pi}{2}$，如图 5 - 39 所示。

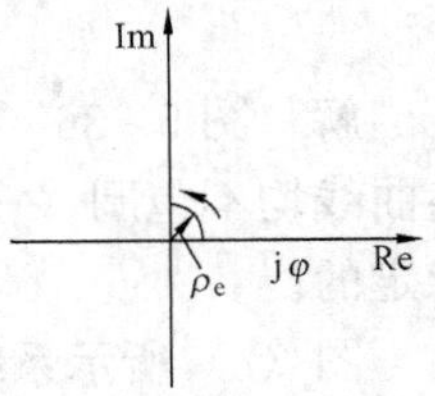

于是，具有零极点的开环系统传递函数为

$$W_K(s) = \frac{M(s)}{s^N N(s)}$$

图 5 - 39　零点以半径无穷小圆弧代替

式中，N 为积分环节个数。

在 $\omega \rightarrow 0$ 时，频率特性可表示为

$$W_K(j\omega) = \frac{M(0)}{(\rho e^{j\varphi})^N} N(0) = \frac{\dfrac{M(0)}{N(0)}}{\rho^N} e^{-jN\varphi}$$

当 ω 由 $0 \rightarrow 0^+$ 变化时，$W_K(j\omega)$ 的模为无穷大，辐角变化量为 $-\dfrac{N}{2}\pi$。上例中 $N = 1$，所以 $\omega = 0$ 时，相角由 0° 顺时针转到 $-\dfrac{\pi}{2}$ 处。

对于图 5 - 40 所示系统，若 $P = 0$，由于（a）、（c）、（d）图中 $W_K(j\omega)$ 绕（-1，j0）点转角为零，则它们所对应的闭环系统是稳定的；而（b）图中 $W_K(j\omega)$ 绕（-1，j0）点的转角不为零，所以它所对应的闭环系统是不稳定的。

五、对数稳定判据

1. W 平面上的正、负穿越与稳定性

之前介绍的奈氏判据只适用于幅相频率特性图，对于波德图来说，由于没有包围情况出现，如要将判据引入波德图中，需找出 W 平面上穿越也稳定的关系。

如果开环频率特性按逆时针方向包围（-1，j_0）点一周，$W_K(j\omega)$（$0 < \omega < +\infty$）必然

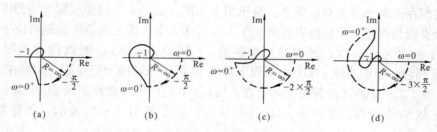

图 5-40　具有积分环节的幅相频率特性

从上到下穿过负实轴的（$-\infty$，-1）段一次，由于这种穿越伴随着相角增加，故称为正穿越；反之，如开环频率特性按顺时针方向包围（-1，j_0）点一周，则 $W_K(j\omega)$（$0<\omega<+\infty$）必然从下到上穿过负实轴的（$-\infty$，-1）段一次，由于这种穿越伴随着相角减小，故称为负穿越。

根据正、负穿越可将奈奎斯特判据表述为：

（1）如果系统开环传递函数的极点全部位于左半 S 平面，则当 ω 由 $0\rightarrow+\infty$ 时，在复平面上 $W_K(j\omega)$ 正穿越次数和负穿越次数之差等于零，则闭环系统是稳定的，否则闭环系统是不稳定的。

（2）如果系统开环传递函数有 P 个右极点在右半 S 平面，则当 ω 由 $0\rightarrow+\infty$ 时，在复平面上 $W_K(j\omega)$ 正穿越次数和负穿越次数之差等于 $\dfrac{P}{2}$，则闭环系统是稳定的，否则闭环系统是不稳定的。

穿越次数不计 $W_K(j\omega)$ 穿越（-1，j_0）点的次数，若 $W_K(j\omega)$ 曲线起始或终止于负实轴上（-1，j_0）点至 $-\infty$ 区段，则算作 $\dfrac{1}{2}$ 次穿越。

如图 5-41（a）所示，$W_K(j\omega)$ 曲线在其 W 平面负实轴（-1，j_0）点左边段上的正穿越次数与负穿越次数之差等于 $\dfrac{P}{2}=0$，该系统稳定。

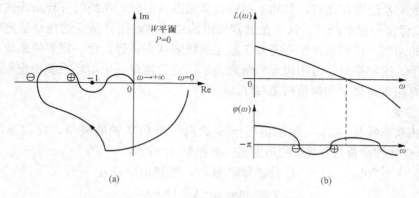

图 5-41　奈氏图与波德图的穿越与稳定性

2. 奈奎斯特对数稳定判据

如开环频率特性按逆时针方向包围（-1，j_0）点一周，则系统开环频率特性的奈氏图

和波德图之间存在着一定的对应关系。奈氏图上 $|W_K(j\omega)|=1$ 的单位圆与波德图对数幅频特性的零分贝线相对应，单位圆以外对应于 $L(\omega)>0$。奈氏图上的负实轴则对应于波德图上相频特性的 $\varphi(\omega)=-\pi$ 线。因为在正穿越处，$|W_K(j\omega)|>1$，所以在波德图上规定在 $L(\omega)>0$ 范围内，相频曲线 $\varphi(\omega)$ 由下而上穿越 $\varphi(\omega)=-\pi$ 线为正穿越。如果在负穿越处，$|W_K(j\omega)|>1$，相应的在波德图上规定在 $L(\omega)>0$ 范围内，相频曲线 $\varphi(\omega)$ 由上而下穿越 $\varphi(\omega)=-\pi$ 线为负穿越。如图 5-41（b）所示，正穿越以"＋"表示，负穿越以"－"表示。

根据对应关系将奈奎斯特对数稳定判据描述如下：闭环稳定的充要条件是，在波德图上当 ω 由 $0\rightarrow+\infty$ 时，在开环对数幅频特性 $L(\omega)>0$ 的频段内，相频特性曲线 $\varphi(\omega)$ 穿越 $-\pi$ 线的正穿越次数与负穿越次数之差等于 $\dfrac{P}{2}$（P 为 S 平面右半部开环极点个数）。

对于如图 5-41（b）所示的波德图，因为 $P=0$，而在开环对数幅频特性 $L(\omega)>0$ 的频段内，相频特性曲线曲线 $\varphi(\omega)$ 穿越 $-\pi$ 线的正穿越次数与负穿越次数之差等于 $\dfrac{P}{2}=0$，因此相应的系统是闭环稳定的。

对于 S 平面原点有开环极点的情况，对数频率特性曲线也需要作出相应的修改。设 N 为积分环节个数，当 ω 由 $0\rightarrow+\infty$ 变化时，相频特性曲线 $\varphi(\omega)$ 应在 $\omega\rightarrow0$ 处，由上而下补画 $N\dfrac{\pi}{2}$。计算正、负穿越次数时，应将补画的曲线看成对数相频特性曲线的一部分。

六、稳定裕量

在系统设计中，要求系统必须是稳定的。前面所讨论的一些系统稳定性的判别方法，只能说明所设计和研究的系统稳定与否，不能说明系统稳定的程度。所以称前者为系统的绝对稳定性，而后者为相对稳定性。由奈氏稳定判据可知，对于最小相位系统，当开环右极点 $P=0$，其开环奈氏曲线不包围（-1，$j0$）点时，闭环系统就是稳定的。如果开环奈氏曲线不包围但已十分接近（-1，$j0$）点，虽然系统应该是稳定的，但当系统的某参数受扰动影响而改变时，就容易使系统的开环奈氏曲线包围（-1，$j0$）点，造成实际运行系统的不稳定。另外，此时系统即使稳定，其动态指标也会很差。因此，系统的开环奈氏曲线应该相对（-1，$j0$）点保持一定的距离。这便是通常所说的相对稳定性。系统的相对稳定性是设计系统更感兴趣的问题。任何系统都不能处于稳定的极限状态运行，而一定要使系统离稳定的极限有一定裕量，这种裕量，可用稳定裕量来表示，它是衡量一个闭环系统稳定程度的重要指标，常用的有相角裕量 γ 和幅值裕量 GM。

1. 相角裕量

它是幅相频率特性 $W(j\omega)$ 的幅值等于 1 的向量与负实轴的夹角，在波德图中相当于 $20\lg A(\omega)=0$ 处的相角与 $-180°$ 的角度差，如图5-42所示。

设 $A(\omega)=1[20\lg A(\omega)=0]$ 处的频率为 ω_c，则相角裕量为

$$\gamma = \varphi(\omega_c) - (-180°)$$
$$= 180° + \varphi(\omega_c) \tag{5-57}$$

2. 幅值裕量 GM

$W(j\omega)$ 在频率为 ω_g 时与负实轴相交，其幅值为 $|W(j\omega_g)|=A(\omega_g)$，为了衡量 $A(\omega_g)$ 与（-1，$j0$）点的靠近程度，把 $A(\omega_g)$ 的倒数称为幅值裕量，即

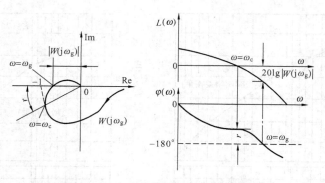

图 5 - 42　相角裕量和幅值裕量示意图

$$GM = \frac{1}{A(\omega_g)} \qquad\qquad (5-58)$$

如果以分贝表示，则有

$$GM = 20\lg \frac{1}{A(\omega_g)}$$

$$= -20\lg A(\omega_g) \qquad\qquad (5-59)$$

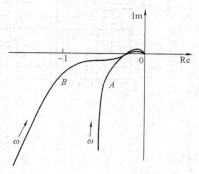

图 5 - 43　幅值裕度相同、相位裕度
不同的两个系统的奈氏图

对于开环稳定的系统，若使闭环稳定，要求 $\gamma > 0$ 和 $GM > 1$。为保证系统具有一定的稳定裕度，在工程设计中，一般取 $\gamma = 30° \sim 70°$，$GM = 4 \sim 6$（dB）以上。

γ 和 GM 的大小表征了系统相对稳定性的好坏，而要说明这一点，必须同时给出 γ 和 GM 两个量，仅仅给出 γ 或 GM 不足以说明系统的相对稳定性。如图 5 - 43 所示，系统 A、B 具有相同的幅值裕量，但相位裕度 $\gamma_A > \gamma_B$，显然系统 A 的相对稳定性优于系统 B。

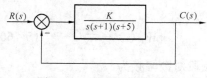

图 5 - 44　控制系统方框图

【例 5 - 11】　一单位负馈系统如图 5 - 44 所示。试求当 $K = 10$ 和 $K = 100$ 时系统的相角裕量和幅值裕量。

解　由 $K = 10$ 和 $K = 100$ 分别作出图 5 - 44 所示系统的开环对数频率特性曲线，如图 5 - 45 所示。

由图 5 - 45（a）可得系统的相角裕量和幅值裕量分别为

$$\gamma = 21°$$

$$GM = 8\text{dB}$$

由于 $P = 0$，所以 $K = 10$ 时系统是稳定的。

由图 5 - 45（b）可得系统的相角裕量和幅值裕量分别为

$$\gamma = -30°$$

$$GM = -12\text{dB}$$

所以 $K = 100$ 时系统是不稳定的。

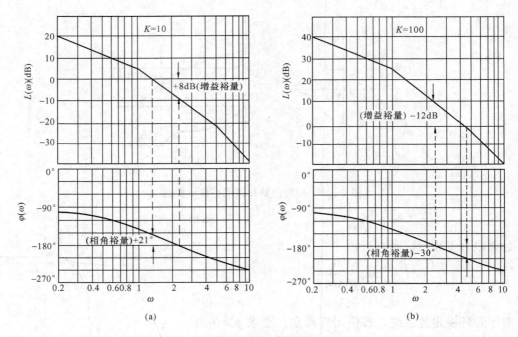

图 5 - 45　例 5 - 11 开环对数频率特性

第五节　用开环频率特性分析系统性能

一、系统稳态误差和开环频率特性的关系

系统开环传递函数中含有的积分环节的数目及开环放大倍数决定了开环对数幅频特性低频段的斜率和高度，因此，系统的稳态误差可由开环对数幅频特性低频段来确定。

设低频段对应的传递函数为

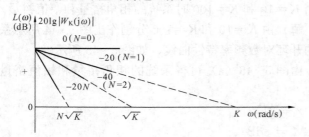

图 5 - 46　低频段对数幅频特性曲线

$$W_K(s) = \frac{K}{s^N} \qquad (5-60)$$

则低频段对数幅频为

$$20\lg |W_K(j\omega)| = 20\lg \frac{K}{\omega^N}$$

$$= 20\lg K - N20\lg\omega$$

$$(5-61)$$

N 为不同值时，低频段对数幅频特性曲线的形状如图 5 - 46 所示，其斜率为 $-20N\mathrm{dB/dec}$。

开环放大倍数 K 和低频段高度的关系可以用多种方法确定。例如将低频段渐近线延长交于 0 分贝线，由式（5-61）得

$$20\lg \frac{K}{\omega^N} = 0$$

故

$$K = \omega^N$$

或

$$\omega = \sqrt[N]{K} \qquad\qquad (5-62)$$

相交点频率即 K 的 N 次方根。

若 $N=1$，则交点频率为 K，若 $N=2$，交点频率则为 $\sqrt{K}$。

由以上分析可以看出，低频段斜率愈小，位置愈高，对应于系统积分环节数目愈多，开环放大倍数愈大，故闭环系统在满足稳定的条件下，其稳态误差愈小，精度愈高。

二、系统动态性能和开环频率特性的关系

开环对数频率特性的中频段是指 $20\lg A(\omega)$ 在穿越频率 ω_c 附近（或 0 分贝线附近）的区段，这段特性集中反映了闭环系统动态响应的稳定性和快速性。在分析闭环系统动态特性时，常使用开环系统的穿越频率 ω_c 和相角裕度 γ 来表征系统过渡过程特征，并称其为开环频域指标。在时域分析法中，系统的动态特性由超调量 $\delta\%$ 和调节时间 t_s 描述，称之为时域指标，那么开环频域指标 γ 和 ω_c 与时域指标 $\delta\%$ 和 t_s 之间有什么关系呢？

对于图 5-47 所示系统，其开环频率特性为

$$W_K(j\omega) = \frac{\omega_n^2}{j\omega(j\omega + 2\zeta\omega_n)}$$

$$A(\omega) = \frac{\omega_n^2}{\omega\sqrt{\omega^2 + (2\zeta\omega_n)^2}}$$

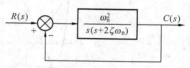

图 5-47　典型二阶系统结构图

$$\varphi(\omega) = -90° - \arctan\frac{\omega}{2\zeta\omega_n}$$

当 $\omega = \omega_c$ 时，$A(\omega_c) = 1$，即

$$A(\omega_c) = \frac{\omega_c^2}{\omega_c^2\sqrt{\omega_c^2 + (2\zeta\omega_n)^2}} = 1$$

整理上式有

$$\omega_c^4 + 4\zeta^2\omega_n^2\omega_c^2 - \omega_n^4 = 0$$

解上面方程得

$$\omega_c = \sqrt{-2\zeta^2 + \sqrt{4\zeta^4 + 1}}\,\omega_n \qquad\qquad (5-63)$$

$$\varphi(\omega_c) = -90° - \arctan\frac{\omega_c}{2\zeta\omega_n}$$

$$\gamma = 180° + \varphi(\omega_c)$$

$$= 90° - \arctan\frac{\omega_c}{2\zeta\omega_n}$$

$$= \arctan\frac{2\zeta\omega_n}{\omega_c} \qquad\qquad (5-64)$$

将式（5-63）代入式（5-64）得

$$\gamma = \arctan\frac{2\zeta}{\sqrt{-2\zeta^2 + \sqrt{4\zeta^4 + 1}}} \qquad\qquad (5-65)$$

γ 与 ζ 的关系如图 5-48 所示。

$\delta\%$ 与 ζ 的关系如图 5-48 所示。由图中可以看出，γ 越小，$\delta\%$ 越大，为使二阶系统能

平稳地运行，一般希望 $30° \leqslant \gamma \leqslant 70°$。

在时域分析中知

$$t_s = \frac{3}{\zeta \omega_n} \tag{5-66}$$

将式（5-63）代入式（5-66）得

$$t_s \omega_c = \frac{3}{\zeta} \sqrt{-2\zeta^2 + \sqrt{4\zeta^4 + 1}}$$

$$= \frac{6}{\tan \gamma} \tag{5-67}$$

将式（5-67）的关系绘成曲线，如图 5-49 所示。

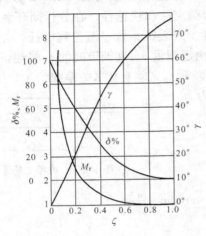

图 5-48 二阶系统 $\delta\%$、γ、
M_r 与 ζ 关系曲线

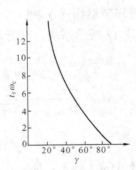

图 5-49 二阶系统 t_s、
ω_c 与 γ 的关系

由图可以看出，t_s 与 γ 和 ω_c 均有关系。如果两个系统 γ 相同，则 $\delta\%$ 相同，这时 ω_c 大的系统调节时间 t_s 短。

以上分析了二阶系统开环频域指标和时域指标之间的关系，对于高阶系统，二者之间没有准确的关系式，但 γ 和 ω_c 也能反映动态过程的基本性能，下面介绍一种经验公式。

$$\delta\% = 0.16 + 0.4\left(\frac{1}{\sin r} - 1\right) \times 100\% \tag{5-68}$$

$$t_s(\delta\%) = \frac{K\pi}{\omega_c} \tag{5-69}$$

式中

$$K = 2 + 1.5\left(\frac{1}{\sin r} - 1\right) + 2.5\left(\frac{1}{\sin r} - 1\right)^2 \tag{5-70}$$

上面公式适用条件为 $35° < r < 90°$。根据式（5-68）～式（5-70）绘成曲线如图 5-50 所示。当知道 γ 和 ω_c 时，查图 5-50 可得系统的 $\delta\%$ 和 t_s。

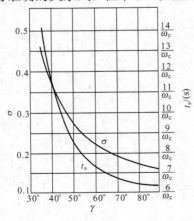

图 5-50 $\delta\%$、t_s 和 r 的关系

由上面对二阶系统和高阶系统的分析可知，系统的开环频率特性反映了系统的闭环响应性能，对最小相位系统而言，闭环系统的动态性能主要取决于开环系统对

数幅频特性的中频段。

三、开环系统对数幅频特性高频段对系统性能的影响

高频段是指 $20\lg A(\omega)$ 曲线在中频段以后（$\omega > 10\omega_c$）的区段，这部分特性是由系统中时间常数很小的部件决定的，由于远离 ω_c，一般斜率又较小，故对系统的动态响应影响不大，近似分析时可以只保留1、2个部件特性的作用，而将其它部件当作放大环节处理。

另外，从抗干扰的角度看，高频段是很有意义的。由于高频部位开环幅频一般较低，$20\lg A(\omega) \ll 0$，即 $A(\omega) \ll 1$，故对单位反馈系统有

$$| W_B(j\omega) | = \frac{| W_K(j\omega) |}{| 1 + W_K(j\omega) |} \approx | W_K(j\omega) | \tag{5-71}$$

即闭环幅频近似等于开环幅频。

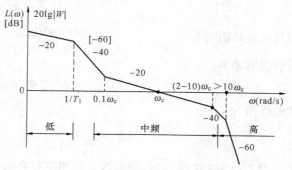

因此，系统开环对数幅频特性高频段的幅值，直接反映了系统对输入端高频干扰信号的抑制能力，高频段分贝值越低，系统抗干扰能力越强。

高阶Ⅰ型系统开环对数幅频特性曲线的合理分布如图5-51所示。由图中可以看出，低频段斜率和高度，决定了系统精度，中频段斜率和宽度，决定了系统稳定性，频率 ω_c 的大小决定了系统的

图5-51　Ⅰ型系统对数幅频特性典型分布图

快速性，而高频段的斜率决定着系统的抗干扰能力。

第六节　用闭环频率特性分析系统性能

一、闭环频率特性

对于单位负反馈系统，其闭环频率特性为

$$W_B(j\omega) = \frac{W_K(j\omega)}{1 + W_K(j\omega)}$$

图5-52示出了闭环幅频特性的典型形状。这种典型的闭环幅频特性可用下面几个特征量来描述。

（1）零频幅值 M_0。$\omega = 0$ 时的闭环幅频特性值。

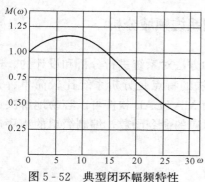

图5-52　典型闭环幅频特性

（2）谐振峰值 M_r。幅频特性极大值与零频幅值之比，即 $M_r = \dfrac{M_m}{M_0}$。在Ⅰ型和Ⅰ型以上系统，$M_0 = 1$，则谐振峰值是幅频特性极大值。

（3）谐振频率 ω_r。闭环幅频特性的峰值频率。

（4）系统频带宽 ω_b。闭环频率特性幅值减小，到 $0.707M_0$ 时的频率。

二、闭环频域指标与时域指标的关系

由于高阶系统闭环频域指标与时域指标之间很难建立起明确关系，下面仅分析二阶系统。二阶系统闭

环传递函数为

$$W_B(s) = \frac{\omega_n^2}{s^2 + 2\zeta_n\omega_n s + \omega_n^2}$$

其频率特性为

$$W_B(j\omega) = \frac{\omega_n^2}{(\omega_n^2 - \omega^2) + j2\zeta_n\omega_n\omega}$$

　1. M_r 与 $\delta\%$ 的关系

　二阶系统闭环幅频特性为

$$M(\omega) = \frac{\omega_n^2}{\sqrt{(\omega_n^2 - \omega^2)^2 + (2\zeta_n\omega_n)^2}} \tag{5-72}$$

当其出现峰值时有

$$\frac{dM(\omega)}{d\omega} = 0$$

则谐振频率为

$$\omega_r = \omega_n\sqrt{1 - 2\zeta^2} \qquad (0 \leqslant \zeta \leqslant 0.707) \tag{5-73}$$

谐振峰值为

$$M_r = \frac{1}{2\zeta\sqrt{1 - \zeta^2}} \qquad (0 \leqslant \zeta \leqslant 0.707) \tag{5-74}$$

　　当 $\zeta > 0.707$ 时，M_r 为虚数，说明不存在谐振峰值，幅频特性单调衰减；$\zeta = 0.707$ 时，$\omega_r = 0$，$M_r = 1$；$\zeta < 0.707$ 时，$\omega_r > 0$，$M_r > 1$。由上面分析可知，M_r 越小，系统阻尼性能越好。

　2. M_r、ω_b 与 t_s 的关系

　　当 $\omega = \omega_b$ 时，$M(\omega_b) = 0.707M(0)$，即

$$M(\omega_b) = \frac{\omega_n^2}{\sqrt{(\omega_n^2 - \omega_b^2)^2 + (2\zeta_n\omega_n\omega_b)^2}} = 0.707$$

解出

$$\omega_b = \omega_n\sqrt{1 - 2\zeta^2 + \sqrt{2 - 4\zeta^2 + 4\zeta^4}} \tag{5-75}$$

$$\omega_b t_s \approx \frac{3}{\zeta}\sqrt{1 - 2\zeta^2 + \sqrt{2 - 4\zeta^2 + 4\zeta^4}} \tag{5-76}$$

图 5-53　$\omega_b t_s$ 与 M_r 的关系　将式（5-76）与式（5-74）联系起来可求出 $\omega_b t_s$ 与 M_r 的关系，如图 5-53 所示。由图可以看出，对于给定的 M_r，t_s 与 ω_b 成反比。如果系统有较宽的频带，则说明系统自身惯性小，动作快，系统的快速性好。

第七节　利用 MATLAB 进行控制系统频域分析

　　从本章上面各节可以看出，频域分析法是利用图解的方法对系统进行分析和设计的。这些图形包括波德图、奈奎斯特图和尼科尔斯图等。图解法的特点是分析系统比较简单、直观，但绘制这些图形却有一定困难，也需要一定技巧，而 MATLAB 软件可以容易地解决这些问题，可以利用 MATLAB 控制系统工具箱中的一些对应的命令函数，编制简单的程序进行频域分析及设计。

一、利用 MATLAB 绘制伯德图并求稳定裕量

MATLAB 的控制系统工具箱提供了 bode（sys）函数来求取与绘制系统的伯德图，并可以利用伯德图求取稳定裕量，该函数可以有以下多种调用格式。

w＝logspace（a，b，n）　　　　　　　%a、b 指出了输入信号的频率范围为 $10^a \sim 10^b$；n 则为频率点数

［mag pha］＝bode（num，den）　　%num、den 分别为传递函数的分子和分母向量；mag、pha 是伯德图的幅值和相位函数

［gm，pm，wcp，wcg］＝margin（num，den）　　%从频率响应中计算幅值、相位裕量及对应的穿越频率

margin（num，den）　　　　　　　%绘制、显示伯德图，并在伯德图上计算以上参数
bode（num，den）
bode（sys）

【例 5 - 12】　　两个控制系统的开环传递系统函数分别为

$$W_{K1}(s) = \frac{5}{s(0.2s+1)(5s+1)}, W_{K2}(s) = \frac{5(s+1)}{s(0.2s+1)(5s+1)}$$

试绘制系统伯德图并判断系统的稳定性。

解　编制 MATLAB 程序如下：

n1 ＝ 5；d1 ＝ conv（［0.2 1 0］，［5 1］）；
n2 ＝ ［5 5］；d2 ＝ d1；
bode(n1,d1)；hold on
bode(n2,d2)

程序中，hold on 为图形保持函数，用其可以在一幅图上画出多条曲线。系统稳定性可以在图上直接观察。

仿真结果如图 5 - 54 所示。从图中可以看出系统 1 相角裕量 γ 约为 0°，系统呈现临界振荡状态；系统 2 增加了一阶微分环节后，γ 增加到 46.3°。在稳定性能基本不变的基础上，系统动态性能得到了大大的改善。

使用 margin 命令的计算结果如下，与图形观察结果基本相同。

≫［gm,pm,wcp,wcg］＝ margin(n1,d1)　% 系统 1 稳定裕量　　　计算

gm ＝

1.040 0

pm ＝

0.432 5

wcp ＝

1

wcg ＝

0.980 6

≫［gm,pm,wcp,wcg］＝ margin(n2,d2)　% 系统 2 稳定裕量计算

gm ＝

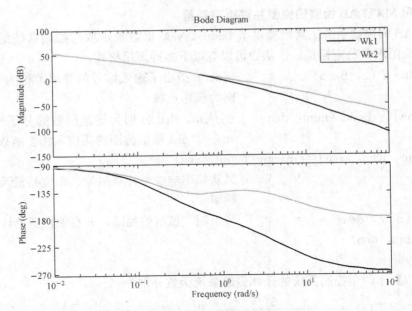

图 5 - 54　　例 5 - 12 中两个系统的波德图

Inf

pm =

46. 320 7

wcp =

Inf

wcg =

1. 233 7

直接使用 margin 命令函数的系统 2 的波德图显示结果如图 5 - 55 所示，图标上显示出稳定裕量。

【例 5 - 13】　　电动机调速系统被控对象的开环传递系统为

$$W(s) = \frac{K}{s(T_m s + 1)(T_d s + 1)} = \frac{K}{s(0.2s + 1)(0.05s + 1)}$$

画出系统开环增益 K 为 1、2.5、7.5 和 10 时的开环系统波德图，并分析系统性能。

　　解　使用带循环的 MATLAB 程序如下：

K = [1 2.5 5 7.5 10]；　d = conv([0.2 1 0], [0.05 1])；

　　for n = k

　　　　bode(n, d)；hold on

　　　　end

再对该系统被控对象单位负反馈构成闭环控制系统，对其单位阶跃响应进行时域分析，完成频域指标和时域指标的性能对比。单位阶跃响应程序如下：

k = [1 2.5 5 7.5 10]；d = conv([0.2 1 0], [0.051])；

　　for = k

　　[n1, d1] = cloop(n, d)；　％ 构成单位负反馈的闭环控制系统

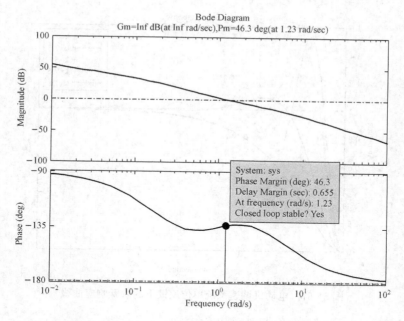

图 5-55　使用 margin 命令函数的系统 2 的波德图

step(n1,d1);hold on

　　　end

两个程序的执行结果如图 5-56 和图 5-57 所示。

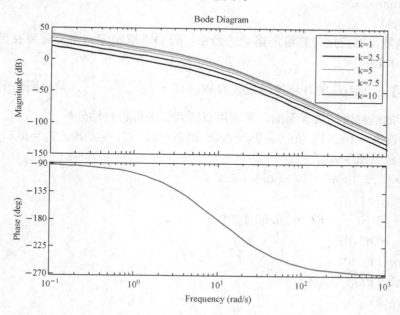

图 5-56　电动机调速系统开环波德图

二、利用 MATLAB 绘制奈奎斯特图并验证奈奎斯特稳定判据

如同 bode 命令一样，MATLAB 的控制系统工具箱也提供了 nyquist（sys）命令函数求

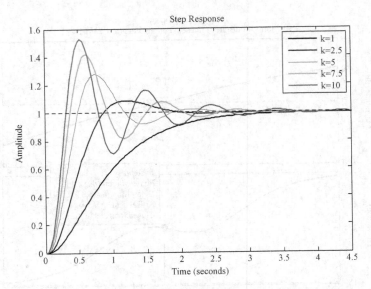

图 5-57 电动机调速系统单位反馈下的阶跃响应曲线

取并绘制系统的奈氏图。该函数也有以下多种调用格式。

[mag pha] = nyquist(num,den)

[mag pha] = nyquist(num,den,w)

[mag pha] = nyquist(sys)

nyquist(num,den)

nyquist(sys)

nyquist 函数没有直接计算稳定裕量的命令，若要求取稳定裕量，需要在图上利用鼠标右键对应选项求取。

【例 5-14】 设系统的开环传递函数为 $W_K(s) = \dfrac{K(T_2 s + 1)}{s^2(T_1 s + 1)}$，请分别画出函数中 $T_2 <$ T_1 和 $T_2 > T_1$ 的两种情况的奈氏图，并利用奈斯判据进行稳定性分析。

解 分别设 $K = 10$、$T_1 = 0.5$、$T_2 = 0.05$ 和 $K = 10$、$T_1 = 0.05$、$T_2 = 0.5$，编制以下不带输出函数的命令程序为：

n1 = [0.5 10]; d1 = [0.5 1 0 0];

g1 = tf(n1,d1)

n2 = [5 10]; d2 = [0.05 1 0 0];

g2 = tf(n2,d2)

figure(1)

nyquist(g1)

figure(2)

nyquist(g2)

得到如图 5-58 和图 5-59 所示的奈氏图。

从图 5-58 和图 5-59 中可以看出，对于 g_1 函数（$T_2 < T_1$），相角裕量 $\gamma = -44.3°$，即裕量为负，闭环系统不稳定；对于 g^2 函数（$T_2 > T_1$），相角裕量 $\gamma = 54.4°$，即裕量为正，

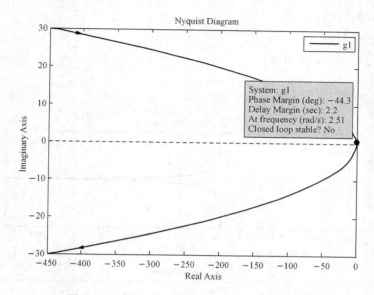

图 5-58 例 5-14 系统（$T_2 < T_1$ 时）奈氏图

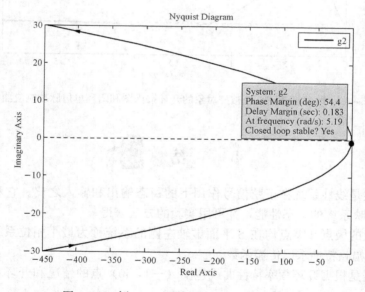

图 5-59 例 5-14 系统（$T_2 > T_1$ 时）奈氏图

闭环系统稳定，还有较好的动态性能指标。

【例 5-15】 电动机调速系统被控对象的开环传递函数为 $W_K(s) = \dfrac{K}{s(0.2s+1)(0.05s+1)}$，求系统开环增益 $K = 2.5$ 时的开环系统奈氏图，以及对应单位负反馈闭环系统的单位脉冲响应。

解 利用 nyquist 和 impulse 命令编制 MATLAB 程序如下，在一幅画面上用 subplot 命令同时画出开环奈氏图和闭环单位脉冲响应图，如图 5-60 所示。

n = 2.5; d = conv([0.2 1 0], [0.05 1]);

```
   subplot(2,1,1);
   nyquist(n,d);
   [n1,d1] = cloop(n,d);
Subplot(2,1,1);
Impulse(n1,d1);
```

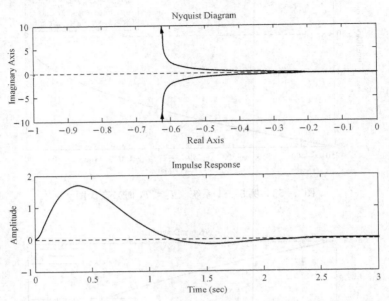

图 5-60   电动机调速系统被控对象的开环奈氏图和闭环单位脉冲响应曲线

1. 频率特性是线性系统在正弦信号作用下的稳态输出和输入之比。它和传递函数、微分方程一样能反映系统的动态性能，并可用实验的方法获得。

2. 传递函数的极点和零点均在 S 平面虚轴左侧的系统称为最小相位系统。对于最小相位系统可由对数幅频特性求出传递函数。

3. 奈氏判据是根据开环频率特性曲线包围（－1，j0）点的情况和开环右根个数来判别闭环稳定性的。

4. 自动控制系统在工作时，不仅要求稳定，而且还要有足够的裕度，通常用幅值裕量和相角裕量表示。在控制工程中，相角裕量通常在 30°～60°范围之间，幅值裕量要大于 6dB。

5-1   单位负反馈系统开环传递函数为

$$W(s) = \frac{1}{s+1}$$

当把下列输入信号作用在闭环系统上时，求系统的稳态输出。

(1) $r(t) = \sin(t + 30°)$;

(2) $r(t) = 2\cos(2t - 45°)$;

(3) $r(t) = \sin(t + 30°) - 2\cos(2t - 45°)$。

5-2 单位负反馈系统开环传递函数如下，试概略绘出其幅相特性。

(1) $W(s) = \dfrac{2}{(s+1)(s+2)}$;

(2) $W(s) = \dfrac{5(s+1)}{s^2(5s+1)}$;

(3) $W(s) = \dfrac{100s}{(s+1)(s+10)}$;

(4) $W(s) = \dfrac{5}{0.2s-1}$。

5-3 最小相位系统开环对数幅频特性如图 5-61 所示，试求其传递函数。

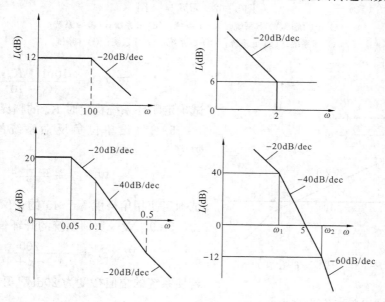

图 5-61 习题 5-3 图

5-4 设系统开环幅相频率特性如图 5-62 所示，试判别系统闭环稳定性。

5-5 设系统开环传递函数如下，试分别绘制各系统的开环对数频率特性。

(1) $W(s) = \dfrac{2}{(2s+1)(8s+1)}$;

(2) $W(s) = \dfrac{100}{s(s^2+s+1)(6s+1)}$;

(3) $W(s) = \dfrac{10(s+0.2)}{s^2(s+0.1)}$。

5-6 图 5-63 的曲线 W_1、W_2 和 W_3 所示为三个系统的开环对数幅频特性，试求其稳态误差，并标出 W_2、W_3 的低频段沿长线与 0dB 线的交点频率。

5-7 设负反馈系统中

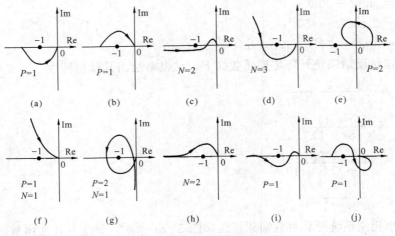

图 5-62 习题 5-4 图

(a) a 系统；(b) b 系统；(c) c 系统；(d) d 系统；(e) e 系统；

(f) f 系统；(g) g 系统；(h) h 系统；(i) i 系统；(j) j 系统

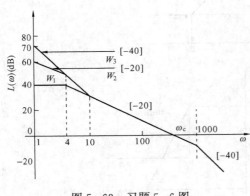

图 5-63 习题 5-6 图

$$W_K(s) = \frac{10(1 + K_n s)}{s(s - 10)}$$

试确定闭环系统稳定时 K_n 的临界值。

5-8 设单位负反馈系统的开环传递函数为

$$W_K(s) = \frac{as + 1}{s^2}$$

试确定使相角裕度等于 45° 的 a 值。

5-9 设一负反馈系统的开环传递函数

$$W_K(s) = \frac{200}{s(s^2 + s + 100)}$$

若使系统的幅值裕度为 20dB，开环放大倍数 K 应为何值？此时相角裕度为多少？

5-10 一单位负反馈系统的开环对数幅频特性曲线如图 5-64 所示。要求：

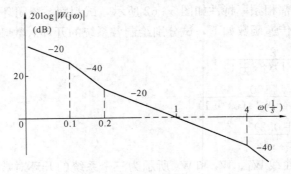

图 5-64 习题 5-10 图

（1）写出系统开环传递函数。

（2）判别闭环系统的稳定性。

（3）将幅频向右平移 10 倍频程，试讨论对系统阶跃响应的影响。

5-11　已知单位负反馈系统开环传递函数为

$$W(s) = \frac{K}{s(T_1 s + 1)} \quad (K = 100)$$

求当系统相角裕度 $\gamma = 36°$ 时的 T_1 值，并求出对应的 M_r、$\delta\%$ 和 t_s。

5-12　测得系统闭环对数幅频特性曲线如图 5-65 所示，试求 $W_K(s)$。

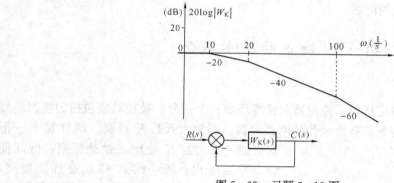

图 5-65　习题 5-12 图

第六章　自动控制系统的校正

对于一个给定参数的系统，可以使用时域分析法、根轨迹分析法及频域分析法来计算或估算系统的性能指标，这类问题称为系统分析。在工程实际中，当已知被控对象，要求设计合适的控制器来满足相关的性能指标要求，这类问题称之为系统设计。如何设计校正装置，即控制器是本章要重点讨论的问题。

第一节　校正的基本概念

一、校正含义

控制系统通常可分为被控对象、控制器和检测环节三个部分，被控对象包括的控制装置是系统的基本部分。这些装置只有放大器的增益可调，即放大系数 K 可调。调节 K 是一把双刃剑，较大的 K 使稳态性能提高，但却使动态性能恶化；较小的 K 使动态性能提高，却降低了稳态性能。通过图 6-1 可明显看出：增大 K 后，e_{ss} 减小，但导致 $L(\omega)$ 向上平移为 $L'(\omega)$，导致 ω_c 增大为 ω'_c，使 $\gamma(\omega)$ 下降为 $\gamma'(\omega)$，即稳定性下降。故单纯调节 K 无法满足要求。

这时就必须在系统中引进附加装置来改变整个系统的特性，以满足给定的性能指标。这种为改善系统的静、动态性能而引入系统的装置，称为校正装置，即控制器。校正装置的选择及其参数整定的过程，称为控制系统的校正。

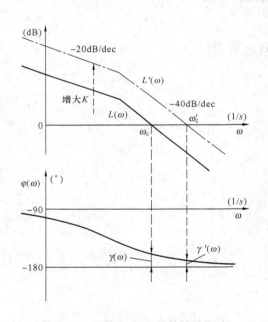

图 6-1　调整 K 对幅频特性的影响

二、校正方法分类

（一）按设计思路不同分

1. 分析法

该方法基本思想是首先对系统原有部分开环传递函数 $W_k(s)$ 及性能指标进行分析，根据经验选择一种校正装置，然后按照一定的计算方法求出校正装置参数。最后验算性能指标是否满足要求。如果不满足要求，则可改变校正元件参数，重新计算。若计算后仍不满足，则应考虑改变校正方式，直至校正后的性能指标满足给定的性能指标要求。

需要说明的是，使用这种方法对同一系统进行校正，得到的结果是非惟一的。因此，实际设计中，需要权衡系统性能、设备造价、可靠性等多方面因素，选择一种较好的解决方案。

2. 综合法

这种方法的设计思想是根据给定的性能指标，确定希望的开环对数频率特性曲线。然后将该期望特性曲线与原有系统开环对数频率特性曲线进行比较，从而计算出校正装置 $W_c(s)$。

分析法实际上是一种试探的方法。试探成功所需次数取决于设计者的经验，计算过程繁琐。但得到的校正装置物理上易于实现。由于是以试探的方式确定的参数，故设计完后必须进行验算。而综合法又称期望特性法，它具有广泛的理论意义。设计过程较直观，得到的校正装置虽然有唯一确定的数学形式，但有时校正装置的结构相当复杂，物理上难于实现或无法实现。此时虽然可采用近似形式的校正装置来实现，可这需要设计者具有丰富的设计经验，实现难度较大。

还应当指出，综合法只适用于线性最小相位系统。

（二）按给定性能指标形式分

首先提出性能指标的两种形式及含义，可以以表格形式给出，然后按指标形式设计方法得出，可分为根轨迹法、频率法。

在自动控制系统的研究中，常用的性能指标形式有两种，即时域性能指标和频域性能指标。通常，如果给定的是时域性能指标，则使用根轨迹法进行校正较方便；若给出频域性能指标，则使用频率法进行校正较合适。常用的性能指标见表 6-1 及表 6-2。

表 6-1　　　　　　　　　　二阶系统的时域性能指标和频域性能指标

性能指标类型		名　　称	计　算　公　式
时域性能指标	静态指标	开环放大系数 K 静态速度误差系数 k_v 静态加速度误差系数 k_a	$k_v = \lim\limits_{s \to 0} s W_k(s)$ $k_a = \lim\limits_{s \to 0} s^2 W_k(s)$
	动态指标	最大超调量 $\delta\%$	$\delta\% = e^{\frac{-\pi\zeta}{\sqrt{1-\zeta^2}}} \times 100\%$
		调节时间 t_s（$\Delta = 5$）	$t_s = \dfrac{3}{\zeta \omega_n}$
时域与频域转换		谐振峰值 M_r	$M_r = \dfrac{1}{2\zeta \sqrt{1-\zeta^2}} (\zeta \leqslant 0.707)$
		谐振频率 ω_r	$\omega_r = \omega_n \sqrt{1-2\zeta^2}$
		带宽频率 ω_b	$\omega_b = \omega_n \sqrt{1 - 2\zeta^2 + \sqrt{2 - 4\zeta^2 + 4\zeta^4}}$
		穿越频率 ω_c	$\omega_c = \omega_n \sqrt{\sqrt{1 + 4\zeta^4} - 2\zeta^2}$
		相角裕度 γ	$\gamma = \arctan \dfrac{2\zeta}{\sqrt{\sqrt{1 + 4\zeta^4} - 2\zeta^2}}$
		调节时间 t_s	$t_s = \dfrac{6}{\omega_c \tan\gamma}$
		超调量 δ	$\delta = e^{-\sqrt{\frac{M_r - \sqrt{M_r^2 - 1}}{M_r + \sqrt{M_r^2 - 1}}}}$

表 6 - 2　　　　　　　　　　　　　高阶系统性能指标经验公式

名　　称	计　算　公　式
谐振峰值 M_r	$M_r = \dfrac{1}{\sin\gamma}$
超调量 $\delta\%$	$\delta = 0.16 + 0.4(M_r - 1)$ 　$(1 \leqslant M_r \leqslant 1.8)$
调节时间 t_s	$t_s = \dfrac{k\pi}{\omega_c}$，$k = 2 + 1.5(M_r - 1) + 2.5(M_r - 1)^2$ 　$(1 \leqslant M_r \leqslant 1.8)$

在频率法校正过程中，我们通常是围绕开环波德图来进行的。为此首先要清楚开环波德图与系统时域性能指标间的对应关系，这对理解频率法校正具有重要的意义。

在频域内进行设计是一种简便的方法。在波德图上虽然不能严格地给出系统的时域性能指标，但却能直观地看出频域指标同时域指标之间的对应关系。一般地讲，开环对数频率特性的低频段，反映了系统时域性能指标的静态性能指标开环放大系数 K 和稳态误差 e_{ss}。这两个指标可以通过低频段的参数准确地反映出来。开环对数频率特性的中频段表征了系统的动态性能指标。如 ω_c 反映系统的快速性，对应时域指标的 t_s、t_f、t_m 等。γ 反映系统的稳定程度，是一个综合性指标。它甚至比 $\delta\%$ 间接反映时域系统的稳定程度更直观，而开环对数频率特性的高频段则代表了系统的抗干扰能力，系统能否有效地抑制系统噪声，提高系统信噪比则主要反映在这一频段的特性上。

这样，根据时域性能指标的要求，通常使系统的预期开环对数频率特性曲线低频段具有 $-20 \sim -40\mathrm{dB/dec}$ 的斜率，并使其在 $\omega = 1$ 处具有较高的增益，这将有助于提高系统的型别和降低系统的稳态误差。中频段通常要求具有 $-20\mathrm{dB/dec}$ 的斜率，并具有足够的带宽，且尽量高的穿越频率 ω_c。这些条件可保证系统具有足够的快速性和一定的稳定程度。最后，高频段斜率通常应不少于 $-40\mathrm{dB/dec}$，以使系统具有足够的高频衰减能力，以抑制高频干扰。

该方法按校正装置连接形式不同又分为串联校正、反馈校正、前馈校正和复合校正等。

三、校正装置

校正装置即控制器可以是电气的、机械的，或由其他物理形式的元部件所组成。电气的校正装置可以分为无源的和有源的两种。在串联校正装置中，根据其相频特性的特点将其分为相位超前校正装置、相位滞后校正装置和相位滞后—超前校正装置；根据数学模型的运算关系可分为比例—微分控制器（PD）、比例—积分控制器（PI）和比例—微分—积分控制器（PID）。

第二节　串　联　校　正

所谓串联校正，就是将校正装置 $W_c(s)$ 与系统原开环传递函数 $W_k(s)$ 串联起来，如图 6 - 2 所示。

按照校正装置机构及实现目的不同，可分为三种形式：串联超前校正、串联滞后校正和串联滞后—超前校正。

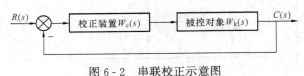

图 6 - 2　串联校正示意图

一、串联超前校正

1. 无源相位超前校正装置

首先介绍一种无源相位超前校正网络。它是由阻容元件组成的，电路结构如图 6-3 所示。

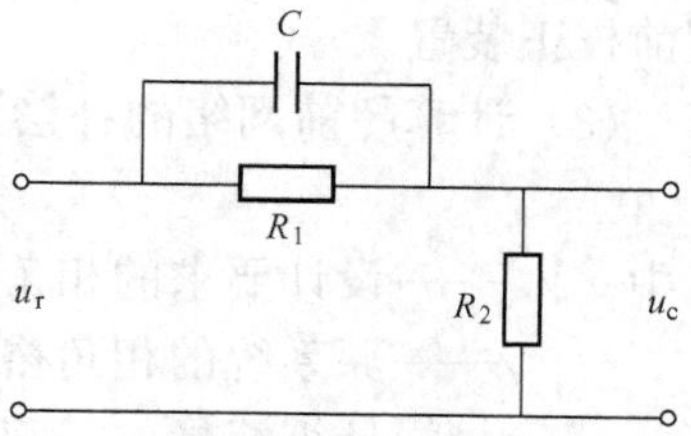

假设该网络输入信号源内阻为零，输出端的负载阻抗为无穷大，则此相位超前校正装置的传递函数是

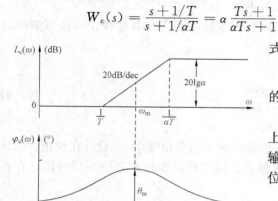

图 6-3　无源相位超前校正装置

$$W_c(s) = \frac{s + 1/T}{s + 1/\alpha T} = \alpha \frac{Ts + 1}{\alpha Ts + 1} \qquad (6-1)$$

式中，$T = R_1 C$；$\alpha = \dfrac{R_2}{R_1 + R_2} < 1$。

图 6-4　相位超前网络波德图

根据频域分析法，可以得出这种超前网络的开环波德图，如图 6-4 所示。

由图 6-4 可知，在频率段 $1/T \sim 1/(\alpha T)$ 上，相位超前校正装置具有明显的微分作用，输出相位角明显超前于输入相位角。超前的相位角数值计算如下：

$$\varphi_c(\omega) = \arctan T\omega - \arctan \alpha T\omega$$
$$= \arctan \frac{(1-\alpha)T\omega}{\alpha \omega^2 T^2 + 1} \qquad (6-2)$$

式（6-2）对 ω 求导，并令其等于零，即 $\dfrac{\mathrm{d}\varphi_c(\omega)}{\mathrm{d}(\omega)} = 0$，可以得到最大超前相角频率为

$$\omega_m = \frac{1}{T\sqrt{\alpha}} \qquad (6-3)$$

将式（6-3）代入式（6-2）中得最大超前相位角为

$$\theta_m = \arctan \frac{1-\alpha}{2\sqrt{\alpha}} = \arcsin^{-1} \frac{1-\alpha}{1+\alpha} \qquad (6-4)$$

校正装置中，α 是一个比较重要的参数。它既影响 θ_m（且 θ_m 仅受它影响），同时又影响校正装置的开环增益，α 值越小，相位超前角越大，则采用超前校正装置的超前作用越强。但同时校正装置对网络信号幅度的衰减也比较严重。当然，通常直流衰减可以通过提高整个系统放大器的增益来补偿。

另外，α 值还会影响到系统的信噪比。因为超前校正网络是一个高通滤波器，而噪声通常位于较高频段。过小的 α 将使系统通过过多的噪声，对抑制噪声不利。实际中，α 一般不小于 0.07，通常取 $\alpha = 0.1$ 即可。

综上分析，超前校正装置显著特点是在 ω_m 处有一最大的超前相位角 θ_m。我们知道，在开环波德图 ω_c 处对应的 γ 值大小关系到系统稳定程度，利用 θ_m 去提升稳定裕量 γ 值，从而提高系统的动态性能，即是使用超前校正装置校正系统的关键所在。

2. 串联超前校正的一般步骤

（1）根据给定的静态性能指标，确定系统型别，即积分环节个数和开环放大系数 K。

（2）按要求的开环放大系数 K 绘制原系统的开环对数频率特性图 $[L(\omega)$ 及 $\varphi(\omega)]$，并计算 ω_c 与 γ。若 ω_c 与 γ 有任一个不满足要求，且 ω_c 在 $-40\mathrm{dB/dec}$ 折线或附近处，则可以选择

超前校正装置。

（3）计算超前网络的补偿角 θ。

$$\theta = \gamma^* - \gamma + \Delta \tag{6-5}$$

式中 γ^*——设计要求的相角裕量；

γ——原系统的相角裕量；

Δ——计算裕量，工程上一般取 $5°\sim7°$ 即可，该量是考虑到加入校正装置后 ω_c^* 会增大，从而对 γ^* 具有反面影响而设置的。

若计算后的 θ 值大于 $60°$，通常要考虑采用两级超前校正装置或其他校正方法（如滞后校正，反馈校正等）。

（4）计算校正装置参数 α。

$$\alpha = \frac{1-\sin\varphi}{1+\sin\varphi} \tag{6-6}$$

式（6-6）可由式（6-4），令 $\theta_m=\varphi$，推导出来。

（5）计算校正后穿越频率 ω_c^*。我们将超前网络的最大超前角频率 ω_m 设计在校正后的穿越频率 ω_c^* 处，即 $\omega_m=\omega_c^*$，这样可使校正效果最佳。基于此，通过开环幅频特性图，存在下列等式

$$L(\omega_c^*) - 10\lg\alpha = 0 \tag{6-7}$$

通过该式即可确定 ω_c^*。

（6）计算校正装置时间常数 T

由 $\omega_c^*=\omega_m=\dfrac{1}{\sqrt{\alpha}T}$，得到

$$T=\frac{1}{\sqrt{\alpha}\omega_m}=\frac{1}{\sqrt{\alpha}\omega_c^*} \tag{6-8}$$

（7）确定交接频率 $\omega_1=1/T$，$\omega_2=1/(\alpha T)$，得到

$$W_c(s) = \frac{s+\omega_1}{s+\omega_2} = \frac{s+1/T}{s+1/\alpha T} = \alpha\frac{Ts+1}{\alpha Ts+1} \tag{6-9}$$

（8）动态校验。

求出校正后系统的开环传递函数

$$W_k^*(s) = W_k(s)W_c(s) \tag{6-10}$$

并绘制其对应的开环波德图，然后计算出 ω_c^* 及 γ^*，并验证其是否满足要求。若满足，则校正完成；若不满足，则适当再加大超前网络的补偿角 θ，重复（3）～（8）步骤。

3. 应用举例

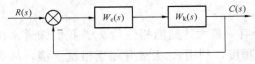

图 6-5 例 6-1 的系统方框图

【例 6-1】 系统方框图如图 6-5 所示。其被控对象的开环传递函数为

$$W_k(s) = \frac{50}{s(0.1s+1)(0.002s+1)}$$

对系统的要求是：单位斜坡输入下的稳态误差 $e_{ss}\leqslant0.1\%$，$\omega_c\geqslant160\text{rad/s}$，$\gamma\geqslant38°$。试确定校正网络的形式及参数。

解 （1）确定型别及 K。

依题意要求系统型别为 I 型，由 $e_{ss} \leqslant 0.1\%$ 得

$$e_{ss} = \frac{1}{K} \leqslant 0.1\%$$

有 $$K \geqslant 1000$$

故校正装置应形如 $$W_c(s) = 20W_c^*(s)$$

式中 $W_c^*(s)$ 为满足动态性能指标所具有的校正形式。

（2）求 ω_c 与 γ。

根据 $\dfrac{1000}{s(0.1s+1)(0.002s+1)}$ 绘制波德曲线如图 6-6 所示。

因 $\dfrac{1}{(0.002s+1)}$ 环节对 ω_c 影响非常小，可忽略不计，故由 $\dfrac{1000}{s(0.1s+1)}$ 对应波德曲线穿越 0dB 线，运用渐近线的算法可得

$$20\lg \frac{1000}{\omega_c 0.1\omega_c} = 0$$

则 $$\frac{1000}{\omega_c 0.1\omega_c} = 1$$

有 $$\omega_c = 100(\text{rad/s})$$

相角裕量 $\gamma = 180° + [-90° - \arctan(0.1\omega_c) - \arctan(0.002\omega_c)]$

$\qquad = 180° + [-90° - \arctan(0.1 \times 100) - \arctan(0.002 \times 100)]$

$\qquad = 180° + (-90° - \arctan10 - \arctan0.2)$

$\qquad = 180° + (-90° - 84.3° - 11.3°)$

$\qquad = -5.6°$

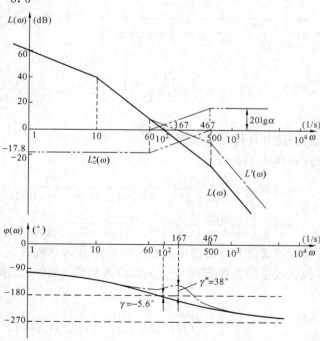

图 6-6　例 6-1 的开环对数频率特性图

显然，两项指标都不满足要求。

（3）计算补偿角 θ。

$$\theta = \gamma^* - \gamma + \Delta = 38° - (-5.6°) + 7° = 50.6°$$

可以考虑采用串联超前校正装置来实现。

（4）计算校正装置参数 α。

$$\alpha = \frac{1-\sin\varphi}{1+\sin\varphi} = \frac{1-\sin50.6°}{1+\sin50.6°} = 0.128\,2$$

（5）计算 ω_c^*。

由式（6-7）$L(\omega_c^*) - 10\lg\alpha = 0$ 得

$$20\lg\frac{1000}{\omega_c^* 0.1\omega_c^*} - 10\lg\alpha = 0$$

$$20\lg\frac{1000}{\omega_c^* 0.1\omega_c^*} - 10\lg0.128\,2 = 0$$

$$\omega_c^* = \sqrt[4]{\frac{10^8}{0.128\,2}} = 167.1$$

上式同样使用渐近线近似处理和忽略了 $1/(0.002s+1)$ 环节的影响。

（6）计算校正装置的时间常数 T。

$$T = \frac{1}{\omega_c^* \sqrt{\alpha}} = \frac{1}{167.1 \times \sqrt{0.128\,2}} = 0.016\,7$$

（7）确定 $W_c^*(s)$。

$$W_c^*(s) = \frac{s + \dfrac{1}{T}}{s + \dfrac{1}{\alpha T}} = \frac{s + \dfrac{1}{0.016\,7}}{s + \dfrac{1}{0.128\,2 \times 0.016\,7}} = 0.128\,2 \times \frac{0.016\,7s + 1}{0.002\,14s + 1}$$

故

$$W_c^*(s) = 20 \times 0.128\,2 \times \frac{0.016\,7s + 1}{0.002\,14s + 1} = 2.56 \times \frac{0.016\,7s + 1}{0.002\,14s + 1}$$

（8）动态校验。

加入校正装置后系统的开环传递函数为

$$W_k^*(s) = W_c(s)W_k(s)$$

$$= 2.56 \times \frac{0.016\,7s + 1}{(0.002\,14s + 1)} \cdot \frac{50}{s(0.1s + 1)(0.002s + 1)}$$

$$= \frac{128 \times (0.016\,7s + 1)}{s(0.1s + 1)(0.002\,14s + 1)(0.002s + 1)}$$

注意，由于无源校正装置将开环传递函数放大倍数降低到原来的 0.128 2 倍，故应适当提高放大器增益，以保证校正后系统开环传递函数放大倍数为 1000，满足系统静态性能指标要求。即使

$$W_k^*(s) = \frac{1000 \times (0.016\,7s + 1)}{s(0.1s + 1)(0.002\,14s + 1)(0.002s + 1)}$$

绘制出 $W_k^*(s)$ 对应的开环波德图如图 6-6 中 $L_k^*(\omega)$ 所示。

求取校正后实际的 ω_c^* 及 γ^* 值。由 $L^*(\omega)$ 得

$$20\lg\frac{1000 \times 0.016\ 7\omega_c^*}{\omega_c^* 0.1\omega_c^*} = 0$$

则

$$\omega_c^* = 167$$

$$\gamma^* = 180° + [-90° + \arctan(0.0167\omega_c^*) - \arctan(0.1\omega_c^*)$$
$$- \arctan(0.002\ 14\omega_c^*) - \arctan(0.002\omega_c^*)]$$
$$= 180° + [-90° + \arctan(0.016\ 7 \times 167) - \arctan(0.1 \times 167)$$
$$- \arctan(0.002\ 14 \times 167) - \arctan(0.002 \times 167)]$$
$$= 180° - 90° + 70.27° - 86.57° - 19.66° - 18.47°$$
$$= 35.6°$$

可知，校正后的穿越频率 ω_c^* 满足要求，但相角裕量 γ^* 达不到要求，故需重新计算。回到第（3）步，增加补偿角 θ。令 $\theta = 55°$，则

$$\alpha = \frac{1-\sin\varphi}{1+\sin\varphi} = \frac{1-\sin55°}{1+\sin55°} \approx 0.1$$

由式（6-7）$L(\omega_c^*) - 10\lg\alpha = 0$ 得

$$\omega_c^* = \sqrt[4]{\frac{10^8}{0.1}} = 177.8$$

$$T = \frac{1}{\sqrt{\alpha}\omega_c^*} = \frac{1}{\sqrt{0.1} \times 177.8} = 0.017\ 8$$

$$W_c^*(s) = \frac{s+\dfrac{1}{T}}{s+\dfrac{1}{\alpha T}} = \frac{s+\dfrac{1}{0.017\ 8}}{s+\dfrac{1}{0.1 \times 0.017\ 8}} = 0.1 \times \frac{0.017\ 8s+1}{0.001\ 78s+1}$$

$$W_c(s) = 20 \times 0.1 \times \frac{0.017\ 8s+1}{0.001\ 78s+1} = 2 \times \frac{0.017\ 8s+1}{0.001\ 78s+1}$$

最终有

$$W_k^*(s) = \frac{1000(0.017\ 8s+1)}{s(0.1s+1)(0.001\ 78s+1)(0.002s+1)}$$

可求得

$$\omega_c^* = 177.8$$

$$\gamma^* = 38.48°$$

能够满足给定的性能指标要求。

二、串联滞后校正

1. 无源相位滞后校正装置

无源相位滞后校正网络是由阻容元件组成的。电路结构如图 6-7 所示。

假设输入信号源的内阻为零，输出负载阻抗为无穷大，可得其传递函数为

$$W_c(s) = \frac{1}{\beta}\frac{s+1/T}{s+1/\beta T} = \frac{Ts+1}{\beta Ts+1} \tag{6-11}$$

式中，$T = R_2 C$；$\beta = \dfrac{R_1+R_2}{R_2} > 1$。

可求出这种无源滞后网络的开环波德图如图 6-8 所示。

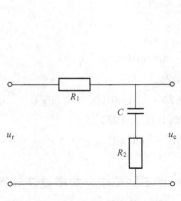

图 6-7　无源相位滞后校正装置　　　　　　　图 6-8　滞后校正网络波德图

由于 $\beta>1$，所以校正网络交流稳态输出信号的相位滞后于输入信号，相位滞后网络的相角可按下式计算：

$$\varphi_c = \arctan(T\omega) - \arctan(\beta T\omega) = \arctan\frac{(1-\beta)\,T\omega}{\beta T^2\omega^2+1} \tag{6-12}$$

上式对 ω 求导，并令其等于零，即 $\dfrac{\mathrm{d}\varphi_c}{\mathrm{d}\omega}=0$，可以得到最大相位滞后角 θ_m 处的频率 ω_m 为

$$\omega_m = \frac{1}{T\sqrt{\beta}} \tag{6-13}$$

对应的最大滞后相位角为

$$\theta_m = \arcsin\frac{\beta-1}{\beta+1} \tag{6-14}$$

相位滞后校正装置实际上是一个低通滤波器，故对系统低频段影响较小，但却能衰减高频段信号，故抑制噪声很有效，并且相位滞后校正网络静态增益为 1，对输入信号无衰减，故不会影响系统开环增益。但由于相位滞后校正装置在 ω_m 处存在最大的相位滞后角 θ_m，故应注意不要使 ω_m 落在 ω_c^* 处或距离 ω_c^* 很近，否则将对系统动态性能产生不良影响，即减小相角裕量 γ。

使用串联滞后校正通常具有两方面作用：①滞后校正装置具有低通滤波器特性，对高频段存在衰减，降低了穿越频率 ω_c，从而提高了系统的相位稳定裕度 γ，以改善系统的稳定性和某些暂态性能；②提高低频增益，从而减小系统的稳态误差 e_{ss}，同时基本保持系统暂态性能不变。

2. 串联滞后校正的一般步骤

（1）根据给定的静态性能指标，确定系统型别，即积分环节个数和开环放大系数 K。

（2）绘制原系统在已确定 K 值下的开环对数频率特性图，并计算出 ω_c 和 γ。若 ω_c 出现在 $-40\mathrm{dB/dec}$ 折线段且 ω_c 值比要求的大、而 γ 较小时，通常可考虑滞后校正。

（3）计算出满足相位裕量 γ^*，校正后系统应具有的穿越频率 ω_c^*。

因　　　　　　　　　　　　$$\gamma^* = 180° + \varphi(\omega_c^*) - \Delta \tag{6-15}$$

故　　　　　　　　　　　　$$\varphi(\omega_c^*) = -180° + \gamma^* + \Delta \tag{6-16}$$

这里计算时使用公式不便计算，可使用试探法求解。式中 Δ 是计算余量，是考虑到滞后校正装置会对系统相角产生一定的负面影响，故增设 Δ，以补偿该影响，一般取 $5°\sim10°$。

（4）计算校正装置参数 β。

$$L(\omega_c^*) - 20\lg\beta = 0 \tag{6-17}$$

（5）计算校正装置时间常数 T。

$$T = 1/\omega_2 \tag{6-18}$$

为了减小滞后校正装置在穿越频率附近对 γ 的影响，一般取校正装置的 $\omega_2 = (0.1\sim0.5)\omega_c^*$。

（6）确定校正装置。

$$\omega_1 = \frac{1}{\beta T} \tag{6-19}$$

$$\omega_2 = \frac{1}{T} \tag{6-20}$$

$$W_c(s) = \frac{Ts+1}{\beta Ts+1} \tag{6-21}$$

（7）动态校验。

求出校正后系统的开环传递函数 $W_k^*(s)$ 为

$$W_k^*(s) = W_c(s)W_k(s) \tag{6-22}$$

并绘制其对应的开环对数频率特性图，然后计算 ω_c^* 及 γ^*，验证其是否满足要求。若满足要求，则校正完成。若不满足，则适当减小 ω_c^*，重复（4）～（7）步，直至 γ^* 满足要求。当然，ω_c^* 不能小于给定的指标要求。若还不满足，则应考虑其他的校正方法。

3. 应用举例

【例 6-2】 设单位负反馈系统开环传递函数为

$$W_k(s) = \frac{10}{s(0.1s+1)(0.01s+1)}$$

试设计串联校正装置，使系统满足下列性能指标：$r(t) = t$ 时，$e_{ss} \leqslant 0.05$，校正后相角裕量 $\gamma^* \geqslant 45°$，穿越频率 $\omega_c^* \geqslant 5s^{-1}$。

解 （1）确定积分环节个数和放大系数 K。

根据题意得

$$e_{ss} = \frac{1}{K} \leqslant 0.05$$

则

$$K \geqslant 20$$

取 $K = 20$。

（2）计算 ω_c 和 γ。

首先得到满足静态指标要求的开环传递函数

$$W_k^*(s) = \frac{20}{s(0.1s+1)(0.01s+1)}$$

绘制 $W_k^*(s)$ 对应的开环波德图如图 6-9 所示。

由式 $20\lg\dfrac{20}{\omega_c\sqrt{0.1^2\omega_c^2+1}\sqrt{0.01^2\omega_c^2+1}} = 0$，运用试探法可得

$\omega_c = 8$ 时，$L(\omega) = 5.78$；

$\omega_c = 15$ 时，$L(\omega) = -2.7$；

$\omega_c = 10$ 时，$L(\omega) = 1.4$；

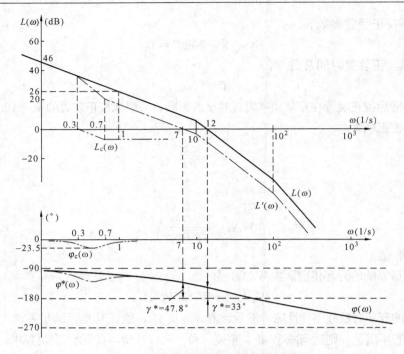

图 6 - 9   例 6 - 2 的开环对数频率特性图

$\omega_c = 12$ 时，$L(\omega) = 1.06$。

故可取 $\omega_c = 12$，于是得

$$\gamma = 180° - 90° - \arctan(0.1\omega_c) - \arctan(0.01\omega_c)$$
$$= 180° - 90° - \arctan(0.1 \times 12) - \arctan(0.01 \times 12)$$
$$= 90° - 50.2 - 6.84°$$
$$= 33°$$

可见，不满足性能指标要求。

（3）确定 ω_c^*。

$$\varphi(\omega_c^*) = -180° + \gamma^* + \Delta$$
$$= -180° + 45° + 5°$$
$$= -130°$$

即

$$-90° - \arctan(0.1\omega_c^*) - \arctan(0.01\omega_c^*) = -130°$$
$$\arctan(0.1\omega_c^*) + \arctan(0.01\omega_c^*) = 40°$$

经试探，当 $\omega_c^* = 7$ 时，$\arctan(0.1\omega_c^*) + \arctan(0.01\omega_c^*) = 39°$，故近似取 $\omega_c^* = 7$。

（4）确定 β。

由

$$L(\omega_c^*) - 20\lg\beta = 0$$

得

$$20\lg \frac{20}{\omega_c^* \sqrt{0.1^2\omega_c^{*2} + 1} \sqrt{0.01^2\omega_c^{*2} + 1}} = 20\lg\beta$$

则

$$\beta = \frac{20}{\omega_c^* \sqrt{0.1^2\omega_c^{*2} + 1} \sqrt{0.01^2\omega_c^{*2} + 1}}$$

$$= \frac{20}{7 \sqrt{0.1^2 \times 7^2 + 1} \sqrt{0.01^2 \times 7^2 + 1}}$$

$$= 2.33$$

（5）确定 T。

校正装置 ω_2 取 $0.1\omega_c^*$，即 $\omega_2 = 0.1 \times 7 = 0.7$，得

$$T = 1/\omega_2 = 1/0.7 = 1.43$$

（6）确定 $W_c(s)$。

$$W_c(s) = \frac{Ts + 1}{\beta Ts + 1} = \frac{1.43s + 1}{3.33s + 1}$$

$$\omega_1 = 0.3, \quad \omega_2 = 0.7$$

（7）动态校验。

$$W_k''(s) = W_k^*(s) W_c(s) = \frac{20}{s(0.1s + 1)(0.01s + 1)} \times \frac{1.43s + 1}{3.33s + 1}$$

计算校正后的 ω_c^* 和 γ^*

当 $\omega_c^* = 7$ 时，$L(\omega_c^*) = 0.05$。即可取 $\omega_c^* = 7$，则

$$\gamma^* = 180° - 90° - \arctan(0.1\omega_c^*) - \arctan(0.01\omega_c^*) - \arctan(3.33\omega_c^*) + \arctan(1.43\omega_c^*)$$

$$= 180° - 90° - \arctan(0.1 \times 7) - \arctan(0.01 \times 7) - \arctan(3.33 \times 7) + \arctan(1.43 \times 7)$$

$$= 180° - 90° - 35° - 4° - 87.5° + 84.3°$$

$$= 47.8° > 40°$$

即满足设计要求，校正完成。

【例 6-3】　例 6-2 展示了串联滞后校正装置的第一种作用，即通过降低穿越频率（由 12 降到 7）来提高相位裕度 γ（由 33° 提高到 47.8°）。如果我们在加入滞后校正装置的同时，使其具备 β 倍的放大倍数，$\omega_1 = 1$，就会呈现出滞后校正装置的第二种作用，保持暂态性能基本不变，提升稳态性能，如图 6-10 所示。

解　实际串联的滞后校正装置为

$$W_c(s) = 2.33 \times \frac{0.429s + 1}{s + 1}$$

波德图见图 6-10 中 $L_c(\omega)$，系统总的开环传递函数为

$$W_k''(s) = \frac{20}{s(0.1s + 1)(0.01s + 1)} \times 2.33 \times \frac{0.429s + 1}{s + 1}$$

$$= \frac{46.6(0.429s + 1)}{s(s + 1)(0.1s + 1)(0.01s + 1)}$$

很显然开环放大系数 $K = 46.6$，明显提高了，故稳态性能得到改善。而此时暂态性能不变。

此时 $\omega_c = 12$，保持不变。则

$$\gamma = 180° - 90° - \arctan(\omega_c) - \arctan(0.1\omega_c) - \arctan(0.01\omega_c) + \arctan(0.429\omega_c)$$

$$= 180° - 90° - \arctan(12) - \arctan(0.1 \times 12) - \arctan(0.01 \times 12) + \arctan(0.429 \times 12)$$

$$= 180° - 90° - 85.2° - 50.2° - 6.8° + 79°$$

$$= 26.8°$$

与校正前比，γ 下降了近 6°。为什么会使 γ 下降呢？这是因为滞后校正网络的相角滞后造成的。故选用滞后校正网络来提升系统稳态性能时，应尽可能使滞后校正网络的 ω_2 远离系统的穿

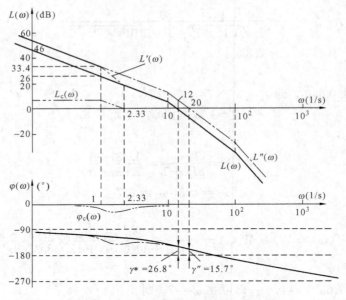

图 6-10　例 6-3 的开环对数频率特性图

越频率 ω_c。通常应至少使 $\omega_2 = 0.1\omega_c$，而该例中滞后校正网络 $\omega_2 = 0.2\omega_c$，即 ω_2 太接近 ω_c，故对 γ 产生较大影响。

　　若只是简单地增大开环放大系数 K 来提高稳态性能，即令

$$W''_k(s) = \frac{46.6}{s(0.1s+1)(0.01s+1)}$$

则此时可计算出 $\omega'_c = 20$，$\gamma' = 15.7°$，相比原 $\gamma = 33°$ 下降了 $17.3°$。可见，这时对系统的暂态性能负面影响更大。

三、串联滞后—超前校正

　　串联超前校正装置通过提高相位裕量 γ 来提高系统稳定性，滞后校正是利用滞后网络对中、高频段幅值的衰减作用，来提高系统的稳态性能。在某些场合，如同时要求静态性能和动态性能指标都很高的情况下，采用任何一种校正装置都达不到想要的效果。把这两种校正装置按照特定的形式结合起来，汲取各自的优点，便形成了串联滞后超前校正装置。利用该校正装置位于低频段的滞后校正部分来提升系统的稳态性能指标，利用处于中频段的超前校正部分来改善系统的暂态性能。

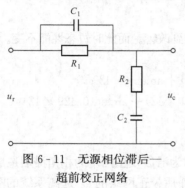

图 6-11　无源相位滞后—超前校正网络

　　1. 无源相位滞后—超前校正装置

　　如图 6-11 所示，它是由阻容元件组成的滞后超前校正装置。设此校正装置的输入信号源内阻为零，输出负载阻抗为无穷大，则其传递函数为

$$W_c(s) = \frac{(R_1 C_1 s + 1)(R_2 C_2 s + 1)}{R_1 C_1 R_2 C_2 s^2 + (R_1 C_1 + R_2 C_2 + R_1 C_2)s + 1} \tag{6-23}$$

令 $T_1 = R_1 C_1$，$T_2 = R_2 C_2$，$T_{12} = R_1 C_2$，则

$$W_c(s) = \frac{(T_1 s + 1)(T_2 s + 1)}{T_1 T_2 s^2 + (T_1 + T_2 + T_{12})s + 1} \tag{6-24}$$

再令 $\tau_1 = \beta T_1$，$\tau_2 = T_2/\beta$，β 是大于 1 的常数。此时，只要我们选取合适的阻容元件参数及 β 值，总可以使 $T_1 + T_2 + T_{12} = \beta T_1 + T_2/\beta$ 及 $\tau_1 > T_1 > T_2 > \tau_2$。则式（6-24）可写成

$$W_c(s) = \frac{(T_1 s + 1)(T_2 s + 1)}{(\tau_1 s + 1)(\tau_2 s + 1)} = \frac{T_1 s + 1}{\beta T_1 s + 1} \frac{T_2 s + 1}{\frac{T_2}{\beta} s + 1} = W_{c1}(s) W_{c2}(s) \tag{6-25}$$

其中，$W_{c1}(s) = \dfrac{T_1 s + 1}{\beta T_1 s + 1}$ 就相当于滞后校正装置，$W_{c2}(s) = \dfrac{T_2 s + 1}{\frac{T_2}{\beta} s + 1}$ 就相当于超前校正装置，其实串联滞后超前校正装置就是两种校正装置的串联组合。其频率特性曲线如图 6-12 所示。

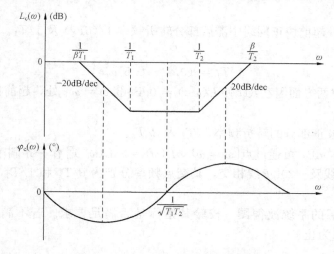

图 6-12 相位滞后—超前网络波德图

该校正装置的最大滞后频率为

$$\omega_{m1} = \frac{1}{\sqrt{\beta} T_1} \tag{6-26}$$

最大超前频率为

$$\omega_{m2} = \frac{1}{\sqrt{\beta} T_2} \tag{6-27}$$

最大滞后角为

$$\theta_{m1} = -\arcsin \frac{\beta - 1}{\beta + 1} \tag{6-28}$$

最大超前角为

$$\theta_{m2} = \arcsin \frac{\beta - 1}{\beta + 1} \tag{6-29}$$

应注意，为避免滞后部分对中频段的影响，选择参数时，应尽量使 $T_1 \gg T_2$，这样得到的校正效果好，能同时兼顾静态特性与动态特性。

2. 校正步骤

如果我们选取超前校正网络的值与滞后校正网络的值互为倒数，那么将这两种校正装置串联起来实现的就是滞后—超前校正。也就是说，理论上，滞后—超前校正装置就是滞后校

正装置与超前校正装置的串联组合。只不过使用单一的滞后－超前校正装置更简单，更经济。鉴于此，我们设计滞后－超前校正装置时可以参照单独设计滞后校正装置和超前校正装置的方法。下面是具体设计步骤。

（1）根据已给静态性能指标，确定系统的型别，即积分环节个数和开环放大系数 K。并根据这些数值确定满足静态性能指标的开环传递函数，绘制其开环对数频率特性图，计算出 ω_c 和 γ。

（2）确定校正后的穿越频率 ω'_c，使滞后—超前校正网络的超前部分在这一点上能提供足够的相角超前量，以改善暂态特性；同时又能使滞后校正部分把这一点的原幅频特性 $L(\omega'_c)$ 衰减至 0dB。

（3）确定滞后—超前校正网络中滞后部分转折频率 $1/(\beta T_1)$ 及 $1/T_1$。

通常选取：

$$1/T_1 = (0.1 \sim 0.5)\omega_c^*$$

β 值的选取考虑两方面因素：① 使 $L(\omega'_c) = 0$dB；② $\omega = \omega'_c$ 处，超前校正部分必须能提供足够的相角裕量。

（4）确定超前校正部分的转折频率 $1/T_2$ 及 β/T_2。

为使 $L(\omega_c^*) = 0$dB，可通过点 $[\omega = \omega_c^*，L(\omega) = -L(\omega_c^*)]$ 作一条斜率为 $+20$dB/dec 的直线，使它与 0dB 线及 $-20\lg\beta$ 线相交，其交点频率分别为 β/T_2 和 $1/T_2$，即是超前校正部分的转折频率。

（5）画出校正后的系统波德图，校验其指标是否满足要求。若不满足，重复（2）～（5），直至满足要求为止。

3. 应用举例

【例 6 - 4】　某单位负反馈系统，开环传递函数为

$$W_k(s) = \frac{K}{s(0.1s + 1)(0.01s + 1)}$$

设计一滞后—超前校正装置，使得：（1）静态速度误差系数 $k_v \geqslant 256$rad/s；（2）穿越频率 $\omega_c^* \geqslant 30$ 1/s，相角裕量 $\gamma^* \geqslant 45°$。

解　（1）根据静态指标

$$k_v = \lim_{s \to 0} s W_k(s) = K = 256$$

以 $K = 256$ 绘制未校正系统的波德图，如图 6 - 13 所示。采用试探法可确定 $\omega_c = 48$，$\gamma = -13.8°$，则原系统不稳定。

（2）若系统未对 ω_c^* 提出明确要求，一般可选取使原系统 $L(\omega) = 0$ 对应的 ω 值作为校正后的 ω_c^*。因为在该 ω_c^* 处，原系统的 $\gamma = 0°$，则通过附加的超前校正装置完全可实现 $\gamma^* = 45°\sim55°$ 的校正要求。

本题已给出 $\omega_c^* = 30$，故取之即可。可计算出：

$$L(\omega_c^*) = L(30) = 8.25\text{dB}$$

$$\varphi(\omega_c^*) = -178.3°$$

可看出，原系统在 ω_c^* 处，$\gamma = 1.7°$，通过超前角的作用，完全可使 γ^* 达到 45°以上。

（3）确定滞后校正部分转折频率 $1/(\beta T_1)$ 及 $1/T_1$。

可选取

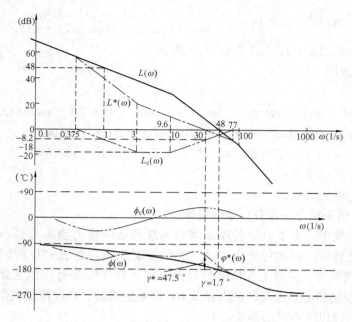

图 6-13 例 6-4 的开环对数频率特性图

$$1/T_1 = 0.1\omega_c^* = 0.1 \times 30 = 3\text{rad/s}$$

再选 $\beta = 8$，这样可保证超前部分能提供 50°左右的超前角，且有

$$20\lg\beta = 18\text{dB} > L(\omega_c^*) = 8.25\text{dB}$$

于是

$$1/(\beta T_1) = 3/8 = 0.375\text{rad/s}$$

则滞后校正部分传递函数为

$$\frac{T_1 s + 1}{\beta T_1 s + 1} = \frac{0.33 s + 1}{2.67 s + 1}$$

（4）确定超前校正部分的转折频率 $1/T_2$ 及 β/T_2。

过 $L(\omega) = -L(30) = -8.25\text{dB}$ 及 $\omega = 30\text{rad/s}$ 的坐标点，作斜率为 $+20\text{dB/dec}$ 的直线。可计算出该直线与 0dB 线交于 $\omega = 77\text{rad/s}$ 处，并与 $-20\lg\beta$ 线交于 $\omega = 9.6\text{rad/s}$ 处。即

$$1/T_2 = 9.6, \quad \beta/T_2 = 77$$

由此得 $T_2 = 0.104$，可得超前校正部分传递函数为

$$\frac{T_2 s + 1}{\dfrac{T_2}{\beta} s + 1} = \frac{0.104 s + 1}{0.013 s + 1}$$

将已求得的滞后校正部分与超前校正部分组合到一起，可得滞后—超前校正装置传递函数为

$$W_c(s) = \frac{0.33 s + 1}{2.67 s + 1} \times \frac{0.104 s + 1}{0.013 s + 1}$$

校正网络的波德图见图中的 $L_c(\omega)$ 和 $\varphi_c(\omega)$。

（5）动态校验。

校正后系统总的开环传递函数为

$$W_k^*(s) = W_c(s)W_k(s) = \frac{256 \times (0.33s+1)(0.104s+1)}{s(2.67s+1)(0.1s+1)(0.013s+1)(0.01s+1)}$$

对应的波德图如图 6-13 中 $L^*(\omega)$ 和 $\varphi^*(\omega)$ 所示。

可以计算出此时：

$$\omega_c^* = 30$$

$$\begin{aligned}\gamma^* =& 180° - 90° + \arctan(0.33\omega_c^*) + \arctan(0.104\omega_c^*) - \arctan(2.67\omega_c^*) \\ & - \arctan(0.1\omega_c^*) - \arctan(0.013\omega_c^*) - \arctan(0.01\omega_c^*) \\ =& 90° + 84.2° + 72.2° - 89.3° - 71.6° - 21.3° - 16.7° \\ =& 47.5° > 45°\end{aligned}$$

即校正后系统完全满足要求。

四、PID（比例—积分—微分）控制规律

在实际控制系统中，由于 PID 控制规律对系统动态响应的动态与稳态都有较好的控制作用，鲁棒性又比较好，因此它是应用最广泛的控制规律。实现 PID 控制规律的标准化控制装置就是 PID 控制器。它与上面所述的超前、滞后校正网络有相似之处，也有不同。最简单的模拟 PID 控制器都是由有源放大器及 RC 网络组成的。PID 控制规律在应用时根据需要常常组合、分拆成以下不同的形式。

（一）比例（P）控制规律

具有比例控制作用的控制器称为比例控制器，若控制器的连接方式如图 6-14 所示，其传递函数为

$$W_c(s) = \frac{U(s)}{E(s)} = K_P$$

式中　K_P——比例系数。

其输入—输出的关系为

$$u(t) = K_P e(t)$$

适当提高系统开环增益，可以减小系统稳态误差，但会降低系统的相对稳定性；反之，适当减少增益，可以提高系统的稳定性，但是稳态误差可能会增加，响应速度也会降低。虽然如此，但因为比例控制规律参数调整最容易，比例控制仍然是最常用的控制规律之一。

（二）比例—微分（PD）控制规律

1. 微分控制规律

具有微分控制作用的控制器称为微分控制器，其传递函数 $W_c(s) = T_D s$。若控制器的连接方式如图 6-14 所示，其输入—输出的关系为

$$\mu(t) = T_D \frac{\mathrm{d}}{\mathrm{d}t}e(t) \tag{6-30}$$

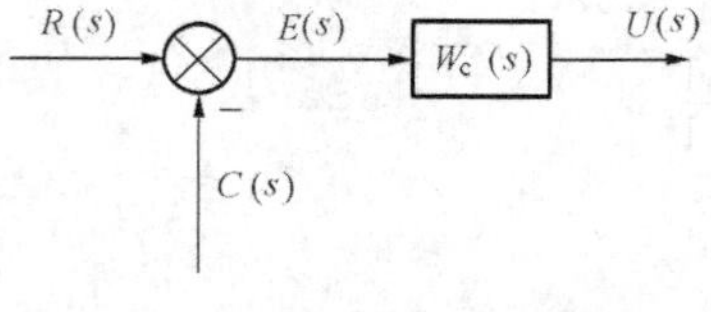

式中　T_D——微分时间常数。

2. 有源比例——微分校正装置

比例—微分校正装置的理想传递函数为

$$W_c(s) = K_c(1 + T_D s) \tag{6-31}$$

式中　K_c——比例系数；

　　　T_D——微分时间常数。

图 6-14　控制器的连接

比例—微分校正装置的波德图如图 6-15（a）所示，图中 $\omega_1 = \frac{1}{\tau}$ 为转折频率。由图可见，其高频段增益较大，不利于抑制高频干扰信号，所以，通常采用图 6-15（b）所示的特性。

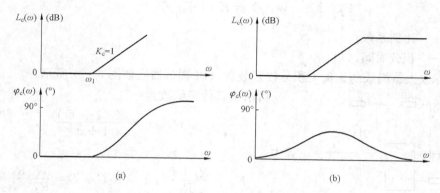

图 6-15　比例—微分校正装置的波德图

由运算放大器组成的比例—微分校正装置（PD 调节器）如图 6-16 所示。可求出其传递函数为

$$W_c(s) = \frac{K_c(1 + Ts)}{1 + \tau s} \qquad (6-32)$$

其中

$$K_c = \frac{R_1 + R_2 + R_3}{R_1}, \ \tau = R_4 C,$$

$$T = \frac{(R_1 + R_2 + R_4)R_3 + (R_1 + R_2)R_4}{R_1 + R_2 + R_3}C$$

若满足条件 $R_2 \gg R_3 \gg R_4$，则

$$T \approx (R_3 + R_4)C \qquad (6-33)$$

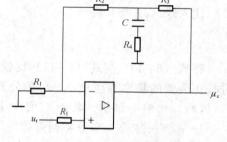

图 6-16　比例—微分校正
装置（PD 调节器）

显然，$T = \tau$。令 $\alpha = \frac{\tau}{T} = \frac{R_4}{R_3 + R_4} < 1$，则

$$\alpha T = \tau \qquad (6-34)$$

代入式（6-32）得

$$W_c(s) = K_c \frac{1 + Ts}{1 + \alpha Ts} \qquad (6-35)$$

将式（6-35）与式（6-1）比较，两者的形式完全一致，因此，以上关于无源超前微分校正装置的频率特性及 ω_m、θ_m 的公式，仍适用于上述有源串联超前比例—微分校正装置。

（三）比例—积分（PI）控制规律

1. 积分控制规律

具有积分控制作用的控制器称为积分控制器，其传递函数 $W_c(s) = \frac{1}{T_i s}$。若控制器的连接方式如图 6-14 所示，其输入—输出的关系为

$$\mu(t) = \frac{1}{T_I} \int_0^t e(t)\mathrm{d}t \qquad (6-36)$$

式中　T_1——积分时间常数。

2. 有源比例——积分校正装置

比例—积分校正装置的理想传递函数为

$$W_c(s) = K_c(1 + \frac{1}{Ts}) \tag{6-37}$$

式中　K_c——比例系数；

　　　T_1——积分时间。

由运算放大器组成的比例—积分校正装置（PI 调节器）如图 6-17 所示。

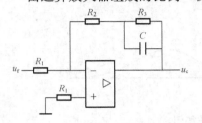

图 6-17　比例—积分校正
　　　装置（PI 调节器）

可求出其传递函数为

$$W_c(s) = \frac{K_c(1 + Ts)}{1 + \tau s} \tag{6-38}$$

其中

$$K_c = \frac{R_2 + R_3}{R_1}, \ \tau = R_3 C, \ T = \frac{R_2 R_3}{R_2 + R_3} C$$

显然，$\tau > T$，令 $\beta = \dfrac{\tau}{T} = \dfrac{R_2 + R_3}{R_2} > 1$，则

$$\beta T = \tau \tag{6-39}$$

代入式（6-38）得

$$W_c(s) = K_c \frac{1 + Ts}{1 + \beta Ts} \tag{6-40}$$

将式（6-40）与式（6-11）比较，两者的形式完全一致，因此，以上关于无源滞后微分校正装置的频率特性及 ω_m、θ_m 的公式，仍适用于上述有源比例—积分校正装置。

（四）比例—积分—微分（PID）控制规律

1. 比例—积分—微分控制规律

实际系统中常用比例—积分—微分（简称 PID）调节器，来实现类似滞后—超前校正作用。

比例—积分—微分控制器的传递函数为

$$W_c(s) = K_P(1 + \frac{1}{T_I s} + T_D s) \tag{6-41}$$

式中　K_P——比例系数；

　　　T_I——微分时间常数；

　　　T_D——微分时间常数。

若控制器的连接方式如图 6-14 所示，其输入—输出的关系为

$$\mu(t) = K_P e(t) + \frac{K_P}{T_I} \int_0^t e(t)\,dt + K_P T_D \frac{d}{dt} e(t) \tag{6-42}$$

2. 有源比例—积分—微分校正装置

由运算放大器组成的比例—积分—微分校正装置（PID 调节器）如图 6-18 所示。可求出其传递函数为

$$W_c(s) = \frac{K_c(1 + T_1 s)(1 + T_2 s)}{(1 + \tau_1 s)(1 + \tau_2 s)} \tag{6-43}$$

其中

$$K_c = \frac{R_2 + R_3}{R_1}, \ \tau_1 = R_2 C_1, \ \tau_2 = R_4 C_2,$$

$$T_1 = \frac{R_2 R_3}{R_2 + R_3} C_1, \ T_2 = (R_3 + R_4) C_2$$

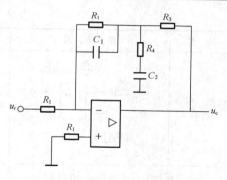

在选择元件数值时，若使 $\tau_1 > T_1 > T_2 > \tau_2$，则式（6-43）是相位滞后—超前校正装置的传递函数。

设 $\dfrac{\tau_1}{T_1} = \dfrac{T_2}{\tau_2} = \dfrac{R_2 + R_3}{R_3} = \dfrac{R_3 + R_4}{R_4} = \beta > 1$，并

使 $K_c = 1$，则式（6-43）可写成

$$W_c(s) = \frac{K_c(1 + T_1 s)(1 + T_2 s)}{(1 + \beta T_1 s)\left(1 + \dfrac{T_2}{\beta} s\right)} \quad (6-44)$$

图 6-18　比例—积分—微分
校正装置（PID 调节器）

可见，其形式与无源相位滞后—超前校正装置传递函数形式相同。

有源校正装置—调节器见表 6-3。

表 6-3　　　　　　　　　　　有源校正装置—调节器

类　型	结　构　图	传　递　函　数	对数频率特性
比　例 (P)		$W_k(s) = K$ $K = R_2 / R_1$	
积　分 (I)		$W(s) = \dfrac{1}{T_i s}$ $T_i = R_1 C$	
微　分 (D)		$W(s) = T_d s$ $T_d = R_1 C$	
比例—微分 (PD)		$W(s) = K(T_d s + 1)$ $K = \dfrac{R_2 + R_3}{R_1}$ $T_d = \dfrac{R_2 R_3}{R_2 + R_3} C$	

续表

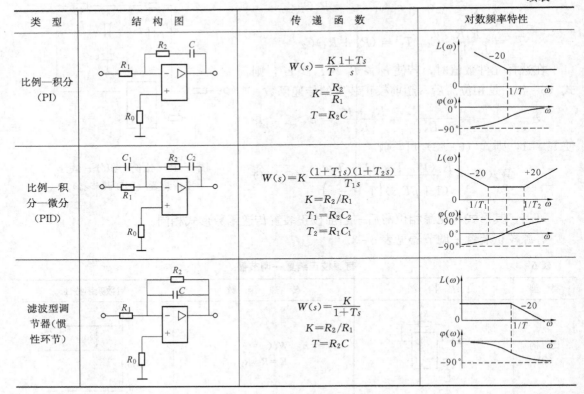

类 型	结 构 图	传 递 函 数	对数频率特性
比例—积分 （PI）		$W(s)=\dfrac{K}{T}\dfrac{1+Ts}{s}$ $K=\dfrac{R_2}{R_1}$ $T=R_2C$	
比例—积 分—微分 （PID）		$W(s)=K\dfrac{(1+T_1s)(1+T_2s)}{T_1s}$ $K=R_2/R_1$ $T_1=R_2C_2$ $T_2=R_1C_1$	
滤波型调 节器（惯 性环节）		$W(s)=\dfrac{K}{1+Ts}$ $K=R_2/R_1$ $T=R_2C$	

注意：表 6-3 给出的各种调节器输出与输入都是反相位的。对应给出的传递函数和波德图都是将调节器输出串联一个比例系数为 1 的比例环节而得到的。因为这样更符合实际应用。

第三节　反　馈　校　正

反馈校正又称并联校正，如图 6-19 所示。反馈校正装置将被校正系统开环传递函数 $W_{k1}(s)$ 部分包围起来，这样，虚线框内的动态特性将发生变化。

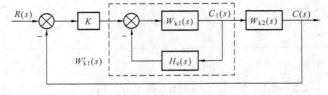

图 6-19　反馈校正示意图

$$\frac{C_1(s)}{E(s)}=\frac{W_{k1}(s)}{1+W_{k1}(s)H_c(s)} \tag{6-45}$$

当 $|W_{k1}(s)H_c(s)|\gg 1$ 时,式(6-45) 可简化为

$$\frac{C_1(s)}{E(s)} = \frac{W_{k1}(s)}{W_{k1}(s)H_c(s)} = \frac{1}{H_c(s)}$$

可以看出，这时虚线框内环节的特性不再受 $W_{k1}(s)$ 的影响，而只取决于反馈校正装置的特性。

当 $|W_{k1}(s)H_c(s)| \ll 1$ 时，式(6-45)可简化为

$$\frac{C_1(s)}{E(s)} = W_{k1}(s) \tag{6-46}$$

即 $H_c(s)$ 对原系统没有任何影响。

由上可看出，在频域内，满足 $|W_{k1}(j\omega)H_c(j\omega)| \gg 1$ 的频段是校正装置起作用的频段；满足 $|W_{k1}(j\omega)H_c(j\omega)| \ll 1$ 的频段是校正装置不起作用的频段。这样，只要我们适当地选择校正装置的形式和参数，就可以用特性较好的反馈校正装置去对系统中特性不好、阶次较高甚至不稳定的部分进行反馈校正，从而屏蔽掉这些对系统性能不利的部分。改变校正后系统的频率特性，使系统达到既定的要求。

下面我们分析一下在频域内确定 $H_c(s)$ 的方法。

由于

$$L_{k1}^*(\omega) = 20\lg W_{k1}^*(j\omega) = 20\lg \frac{W_{k1}(j\omega)}{1 + W_{k1}(j\omega)H_c(j\omega)}$$

$$= 20\lg W_{k1}(j\omega) - 20\lg[1 + W_{k1}(j\omega)H_c(j\omega)]$$

当 $|W_{k1}(j\omega)H_c(j\omega)| \ll 1$ 时，

$$L_{k1}^*(\omega) = 20\lg W_{k1}(j\omega) = L_{k1}(\omega)$$

即校正后幅频特性与原系统幅频特性相同。

当 $|W_{k1}(j\omega)H_c(j\omega)| \gg 1$ 时

$$L_{k1}^*(\omega) = L_{k1}(\omega) - 20\lg[W_{k1}(j\omega)H_c(j\omega)]$$

得

$$20\lg[W_{k1}(j\omega)H_c(j\omega)] = L_{k1}(\omega) - L_{k1}^*(\omega) \tag{6-47}$$

这样，根据上式可确定出 $W_{k1}(j\omega)H_c(j\omega)$，进而可知 $W_{k1}(s)H_c(s)$，又已知 $W_{k1}(s)$，故可以确定出校正装置 $H_c(s)$。

下面通过一个例题介绍反馈校正的一般设计方法。

【例6-5】　设系统结构图如图6-19所示。其中

$$W_{k1}(s) = \frac{10K_2}{(0.01s+1)(0.1s+1)}$$

$$W_{k2}(s) = 0.1/s$$

要求选择 $H_c(s)$ 使系统达到如下指标：稳态位置误差等于零，稳态速度误差系数 $k_v = 200\text{s}^{-1}$，相位裕量 $\gamma(\omega_c) \geqslant 45°$。

解　(1) 根据系统稳态误差要求，选 $KK_2 = 200$，绘制下列对象特性的波德图，如图6-20所示。则有

$$W_0(s) = \frac{200}{s(0.1s+1)(0.01s+1)}$$

其中局部闭环部分的原系统传递函数为

$$W_2(s) = \frac{10K_2}{(0.1s+1)(0.2s+1)}$$

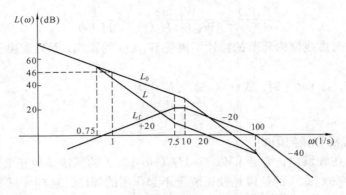

图 6-20　例 6-5 的开环对数频率特性图

由图 6-20 可见，$L_0(\omega)$ 以 -40dB/dec 过零，显然不能满足要求。

（2）期望特性的设计。本例中，采用直接以 $\gamma(\omega_c)$ 满足要求来设计期望特性。首先，低频段不变。中频段由于指标中未提 ω_c 的要求，从近似设计在 $\omega = \omega_c$ 处的精度以及 ω_c 高些对系统快速性有利两者综合考虑，选 $\omega_c = 20\text{s}^{-1}$。

高中频连线，直接延长于 $L_0(\omega)$ 交于 $\omega_2 = 100\text{s}^{-1}$ 正好和 L_0 的一个交接频率重合，以后同 $L_0(\omega)$。

低中频连线，考虑到中频区应有一定的宽度及 $\gamma(\omega_c) \geqslant 45°$ 的要求，预选 $\omega_1 = 7.5\text{s}^{-1}$。过 ω_1 作 -40dB/dec 斜率的直线交 $L_0(\omega)$ 于 $\omega_0 = 0.75\text{s}^{-1}$，于是整个期望特性设计完毕。

（3）检验。从校正后的期望特性上很容易求得 $\omega_c = 20\text{s}^{-1}$，$\gamma(\omega_c) = 49°$，均满足要求。

（4）校正装置的求取。使 $L_0(\omega) - L(\omega) = L_f(\omega)$，$L_f(\omega) > 0$。

至于 $L_f(\omega) < 0$ 部分，在低频区用直线延长的办法得到，在高频区为了包含 $W_2(s)$ 的交接频率，在 $\omega = 100$ 处转换成 -40dB/dec 的斜率，整个 $L_f(\omega)$ 曲线也画在图 6-20 中。

于是

$$W_L(s) = W_2(s)H_c(s) = \frac{\dfrac{1}{0.75}s}{\left(\dfrac{1}{7.5}s+1\right)\left(\dfrac{1}{10}s+1\right)\left(\dfrac{1}{100}s+1\right)}$$

则

$$H_c(s) = \frac{\dfrac{1}{0.75K_2}s}{\left(\dfrac{1}{7.5}s+1\right)}$$

第四节　复　合　校　正

通过上述分析，我们已经看到系统的串联校正和反馈校正都能有效地改善系统的动态和稳态性能，因此在自动控制系统中获得普遍的应用。此外，还有一种能有效地改善系统性能的方法，即前馈校正（又称前馈补偿）。

在系统中引入与输入或扰动有关的补偿信号，进而抵制甚至消除对应产生的系统误差，这种补偿方法称为前馈校正补偿。如果设计得当，理论上可以消除因为输入或扰动变化产生的误差。只是，这种补偿都是开环的，一是无法检查补偿的效果，二是无法抵制其他的、补偿信号以外变化的影响，所以单纯前馈校正是无法在系统中应用的。通常采用的办法是，在反馈控制的基础上加入前馈校正，称为前馈—反馈复合校正。

前馈校正的特点就是在输入或扰动变化后，在输出误差产生之前就对它进行补偿，以便及时、准确地消除输入或扰动变化产生的稳态甚至动态误差，属于超前于反馈的控制。根据补偿信号的不同，可分为对输入补偿的复合校正和对扰动补偿的复合校正两种情况。

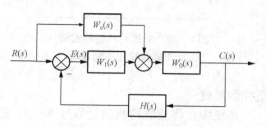

图 6‐21　对输入补偿的前馈—
反馈复合校正控制系统

一、对输入补偿的复合校正

图 6‐21 所示为对输入补偿的前馈—反馈复合校正控制系统。图中 $W_c(s)$ 为前馈校正环节。

前馈校正的主要目的是消除误差，分析时需写出系统的闭环误差传递函数及误差函数。图 6‐21 所示系统的闭环传递函数为

$$W_B(s) = \frac{C(s)}{R(s)} = \frac{W_0(s)[W_c(s) + W_1(s)]}{1 + W_1(s)W_0(s)H(s)} \tag{6-48}$$

闭环误差传递函数为

$$W_{BE}(s) = \frac{E(s)}{R(s)} = \frac{R(s) - C(s)H(s)}{R(s)} = 1 - W_B(s)H(s) = \frac{1 - W_0(s)W_c(s)H(s)}{1 + W_1(s)W_0(s)H(s)}$$

$$\tag{6-49}$$

其误差表达式为

$$E(s) = W_{BE}(s)R(s) = \frac{1 - W_0(s)W_c(s)H(s)}{1 + W_1(s)W_0(s)H(s)}R(s) \tag{6-50}$$

由式（6‐50）可知，若加入的前馈补偿校正环节为

$$W_c(s) = \frac{1}{W_0(s)H(s)} \tag{6-51}$$

则可使 $E(s) = 0$。这意味着无论系统类型如何，因输入量变化而引起的误差已全部被前馈校正环节所补偿了，所以称之为对输入误差的全补偿，式（6‐51）为全补偿条件。

加入对输入的前馈校正后，系统的误差会大大减小，但是因为系统的特征方程仍然是 $1 + W_1(s)W_0(s)H(s) = 0$，影响系统性能的特征根没变，所以系统的稳定性等各项动态性能并不受影响。

实际上要实现全补偿是比较困难的，主要是因为被控对象的传递函数总是分母阶次高于分子阶次，而从式（6‐51）可知，要想全补偿，前馈校正环节会出现一阶甚至高阶微分，一是很难实现，二是系统会出现严重的微分突变，这种的系统在现实中很危险。另外，系统被控对象的模型 $W_0(s)$ 也很难准确获得。所以实际应用时，总是根据输入信号的类型，采用部分补偿，使系统具有适当的误差类型即可，进而可大幅度地减小输入量变化引起的误差。

二、对扰动补偿的复合校正

在控制系统中，常有一些对系统性能影响非常大的扰动。一是扰动的幅度较大，因而影

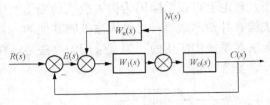

图 6-22　对扰动补偿的前馈—
反馈复合校正控制系统

响大；二是扰动的出现非常频繁，即前次扰动带来的偏差尚未消除，下次扰动又出现了。针对这类扰动，如果采用对扰动的前馈—反馈复合校正进行抵制很有效，可以抑制全部或者大部分扰动的影响，但前提是作用于系统的扰动量可以直接或间接测量，且对象控制通道和扰动通道的传递函数基本可知。图 6-22所示为对扰动补偿的前馈—反馈复合校正控制系统。

系统中，将获取的扰动量信号 $N(s)$，经前馈校正环节 $W_c(s)$ 变换后，送到系统控制器 $W_1(s)$ 的输入端。由于是讨论扰动量 $N(s)$ 引起的误差，可假定 $R(s)=0$。

若无前馈校正时，扰动引起的系统输出为

$$C_N(s) = \frac{W_0(s)}{1+W_1(s)W_0(s)}N(s) \tag{6-52}$$

误差为
$$E(s) =- C_N(s) = \frac{W_0(s)}{1+W_1(s)W_0(s)}N(s) \tag{6-53}$$

加入对扰动前馈校正后，系统的误差为

$$E(s) =- C_N(s) = \frac{[1+W_c(s)W_1(s)W_0(s)]}{1+W_1(s)W_0(s)}N(s) \tag{6-54}$$

由式（6-54）可知，若 $W_c(s)$ 的极性与 $W_1(s)$ 的极性相反，则可以使系统的扰动误差减小；若 $1+W_c(s)W_1(s) = 0$，即 $W_c(s) =- \dfrac{1}{W_1(s)}$，则 $E(s) = C_N(s) = 0$。这意味着，因扰动量而引起的误差已全部被前馈校正环节所补偿了，称为对扰动的全补偿。其全补偿条件是

$$W_c(s) =- \frac{1}{W_1(s)} \tag{6-55}$$

由于系统的特征方程仍然是 $1+W_1(s)W_0(s)H(s) = 0$，因此系统的动态性能不受影响。但与对输入的前馈补偿一样，由于环节模型的无法准确确定，及可实现性的困难，要想实现扰动全补偿是比较困难的。一般实际的工程中常用近似的全补偿，其中最简单的是 $W_c(s) = -K_X$。虽不能完全消除扰动误差，但可使其大大地减小，再结合串联校正可使误差得到较好的抑制。

使用对扰动进行前馈补偿时，需注意以下几点：

（1）能进行前馈补偿的扰动必须是可以测量的，否则无法引入前馈信号。

（2）实际的控制系统中，所受的扰动很多，需找出对系统影响最大的可测扰动引入前馈校正。其他扰动则需要靠主反馈系统进行抑制。

（3）由于前馈校正是开环控制，因此校正装置本身必须是稳定的，其模型的结构及参数（尤其是前馈增益）也应尽量准确。

第五节　控制系统的工程设计方法

工程设计方法又称期望对数频率特性法，使用这种方法进行串联校正装置的设计非常有

效。期望对数频率特性法是在对数频率特性上进行的，如图 6-23 所示。下面分析一下这种设计方法的本质过程。

$W_k(s)$ 是原系统的开环传递函数，$W_c(s)$ 是校正装置传递函数，$W_k'(s)$ 为加入串联校正装置 $W_c(s)$ 后的等效开环传递函数。显然

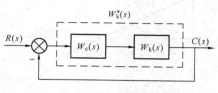

图 6-23　期望特性法示意图

$$W_k^*(s) = W_c(s)W_k(s) \qquad (6-56)$$

以 $j\omega$ 替代 s，则在复频域内有

$$W_k^*(j\omega) = W_c(j\omega)W_k(j\omega) \qquad (6-57)$$

对式(6-57)两边同时取对数幅频特性，则

$$L_k^*(\omega) = L_c(\omega) + L(\omega) \qquad (6-58)$$

或

$$L_c(\omega) = L_k^*(\omega) - L(\omega) \qquad (6-59)$$

$L(\omega)$ 是已知的，若校正后的幅频特性 $L_k^*(\omega)$ 已知，则校正装置的幅频特性便可方便求出，进而便可确定出 $W_c(s)$，这里关键问题是 $L_k^*(\omega)$ 的获得。我们定义 $L_k^*(\omega)$ 为期望对数幅频特性。它是根据提出的系统稳态性能指标和动态性能指标，并考虑到未校正系统而确定的一种期望的、校正后系统应具有的开环对数幅频特性。这样，确定了 $L_k^*(\omega)$，又已知了 $L(\omega)$，我们便可设计出校正装置 $W_c(s)$。这就是期望对数频率特性法的设计思路。

根据设计思路，很容易得到这种校正方法的设计步骤。

（1）绘制未校正系统的开环对数幅频特性。为简化设计过程，通常绘制已满足系统稳定性能要求对应的未校正系统的对数幅频特性。

（2）根据动态性能指标要求，绘制出系统的期望对数幅频特性 $L_k'(\omega)$。

（3）用期望对数幅频特性曲线 $L_k'(\omega)$ 减去未校正系统的对数幅频特性曲线 $L(\omega)$，即可确定出并联校正装置的对数幅频特性曲线 $L_c(\omega)$。并根据波德图，确定出校正装置 $W_c(s)$ 的结构和参数。

（4）将校正装置串入原系统后，校验其性能指标是否满足要求。通常若计算得出的校正装置形式较复杂，且进行过近似处理，必须进行动态校验。否则，视具体情况可不进行动态校验。

需要说明的是，这种设计方法只考虑开环对数频率特性，而未考虑相频特性的变化，故只适用于最小相位系统。因为最小相位系统的开环对数幅频特性与相频特性是一一对应的。

具体校正时，针对不同类型、阶次的系统，可以选择的常见期望特性有二阶期望特性、三阶期望特性与四阶期望特性。下面结合例题介绍二阶期望特性与三阶期望特性设计法。

一、按最佳二阶系统设计

1. 二阶期望特性

校正后系统成为典型的二阶系统，又称 I 型二阶系统。其传递函数为

$$W_k^*(s) = W_c(s)W_k(s) = \frac{K}{s(Ts+1)} = \frac{\omega_n^2}{s(s+2\zeta\omega_n)} = \frac{\dfrac{\omega_n}{2\zeta}}{s\left[\left(\dfrac{1}{2\zeta\omega_r}\right)s+1\right]} \qquad (6-60)$$

式中，$T = 1/(2\zeta\omega_r)$ 为时间常数，$K = \omega_n/(2\zeta)$ 为开环放大系数。

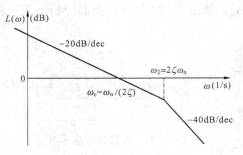

图 6-24　二阶期望对数幅频特性

取其频率特性可得

$$W_k^*(j\omega) = \cfrac{\cfrac{\omega_n}{2\zeta}}{j\omega\left[\left(\cfrac{1}{2\zeta\omega_n}\right)j\omega+1\right]} \qquad (6-61)$$

绘制式（6-61）对应的对数频率特性如图 6-24 所示。

由图 6-24 可知，穿越频率 $\omega_c = K = \omega_n/(2\zeta)$，一个转折频率 $\omega_2 = 2\zeta\omega_n$。这是一个典型的二阶系统。工程上常取阻尼比 $\zeta = 0.707$ 作为二阶工程最佳特性。此时，各项性能指标为

$$\delta\% = 4.3\%$$
$$t_s = 6T$$
$$\omega_c = \omega_2/2$$
$$\gamma = 63.4°$$

2. 应用举例

【例 6-6】　某单位负反馈系统开环传递函数为

$$W_k(s) = \frac{8}{(0.05s+1)(0.01s+1)}$$

若把系统校正成 $\zeta = 0.707$ 时的典型二阶系统，试确定校正装置结构及参数。

解　（1）绘制原系统的波德图，如图 6-25 所示。

（2）绘制期望开环对数幅频特性。为了尽可能提高系统快速性，又不致使校正装置形式过于复杂，这里取 $\omega_2^* = \omega_2 = 1/T_2 = 100$。

由　　　$\cfrac{\omega_c'}{\omega_2} = \cfrac{1}{2}$

得　　　$\omega_c' = 50$

于是可以作出期望特性曲线，如图 6-25 中 $L^*(\omega)$ 所示。对应开环放大系数为

$$K^* = \omega_c^* = 50$$

（3）确定校正装置传递函数。在图 6-25 中，用曲线 $L^*(\omega)$ 减去 $L(\omega)$，即可得到校正装置频率特性曲线 $L_c(\omega)$。

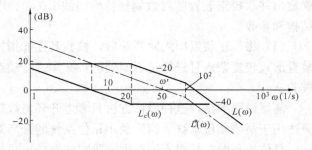

图 6-25　例 6-6 的波德图

对应图中 $L_c(\omega)$ 的参数，可写出校正装置的传递函数。由于原系统开环放大系数 $K = 8$，达不到 $K^* = 50$ 的要求，故校正装置需要提升不足的这部分放大系数，则有

$$W_c(s) = \frac{50}{8} \times \frac{0.05s+1}{s} = 6.25\frac{0.05s+1}{s}$$

因本例得到的校正装置形式简单，且计算过程中无近似计算，故可不进行动态校验。

二、按最佳三阶系统设计

1. 三阶期望特性

校正后系统成为三阶系统，又称Ⅱ型三阶系统，其开环传递函数为

$$W_k(s) = \frac{K(T_1 s + 1)}{s^2(T_2 s + 1)} \qquad (6 \text{-} 62)$$

式中，$1/T_1 < \sqrt{K} < 1/T_2$。

对应的频率特性为

$$W_k(j\omega) = \frac{K(jT_1\omega + 1)}{(j\omega)^2(jT_2\omega + 1)}$$

绘制其开环对数幅频特性如图 6 - 26 所示。

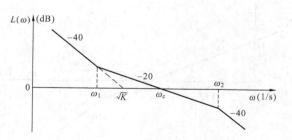

图 6 - 26　三阶期望对数幅频特性

其中 $\omega_1 = 1/T_1$，$\omega_2 = 1/T_2$。该期望特性对应的系统稳态速度误差系数 $k_v = \infty$，加速度误差系数 $k_a = K$。其暂态特性与穿越频率 ω_c 及中频宽度 $h = \omega_2/\omega_1$ 有关，其关系为

$$h = \omega_2/\omega_1 = T_1/T_2 \qquad (6 \text{-} 63)$$

h 确定的情况下，可按下列关系来确定转折频率 ω_1 和 ω_2

$$\omega_1 = \frac{2}{h+1}\omega_c \qquad (6 \text{-} 64)$$

$$\omega_2 = \frac{2h}{h+1}\omega_c \qquad (6 \text{-} 65)$$

h 将决定校正后系统的暂态性能，如频域的 M_p 和 γ，对应关系见表 6 - 4，供设计时参考。

表 6 - 4　　　　　　　　　　　　频域指标 M_p 和 γ 与 h 的关系

h	3	4	5	6	7	8	9	10
M_p	2	1.67	1.5	1.4	1.33	1.29	1.25	1.22
γ	30°	36°	42°	46°	49°	51°	53°	55°

通常把 $h=4$ 时的设计称为三阶最佳设计，此时

$$h = \frac{\omega_2}{\omega_1} = 4, \quad T_1 = 4T_2, \quad K = \frac{1}{8T_2^2}$$

$$W_k(s) = \frac{(4T_2 s + 1)}{8T_2^2 s^2(T_2 s + 1)} \qquad (6 \text{-} 66)$$

2. 应用举例

【例 6 - 7】　设单位负反馈系统的开环传递函数为

$$W_k(s) = \frac{40}{s(0.005s + 1)}$$

试用三阶最佳设计方法为其设计串联校正装置 $W_c(s)$。

解　（1）绘制原系统的开环对数幅频特性 $L(\omega)$，如图 6 - 27 所示。

可求出 $\omega_c = 40$。

（2）绘制期望对数幅频特性曲线 $L^*(\omega)$。

为简化校正装置的设计，同时因为未限定具体指标，可取 $T_2 = 0.005$，即保留原系统高频段转折频率。这样，依据三阶最佳设计法可知：

$$T_1 = hT_2 = 4 \times 0.005 = 0.02$$

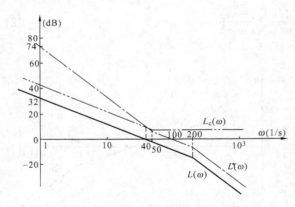

图 6-27　例 6-7 的开环对数幅频特性

$$K = \frac{1}{8T_2^2} = \frac{1}{8 \times (0.005)^2} = 5000$$

故期望开环传递函数为

$$W_k(s) = \frac{5000(0.02s + 1)}{s^2(0.005s + 1)}$$

其对应波德图如图 6-27 中 $L^*(\omega)$ 曲线所示。

（3）确定 $W_c(s)$。用 $L^*(\omega)$ 曲线减去 $L(\omega)$ 曲线，可得到 $L_c(\omega)$ 曲线，该曲线即为校正装置波德图。从图中可看出，低频段斜率为 $-20\mathrm{dB/dec}$、$\omega = 1$ 时，$L_c(\omega) = 42$，可取 $K = 125$；有一个转折频率为 50。故

$$W_c(s) = \frac{125(0.02s + 1)}{s}$$

（4）本题未给出具体性能指标要求，故不作动态校验。

3. 关于 $W_c(s)$ 形式的确定问题

三阶最佳设计的关键是选择合适的 $W_c(s)$，使得

$$W_k^*(s) = W_k(s)W_c(s) = \frac{K(T_1 s + 1)}{s^2(T_2 s + 1)} \tag{6-67}$$

常见的选择方式如下：

（1）若 $W_k(s) = \dfrac{K_0}{s(T_0 s + 1)}$，则可选 PI 调节器，即 $W_c(s) = \dfrac{\tau s + 1}{Ts}$，使得

$$W_k^*(s) = \frac{K_0}{T} \frac{(\tau s + 1)}{s^2(T_0 s + 1)} \tag{6-68}$$

（2）若 $W_k(s) = \dfrac{K_0}{(T_{01}s + 1)(T_{02}s + 1)}$，且有 $T_{01} \gg T_{02}$，则将 $W_k(s)$ 简化为 $W_k(s) \approx$ $\dfrac{K_0}{T_{01}(T_{02}s + 1)}$，仍可按（1）进行处理。

（3）若 $W_k(s) = \dfrac{K_0}{s(T_{01}s + 1)(T_{02}s + 1)}$，则可选 PID 调节器，即 $W_c(s) = \dfrac{(\tau_1 s + 1)(\tau_2 s + 1)}{Ts}$，并令 $\tau_2 = T_{01}$（或 T_{02}），使得

$$W_k^*(s) = \frac{K_0}{T} \frac{(\tau_1 s + 1)}{s^2(T_{02}s + 1)} \tag{6-69}$$

（4）若在（3）的 $W_k(s)$ 中还带有更低的惯性环节，则按（2）的简化方法化为（3）；若 $W_k(s)$ 还带有几个高频率的惯性环节，则由于它们的时间常数都较小，因此可合并为一个惯性环节，从而化为（3）的情况，如

$$W_k(s) = \frac{K_0}{s(T_{01}s + 1)(T_{03}s + 1)(T_{04}s + 1)(T_{05}s + 1)}$$

$$\approx \frac{K_0}{s(T_{01}s + 1)(T_{02}s + 1)} \tag{6-70}$$

式中，$T_{02} = T_{03} + T_{04} + T_{05}$。

第六节 利用 MATLAB 进行控制系统校正

利用频率法对系统进行校正设计时，校正设计过程直观，但其前提是必须能熟练绘制波德图，并在波德图上求取频率特性指标。这种方法工作量大，需要技巧且不准确，而利用 MATLAB 软件可以很容易地解决这些问题。MATLAB 校正设计的方法是，利用 MATLAB 控制系统工具箱中关于频域分析的函数，编制简单的程序，设计基于频率法的各种校正环节。

利用 MATLAB 软件进行串联超前、滞后校正设计时，需使用基于频率特性分析的诸多函数来绘制系统的波德图，求取频域指标，再选择校正环节进行逐次比对来完成设计。下面通过实例来了解 MATLAB 在校正设计中的具体应用方法。

【例 6 - 8】 已知单位负反馈系统被控对象的传递函数为

$$W_0(s) = K_0 \frac{1}{s(0.1s+1)(0.001s+1)}$$

试对系统进行串联超前校正设计，使之满足：

(1) 在斜坡信号 $r(t) = \nu_0 t$ 作用下，系统的稳态误差 $e_{ss} \leqslant 0.001\nu_0$。

(2) 系统校正后，相角稳定裕量 γ 有 $43° < \gamma < 50°$。

解 (1) 求 K_0

$$e_{ss} = \frac{\nu_0}{K_\nu} = \frac{\nu_0}{K_0} \leqslant 0.001\nu_0$$

$$K_\nu = K_0 \geqslant 1000\text{s}^{-1}，取 K_0 = 1000\text{s}^{-1}。$$

被控对象的传递函数为

$$W_0(s) = \frac{1000}{s(0.1s+1)(0.001s+1)}$$

(2) 做原系统的波德图与阶跃响应曲线，检查是否满足要求。

MATLAB 程序为：

```
k0 = 1000;
n1 = 1; d1 = conv (conv ([1, 0], [0.1, 1]), [0.001, 1]);
sys0 = tf (k0 * n1, d1);
figure (1)
bode (sys0);
grid
[h, r, Wg, Wc] = margin (sys0)
figure (2);
sys = feedback (sys0, 1);
step (sys)
```

运行后，原系统的波德图和单位阶跃响应曲线如图 6 - 28 和图 6 - 29 所示。

原系统的频域指标为：幅值裕量 $G_m \approx 0.086\text{dB}$；$-180°$ 穿越频率 $\omega_g \approx 100.0\text{s}^{-1}$；相角裕量 $\gamma \approx 0.058\text{deg}$；穿越频率 $\omega_c \approx 99.5\text{s}^{-1}$。

(3) 求超前校正装置的传递函数。

根据要求的相角稳定裕量 $\gamma = 45°$ 并附加 $10°$，即取 $\gamma = 55°$。根据超前校正的原理，可知 $K_\nu = K_0 \geqslant 1000\text{s}^{-1}$，取 $\overline{K_0} = \alpha K_0 = 1000\text{s}^{-1}$，设超前校正器的传递函数为

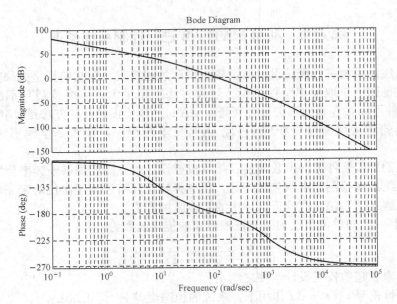

图 6 - 28　原系统的波德图

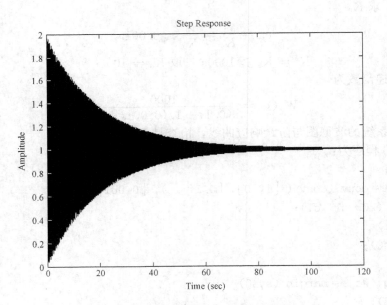

图 6 - 29　原系统的单位阶跃响应曲线

$$W_c(s) = \frac{1 + \alpha T s}{1 + T s}$$

为了不改变校正后系统的稳态性能，$W_c(s)$ 中的 α 已经包含在 $\overline{K}_0$ 中。

MATLAB 程序为：

```
k0 = 1000; n1 = 1; d1 = conv (conv ( [1, 0], [0.1, 1]), [0.001, 1]);
G0 = tf (k0 * n1, d1);
[mag, phase, w] = bode (G0);
```

```
Mag = 20 * log10 (mag);
pm = 45; pm1 = pm + 10;
Qm = pm1 * pi/180;
a = (1 + sin (Qm)) / (1 - sin (Qm));
Lcdb = - 10 * log10 (a);
[i1, ii] = min (abs (Mag - Lcdb));
wc = w (ii)
T = 1/ (wc * sqrt (a));
Gc = tf ( [a * T 1], [T 1])
figure (1);
bode (Gc);
grid;
Gk = series (G0, Gc);
figure (2);
bode (Gk)
margin (Gk)
figure (3);
bode (G0); hold on;
bode (Gc); hold on;
bode (Gk)
sys = feedback (Gk, 1);
```

运行结果为:

Transfer function:

0. 020 56s + 1

....

0. 002 044s + 1

校正装置及校正后系统的波德图如图 6 - 30 和图 6 - 31 所示。

(4) 校验校正后系统是否满足题目要求。

校正后系统的频域指标如图 6 - 32 所示。从图中可知校正后系统的频域指标为:幅值裕量 $G_m = 16.1dB$;$-180°$ 穿越频率 $\omega_g = 657s^{-1}$;相角裕量 $P_m = 46.3deg$;穿越频率 $\omega_c = 193s^{-1}$,满足题目 $43° < \gamma < 50°$ 的要求。

为了了解超前校正后系统时域响应指标的变化,图 6 - 33 绘出了校正后系统的单位阶跃响应曲线。校正后系统超调量为 28.1%,调节时间为 0.047 6s。与校正前相比,稳定性得到改善,快速性得到提高。

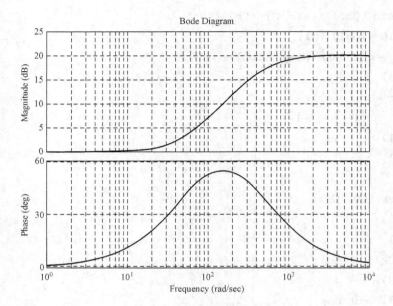

图 6 - 30　校正装置的波德图

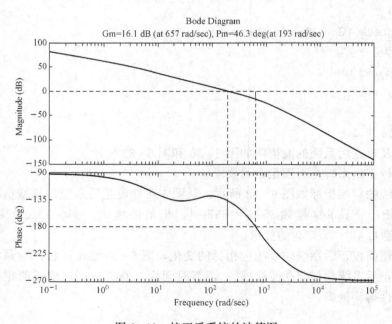

图 6 - 31　校正后系统的波德图

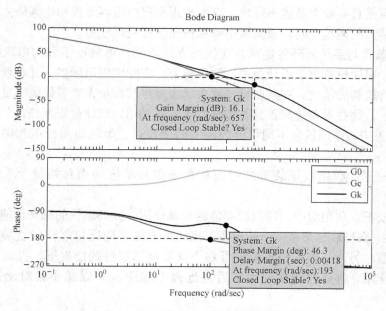

图 6 - 32 校正后系统的频域指标

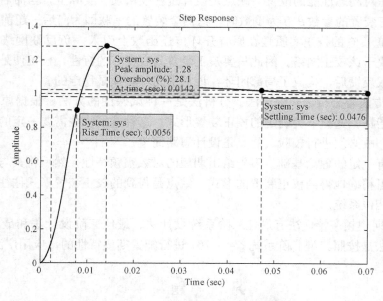

图 6 - 33 校正后系统的单位阶跃响应曲线

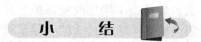

1. 在控制系统中，通过附加某种电气装置来改善系统预期的性能指标的方法，称为校正，该电气装置便称为校正装置。

2. 校正装置通常分为无源校正装置和有源校正装置。无源校正装置由阻容元件组成，结构简单，缺点是直流放大系数不理想。有源校正装置由阻容元件和运算放大器组成，其直流放大系数有很大的调整空间，故实际中有源校正装置应用较多。

3. 按校正装置与系统开环传递函数连接的方式不同，可将校正分为串联校正、并联校正和复合校正。串联校正由于设计简单，效果显著，实际中应用较多。并联校正设计上稍显复杂。但它具有较高的精度，在某些特殊要求场合是串联校正无法替代的。复合校正是一种综合的设计方法，往往对系统校正具有特殊要求时才采用，设计过程繁琐。

4. 串联校正按其作用机制不同可分为串联滞后校正、串联超前校正和串联滞后—超前校正。

串联超前校正：利用校正装置的超前相角来提高系统的相角裕量 γ，从而改善动态性能。

串联滞后校正：利用对中、高频段幅值的衰减作用，提高系统的稳态性能。通过降低系统的穿越频率 ω_c 来换取相角裕量 γ 的提高。当原系统在 ω_c 附近相角 $\varphi(\omega)$ 急剧变化时，该校正效果非常明显。另外，这种校正装置可在不改变动态特性的前提下，提高系统的静态指标。无论哪种作用，都要注意使最大滞后角远离中频段 ω_c，以减小其对动态特性的负面影响。

串联滞后—超前校正，是一种比较优秀的校正装置。它兼有滞后校正对静态特性的提高，和超前校正对动态性能的改善。缺点是设计过程较繁琐。实际上，当滞后校正装置的参数 α 与超前校正装置的参数 β 互为倒数时，这两个装置的串联即为滞后—超前校正装置。

5. 反馈校正，它的校正实质是在原有开环传递函数上引入一负反馈网络。使系统在中频段上特性取决于该校正网络。因此只要校正装置具有良好的特性，校正便是成功的。需要注意的是，引入反馈后，构成了局部闭环，该局部闭环必须是稳定的。

6. 校正的方法有分析法和综合法。分析法是一种试探性的方法。根据原有系统的形式及要求的性能指标，选择一种确定的校正装置形式。这种选择往往需要一定的经验。由于是试探性的方法，故必须进行校验。优点是设计思路简单。

综合法具有一定的理论基础。事先给出期望的对数幅频特性，然后将其与系统原有幅频特性相减，即可精确地得到校正装置的形式。缺点是得到的校正装置形式往往比较复杂，且只适用于最小相位系统。

7. 常用的期望频率特性法有最佳二阶系统设计法、最佳三阶设计法和最小 M_r 设计法。最佳二阶设计法是按照典型 II 阶系统 $\zeta = 0.707$ 进行配置期望特性的，应用广泛。

习　题

6-1　试回答下列问题：

（1）进行校正的目的是什么？为什么不能用改变系统开环增益的办法来实现？

（2）什么情况下采用串联超前校正？它为什么能改善系统性能？

（3）什么情况下采用串联滞后校正？它主要能改善系统哪方面性能？

（4）串联校正装置为什么一般都安置在偏差信号的后面，而不是在系统固有部分的后面？

6-2　设单位反馈系统的开环传递函数

$$W_k(s) = \frac{K}{s(s+1)(0.25s+1)}$$

（1）若要求校正后系统的静态速度误差系数 $k_v \geqslant 5$，相角裕度 $\gamma \geqslant 45°$，试设计串联校正装置。

（2）若上述指标要求不变，还要求系统校正后的穿越频率 $\omega_c \geqslant 2$（rad/s），试设计串联校正装置。

6-3　设单位反馈系统的开环传递函数

$$W_k(s) = \frac{K}{s(0.1s+1)(0.2s+1)}$$

试设计串联校正装置，使校正后系统的静态速度误差系数 $k_v = 100$，相角裕度 $\gamma \geqslant 40°$。

6-4　设单位反馈系统的开环传递函数

$$W_k(s) = \frac{K}{s(0.1s+1)(0.01s+1)}$$

试设计串联校正装置，使系统期望特性满足下列指标：

（1）静态速度误差系数 $k_v \geqslant 250$；

（2）穿越频率 $\omega_c \geqslant 30$；

（3）相角裕度 $\gamma(\omega_c) \geqslant 45°$。

6-5　设系统结构图如图6-34所示。原系统的开环传递函数

$$W_k(s) = W_{k1}(s)W_{k2}(s)$$

$$= \frac{200}{s(0.05s+1)(0.005s+1)}$$

若希望反馈校正后系统的相角裕度 $\gamma(\omega_c) \geqslant 50°$，穿越频率 $\omega_c \geqslant 30$，试确定反馈校正装置 $H(s)$。

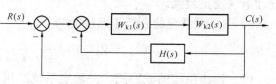

图6-34　习题6-5的系统结构图

6-6　设单位反馈系统的开环传递函数

$$W_k(s) = \frac{K}{s(0.05s+1)(0.25s+1)(0.1s+1)}$$

若要求校正后系统的开环增益不小于12，超调量小于30%，调节时间小于3s，试确定串联滞后校正装置的传递函数。

6-7　设单位反馈系统的开环传递函数

$$W_k(s) = \frac{K}{s(0.12s+1)(0.02s+1)}$$

试用期望频率特性法设计串联校正装置，使系统满足：$k_v \geqslant 70$，$t_s \leqslant 1s$，$\delta\% \leqslant 40\%$。

6-8　设单位反馈系统的开环传递函数

$$W_k(s) = \frac{8}{s(2s+1)}$$

若采用滞后—超前校正装置

$$W_c(s) = \frac{(10s+1)(2s+1)}{(100s+1)(0.2s+1)}$$

对系统进行校正，试绘制系统校正前后的对数幅频渐近特性，并计算系统校正前后的相角裕度。

6-9　某单位负反馈系统，其开环传递函数为

$$W_k(s) = \frac{K}{s(s+1)}$$

若要求系统开环穿越频率 $\omega_c \geqslant 4.4$，相角裕量 $\gamma \geqslant 45°$，在单位斜坡函数输入信号作用下，稳态误差 $e_{ss} \leqslant 0.1$，试确定无源超前校正网络。

6-10　设单位反馈系统开环传递函数

$$W_k(s) = \frac{K}{s(s+1)(0.5s+1)}$$

要求采用串联滞后校正网络，使校正后系统的速度误差系数 $k_v = 5$，相角裕量 $\gamma \geqslant 40°$。

6-11　设单位反馈系统开环传递函数

$$W_k(s) = \frac{K}{s\left(\frac{1}{60}s+1\right)(0.1s+1)}$$

试设计串联校正装置，使校正后系统满足 $k_v \geqslant 126$，开环穿越频率 $\omega_c \geqslant 20$，相角裕度 $\gamma \geqslant 30°$。

6-12　某电动机调速系统，未校正系统的传递函数为

$$W_k(s) = \frac{20}{s(0.05s+1)(0.5s+1)}$$

若要求校正后系统在斜坡信号输入下的稳态误差为 0，且相角裕度 $\gamma \geqslant 45°$，试用期望特性法设计串联校正装置。

6-13　设系统的开环传递函数为

$$W_k(s) = \frac{40}{s(1+0.062\,5s)(1+0.2s)}$$

（1）绘出系统的波德图，并确定系统的相角裕量、幅值裕量及系统的稳定性；

（2）如引入传递函数为

$$W_c(s) = \frac{1+4.2s}{1+70.03s}$$

的相位滞后校正装置，试绘制校正后系统的波德图，并确定校正后系统的相角裕量和幅值裕量。

6-14　未校正系统和串联校正装置的对数幅频特性渐近线如图6-35所示（皆在 S 右半平面无不稳定零、极点），求出二者的传递函数；说出校正装置类型，求出校正后系统的传递函数。

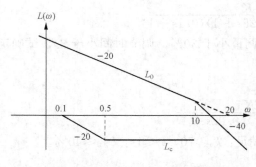

图6-35　习题6-14系统对数幅频特性曲线

6-15　设单位反馈系统开环传递函数

$$W_k(s) = \frac{K}{s(s+1)(0.2s+1)}$$

（1）要求系统的相角裕量 $\gamma = 40°$，速度误差系数 $K_v = 8$。试设计串联滞后校正装置。

（2）比较校正前系统和校正后系统的穿越频率 ω_c，说明校正装置的主要作用。

6-16　已知系统固有部分传递函数为

$$W_0(s) = \frac{40}{s(0.2s+1)(0.01s+1)}$$

试将系统校正成典型 I 型系统。

6-17　已知某系统的结构图如图 6-36 所示。图中，$W_1(s) = 200$，$W_2(s) = \frac{10}{(0.01s+1)(0.1s+1)}$，$W_3(s) = \frac{0.1}{s}$，若要求校正后系统的速度误差系数 $K_v = 200$，最大超调量 $\delta\% \leqslant 20\%$，调节时间 $t_s \leqslant 2s$，试用希望频率特性法对系统进行局部反馈校正。

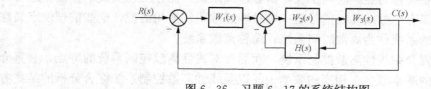

图 6-36　习题 6-17 的系统结构图

6-18　单位负反馈系统开环传递函数为

$$W_k(s) = \frac{K}{s(0.9s+1)(0.007s+1)}$$

要求串入校正装置 $H_c(s)$，使系统校正后满足下列指标：（1）系统仍为 I 型，稳态误差系数 $k_v \geqslant 1000$；（2）调节时间 $t_s \leqslant 0.25s$，超调量 $\delta\% \leqslant 30\%$。

6-19　前馈—反馈复合校正系统如图 6-37 所示，设各环节传递函数为

$$W_1(s) = 10, W_0(s) = \frac{10}{s(s+10)}, H(s) = 1.$$ 请问该系统的稳定性与前馈校正环节有无关系？要求在稳定性不变的前提下，系统变为 II 型，校正环节 $W_c(s)$ 该怎么设计？

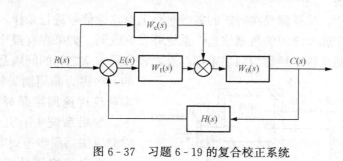

图 6-37　习题 6-19 的复合校正系统

第七章　线性离散控制系统的分析

前面几章研究的控制系统，其所有的信号都是模拟信号，即都是时间变量 t 的连续函数。通常我们把这类系统称为连续时间系统，简称连续系统。而在工程实践中，往往还有另一类控制系统，其内部有一处或几处信号是一串脉冲或数码，换句话说，这些信号仅定义在离散时间上，则这样的系统称为离散时间系统，简称离散系统。

本章中，首先简要介绍线性离散控制系统，而后针对线性离散控制系统的特点，着重介绍线性离散控制系统的基本概念、相应的数学工具以及线性离散控制系统综合分析的某些方法，这是设计线性离散控制系统的重要理论基础。

第一节　离散控制系统概述

在工程实践中，常见的离散系统有两种：

（1）系统中的离散信号是脉冲序列形式的，此类系统通常称为脉冲控制系统或采样控制系统。

（2）系统中的离散信号是数字序列形式的，此类系统通常称为数字控制系统或计算机控制系统。

一、采样控制系统

在采样控制系统中，采样器只在特定的离散时刻上对连续信号进行采样，获取的数据是脉冲序列，而相邻两个脉冲之间的数据信息，系统并没有收到。如果在有规律的间隔上，系统取到了离散信息，则这种采样称为周期采样；反之，如果信息之间的间隔是时变的或随机的，则称为非周期采样或随机采样。本章仅讨论周期采样。在这一假定下，如果系统中有几个采样器，则它们应该是同步等周期的。

在现代控制技术中，采样控制系统有许多实际的应用。我们以工业过程控制中的炉温采样控制系统为例，分析采样控制系统的特点。

图 7-1 是炉温采样控制系统原理图。其工作原理如下：

当炉温 θ 偏离给定值时，测温电阻的阻值发生变化，使电桥失去平衡，这时检流计指针发生偏转，其偏角为 s。检流计是一个高灵敏度的元件，不允许在指针与电位器之间

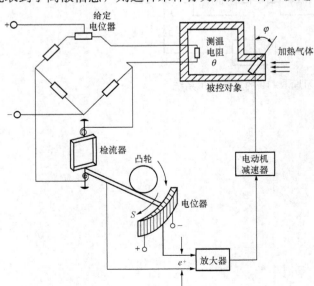

图 7-1　炉温采样控制系统原理图

有摩擦力，故由一套专门的同步电动机通过减速器带动凸轮运转，使检流计指针周期性地上下运动，每隔 T 秒与电位器接触一次，每次接触时间为 τ。其中，T 称为采样周期，τ 称为采样持续时间。当炉温连续变化时，电位器的输出是一串宽度为 τ 的脉冲电压信号 $e_\tau^*(t)$，如图 7 - 2（a）所示。$e_\tau^*(t)$ 经放大器、电动机及减速器去控制阀门开度 φ，以改变加热气体的进气量，使炉温趋于给定值。炉温的给定值，由给定电位器给出。

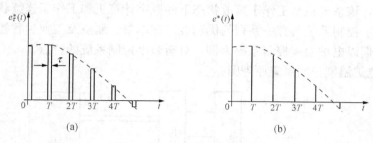

图 7 - 2 电位器的输出电压

　　在炉温控制过程中，如果采用连续控制方式，则无法解决控制精度与动态性能之间的矛盾。因为炉温调节是一个大惯性过程，当加大开环增益以提高系统的控制精度时，由于系统的灵敏度相应提高，在炉温低于给定值的情况下，电动机将迅速增大阀门开度，给炉子供应更多的加热气体，但因炉温上升缓慢，在炉温升到给定值时，电动机已将阀门的开度开得更大了，从而炉温继续上升，结果造成反方向调节，引起炉温振荡性调节过程；而在炉温高于给定值的情况下，具有类似的调节过程。如果对炉温进行采样控制，只有当检流计的指针与电位器接触时，电动机才在采样信号作用下产生旋转运动，进行炉温调节；而在检流计与电位器脱开时，电动机就停止不动，保持一定的阀门开度，等待炉温缓慢变化。在采样控制的情况下，电动机时转时停，所以调节过程中超调现象大为减小，甚至在采用较大开环增益的情况下也是如此，不但能保证系统稳定，而且能使炉温调节过程无超调。

　　由上面的分析可知，在采样控制系统中不仅有模拟信号，还有脉冲信号。为了使两种信号在系统中能相互传递，在连续信号和脉冲信号之间要用采样器，而在脉冲信号和连续信号之间要用保持器，以实现两种信号的转换。采样器和保持器，是采样控制系统中的两个特殊环节，下一节我们再对之详细介绍。

　　根据采样器在系统中所处的位置不同，可以构成各种采样系统。采样控制系统的典型结构如图 7 - 3 所示。图中，S 为理想采样开关，其采样瞬时的脉冲幅值，等于相应采样瞬时误差信号 $e(t)$ 的幅值，且采样持续时间趋于零，$e^*(t)$ 为 $e(t)$ 脉冲序列；$W_c(s)$ 为控制器的传递函数；$u^*(t)$ 为控制器的输出信号，亦为脉冲序列；$W_h(s)$ 为保持器的传递函数；$W_p(s)$ 为被控对象的传递函数；$H(s)$ 为测量变送反馈元件的传递函数。

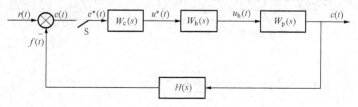

图 7 - 3 采样控制系统典型结构图

由图 7-3 可见，采样开关 S 输出 $e^*(t)$ 的幅值，与其输入 $e(t)$ 的幅值之间存在线性关系。当采样开关和系统其余部分的传递函数都具有线性特性时，这样的系统就称为线性采样系统。

二、数字控制系统

数字控制系统是一种以数字计算机为控制器去控制具有连续工作状态的被控对象的闭环控制系统。因此，该系统包括工作于离散状态下的数字计算机和工作于连续状态下的被控对象两大部分。数字控制系统具有一系列的优越性，在军事、航空及工业过程控制中，得到了广泛的应用。我们以电炉温度控制系统为例，分析数字控制系统的特点。

图 7-4 是电炉温度控制系统原理图。

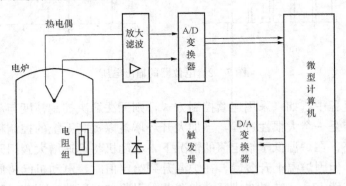

图 7-4　电炉温度控制系统原理图

本系统采用微型计算机作为数字控制器，具有稳态精度高、快速响应性好、抗扰能力强等特点。整个系统主要由控制计算机、被控对象和温度反馈三部分组成。系统的设定温度（离散的数字信号）可由计算机给出，电炉实际的温度由热电偶测量得到，是连续的模拟信号。由于计算机只能接受数字信号，所以必须利用 A/D 变换器，将它转化为数字量，送入计算机。在计算机中，计算出设定温度与检测出的实际温度的误差 $\bar{e}^*(t)$（离散的数字信号），通过合适的控制算法，产生控制信号 $\bar{u}^*(t)$（离散的数字信号），驱动整流器为电阻炉加热。由于实际的整流器为模拟器件，因此必须使用 D/A 变换器将控制信号转化为连续的模拟信号。

在本例中，计算机作为系统的控制器，其输入和输出只能是数字信号，即在时间上和幅值上都离散量化的信号，而系统中被控对象和测量元件的输入和输出都是连续信号，所以在计算机控制系统中，需要应用 A/D（模/数）和 D/A（数/模）转换器，以实现两种信号的转换。计算机控制系统的典型原理图如图 7-5 所示。

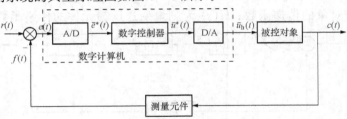

图 7-5　计算机控制系统典型原理图

数字计算机在对系统进行实时控制时，每隔 T 秒进行一次控制修正，T 为采样周期。在每个采样周期中，控制器要完成对于连续信号的采样编码（即 A/D 过程）和按控制规律进行的数码运算，然后将计算结果转换成连续信号（即 D/A 过程）。因此，A/D 转换器和 D/A 转换器是计算机控制系统中的两个特殊环节。

A/D 转换器是把连续的模拟信号转换为离散数字信号的装置。若 A/D 转换器有足够的字长来表示数码，且量化单位 q 足够小，故由量化引起的幅值的断续性可以忽略。若认为采样编码过程瞬时完成，并用理想脉冲来等效代替数字信号，则数字信号可以看成脉冲信号，A/D 转换器就可以用一个采样周期为 T 的理想采样开关 S 来表示。

D/A 转换器是把离散的数字信号转换为连续模拟信号的装置，它可以把离散数字信号转换为离散的模拟信号，同时将离散的模拟信号再复现为连续的模拟信号，起到了信号保持器的作用。当采样频率足够高时，其输出的信号将趋近于连续信号。

由上面的分析可知，若将 A/D 转换器用采样周期 T 的理想开关 S 来代替，将 D/A 转换器用保持器取代，其传递函数为 $W_h(s)$；图 7-5 中数字控制器等效为一个传递函数为 $W_c(s)$ 的脉冲控制器与一个周期为 T 的理想采样开关相串联，采样开关每隔 T 秒输出的脉冲强度为 $u^*(t)$。如果再令被控对象的传递函数为 $W_p(s)$，测量元件的传递函数为 $H(s)$，则图 7-5 的等效采样系统结构图如图 7-6 所示。实际上，图 7-6 也是数字控制系统的常见典型结构图。

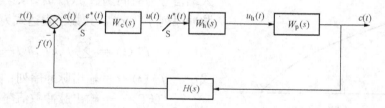

图 7-6 数字控制系统的常见典型结构图

第二节 采样过程与采样定理

在控制系统中，常遇见以下几种信号：

模拟信号是指在时间和幅值上都是连续的信号。在数学上用连续函数 $f(t)$ 表示。

离散模拟信号是指在时间上是离散的，而在幅值上是连续的信号。

数字信号表示在时间上是离散的，在幅值上也是离散的信号。

各种信号之间的转换通常用采样器和保持器来实现。

一、信号的采样

采样是指将模拟信号利用采样开关，按照一定的时间间隔，重复开闭抽样，变成离散模拟信号的过程。采样开关重复开闭的时间间隔称为采样周期。实现采样功能的装置，称为采样器。

采样器是离散控制系统的一个基本元件。当采样的形式为等周期采样时，采样器的理想模型相当于每隔 T 秒闭合一次的开关，T 即为采样周期。采样持续的时间 τ 很短，一般 $\tau \leqslant 0.1T$。在采样时间 τ 内有信号传递，而在一个采样周期 T 中的其余 $T-\tau$ 时间内则无信号传递。而采样过程是指将一个连续的输入信号，经过开关采样后转变为在采样开关闭合瞬间 0、T、$2T$、…、nT 发生的一连串脉冲输出信号。

1. 实际采样器

实际采样器即一个模拟电子开关，将连续的输入量 $f(t)$ 变换为脉冲数值序列 $f(kT)$，也就是模拟离散量。采样器和信号的输入、输出关系如图 7-7 所示。

图中 T 即采样周期，τ 为采样持续时间。这时采样开关的输出是由一系列的矩形波的离散量所组成，τ 决定了数值序列 $f(kT)$ 的宽度。

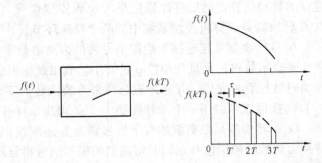

图 7-7　实际采样器和采样数值序列

2. 脉冲采样器

在离散控制系统中，为了便于应用 z 变换、脉冲传递函数和差分方程等数学工具进行描述、分析和研究，引入理想脉冲器的概念。即在实际采样器的输出端增加一个理想脉冲调制器，当输入端信号为时间函数 $f(t)$ 时，则其输出将是一个脉冲序列 $f^*(t)$，其数学表达式为

$$f^*(t) = \sum_{k=0}^{\infty} f(kT)\delta(t-kT) \qquad (7-1)$$

式中　　$f^*(t)$——输出脉冲序列；

　　　　$f(kT)$——输出脉冲数值序列；

　　$\delta(t-kT)$——发生在 $t=kT$ 时刻的单位脉冲。

单位脉冲函数的定义为

$$\left.\begin{array}{r}\delta(t-kT) = \begin{cases}\infty\,(t=kT)\\ 0\,(t\neq kT)\end{cases}\\[2mm] \displaystyle\int_{-\infty}^{+\infty}\delta(t-kT)\,\mathrm{d}t = 1\end{array}\right\} \qquad (7-2)$$

应该指出，具有无穷大幅值和持续时间为 0 的理想单位脉冲是数学上的假设，实际物理系统中不会发生。在实际应用中，只有计算面积或强度才有意义。另外，只有当采样持续时间 τ 远小于采样周期 T 及系统不可变部分的时间常数时，采样开关才可以近似视为理想单位脉冲发生器。

脉冲采样器结构及波形如图 7-8 所示。

下面分析一下 $f^*(t)$ 的物理意义。

在每个采样时刻，脉冲采样器输出一个脉冲，其高度为无限大，但强度为有限值 $f(kT)$。

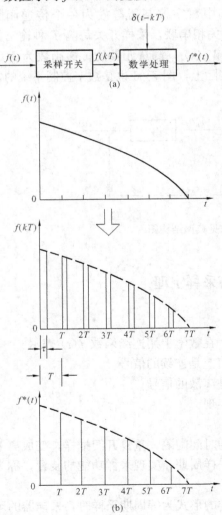

图 7-8　理想脉冲采样器及波形
(a) 脉冲采样器；(b) 脉冲采样波形

根据理想单位脉冲函数的定义，在采样开关闭合时，$f(kT)$ 与 $f(t)$ 的瞬时值相等，故式 (7-1) 还可描述为

$$f^*(t) = f(t) \sum_{k=0}^{\infty} \delta(t-kT) \tag{7-3}$$

式（7-3）表明，离散控制系统的采样过程可以理解为脉冲调制过程，采样开关只起着理想脉冲发生器的作用，通过它将连续信号 $f(t)$ 调制成脉冲序列 $f^*(t)$。

二、采样定理

通过前面的分析可知，采样器的理想模型为一个采样开关，在一个采样周期内，信号只在极短的采样时间 τ 内传递，而在其余的 $(T-\tau)$ 时间内无信号通过，在这段时间内控制系统处于断开状态。如果采样角频率 ω_s 太低或采样周期 T 太长，信号经过采样以后将过多地丢失输入信号中的某些信息；如果采样角频率 ω_s 太高或采样周期 T 太短，将导致数据采集量、存储量及运算量过多。因此合理选择采样角频率 ω_s 非常重要。

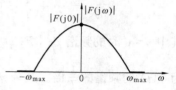

设有一连续时间信号 $f(t)$，其频带宽度是有限的，最高频率为 $w_{\max}$，带宽为 $2w_{\max}$，如图 7-9 所示。

该信号若经过采样周期为 T 的采样开关采样，可得其离散信号 $f^*(t)$，其表达式为

图 7-9　连续信号 $f(t)$ 的频谱

$$f^*(t) = f(t)\delta_{\mathrm{T}}(t) = \sum_{k=0}^{\infty} f(kT)\delta(t-kT) \tag{7-4}$$

由于 $\delta_{\mathrm{T}}(t) = \sum_{k=0}^{\infty} \delta(t-kT)$ 是周期函数，可以展开为复数形式的傅氏级数

$$\delta_{\mathrm{T}}(t) = \sum_{k=0}^{\infty} \delta(t-kT) = \sum_{n=-\infty}^{+\infty} C_n \mathrm{e}^{\mathrm{j}n\omega_s t} \tag{7-5}$$

式中　ω_s ——采样角频率，$\omega_s = \dfrac{2\pi}{T}$；

C_n ——傅氏系数。

$$C_n = \frac{1}{T}\int_{-\frac{T}{2}}^{\frac{T}{2}} \delta_{\mathrm{T}}(t)\mathrm{e}^{-\mathrm{j}n\omega_s t}\mathrm{d}t = \frac{1}{T}\int_{0^-}^{0^+} \delta(t)\mathrm{e}^{-\mathrm{j}n\omega_s t}\mathrm{d}t = \frac{1}{T}\mathrm{e}^{-\mathrm{j}n\omega_s t}\Big|_{t=0} = \frac{1}{T} \tag{7-6}$$

将式（7-6）代入式（7-5）中，可知

$$\delta_{\mathrm{T}}(t) = \frac{1}{T}\sum_{n=-\infty}^{+\infty} \mathrm{e}^{\mathrm{j}n\omega_s t} \tag{7-7}$$

于是可知　　$$f^*(t) = f(t)\delta_{\mathrm{T}}(t) = f(t)\frac{1}{T}\sum_{n=-\infty}^{+\infty} \mathrm{e}^{\mathrm{j}n\omega_s t} = \frac{1}{T}\sum_{n=-\infty}^{+\infty} f(t)\mathrm{e}^{\mathrm{j}n\omega_s t} \tag{7-8}$$

对式（7-8）两边取拉氏变换，可得

$$F^*(s) = \frac{1}{T}\sum_{n=-\infty}^{+\infty} L\big[f(t)\mathrm{e}^{\mathrm{j}n\omega_s t}\big]$$

利用拉氏变换的平移定理，上式可变为

$$F^*(s) = \frac{1}{T}\sum_{n=-\infty}^{+\infty} F(s-\mathrm{j}n\,\omega_s) \tag{7-9}$$

或 $F^*(s)$ 的极点均在 S 平面左半平面，可用 $\mathrm{j}\omega$ 替代式（7-9）中的 s，便得到了离散信号

$f^*(t)$ 的傅氏变换

$$F^*(j\omega) = \frac{1}{T} \sum_{n=-\infty}^{+\infty} F[j(\omega - n\omega_s)] \tag{7-10}$$

故采样信号 $f^*(t)$ 的频谱为

$$|F^*(j\omega)| = \frac{1}{T} \left| \sum_{n=-\infty}^{+\infty} F[j(\omega - n\omega_s)] \right| \tag{7-11}$$

它是采样角频率 ω_s 的周期函数。当 $\omega_s > 2\omega_{max}$ 时，式（7-11）中和的模等于模的和，此时采样信号 $f^*(t)$ 的频谱 $|F^*(j\omega)|$ 可表示为

$$|F^*(j\omega)| = \frac{1}{T} \left| \sum_{n=-\infty}^{+\infty} F[j(\omega - n\omega_s)] \right| = \frac{1}{T} \sum_{n=-\infty}^{+\infty} |F[j(\omega - n\omega_s)]|$$

$$= \cdots + \frac{1}{T} \left| F[j(\omega + \omega_s)] \right| + \frac{1}{T} \left| F(j\omega) \right| + \frac{1}{T} \left| F[j(\omega - \omega_s)] \right| + \cdots \tag{7-12}$$

其中 $n=0$ 时的频谱 $\frac{1}{T}|F(j\omega)|$ 与采样前连续信号 $f(t)$ 的频谱 $|F(j\omega)|$ 相同，只不过幅值为 $f(t)$ 的频谱的 $\frac{1}{T}$ 倍。其余 $n=\pm 1, \pm 2, \cdots$ 时的各个频谱，均为由于采样而产生的高频频谱，对系统起了相当于扰动信号的不良作用，应设法予以消除。此时的 $f^*(t)$ 的频谱如图 7-10 所示。

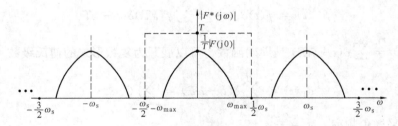

图 7-10　采样频率满足采样定理时离散信号的频谱

由图 7-10 可以发现，采样信号 $f^*(t)$ 的频谱中，各分量的频谱彼此分离，故可用理想的低通滤波器（其幅频特性为图 7-10 中的虚线矩形）滤去高频部分，获取出原信号的频谱 $|F(j\omega)|$，这样可不失真地恢复出采样器输入端的原信号。

当 $\omega_s < 2\omega_{max}$ 时，$n=0$ 的部分将与 $n=1$ 及 $n=-1$ 的频谱部分重叠，故使该部分的频谱特性不再与原信号相同，这种现象称为混叠。此时，无法使用低通滤波器从 $|F^*(j\omega)|$ 中恢复出 $|F(j\omega)|$，如图 7-11 所示。

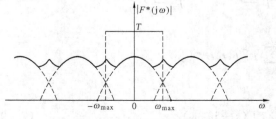

图 7-11　采样频率不满足采样定理时离散信号的频谱

总之，若想由离散信号 $f^*(t)$ 中无失真地恢复原信号 $f(t)$，必须使采样开关的角频率 $\omega_s = 2\pi/T$ 大于等于原信号最大频率 ω_{max} 的两倍。这就是采样定理所述的内涵。

采样定理（又称香农定理）：对一个具有有限频谱的连续信号（$-\omega_{max} \leqslant \omega \leqslant \omega_{max}$）

进行采样，若采样开关的角频率 $\omega_s \geqslant 2\omega_{max}$，即 $T \leqslant \dfrac{\pi}{\omega_{max}}$，就可以利用理想保持器由采样信号中无失真地恢复出原信号。

三、信号的恢复与保持

在离散控制系统中，为了不失真地复现采样器输入端的原信号，必须选择合适的采样周期（T 应满足采样定理），同时还应利用理想的低通滤波器来恢复相应的信号。这种信号的恢复过程又称信号的保持过程，所使用的低通滤波器又称为保持器。

保持器的作用有两方面：一是由于采样信号仅在采样开关闭合时才有输出，而在其余时间输出均为 0，故在两次采样开关闭合的间隔时间，应采取某种措施保持信号，即需解决两相邻采样时间的插值问题；二是保持器要对由于采样开关采样而产生的高频干扰分量进行滤波，以保证重构信号的准确性。

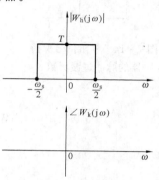

下面分析理想保持器和工程上常用的零阶保持器。

1. 理想信号保持器

由图 7 - 10 可知，若 $\omega_s \geqslant 2\omega_{max}$，则离散信号的频谱无重叠现象，故可用一个理想的低通滤波器完全恢复出原信号。该理想低通滤波器即为理想保持器。其频率特性如图 7 - 12 所示。

图 7 - 12 理想信号保持器的频率特性

显然，这种理想的信号保持器在工程上是无法实现的，只能得到类似于图 7 - 12 特性的信号保持器。零阶保持器就是其中的一种。

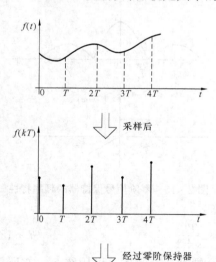

2. 零阶信号保持器

零阶保持器的数学定义为

$$f_h(kT + t') = \alpha_0 \quad (0 < t' < T)$$

零阶保持器是按常值规律将 k 个采样值外推到 $kT + t'$ 时间，只要确定出系数 α_0，则 $f_h(kT + t')$ 即被唯一确定。故零阶保持器的输出函数为

$$f_h(kT + t') = \alpha_0 = f(kT) \qquad (7 - 13)$$

即零阶保持器的输出值仅在每个采样时刻发生变化，而在两个相邻采样时刻之间的输出值是不变的。因而使离散信号恢复为一个阶梯状的连续信号，对应工作波形如图 7 - 13 所示。

若零阶保持器的输入信号 $r(t)$ 为单位脉冲 $\delta(t)$，则零阶保持器的输出 $f_n(t)$ 是幅值为 1，宽度为 T 的矩形，又称零阶保持器的脉冲过渡函数，其图形如图 7 - 14 所示。

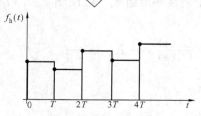

图 7 - 13 信号经采样保持后的变化

为计算方便，可将脉冲过渡函数 $f_h(t)$ 分解为两个阶跃函数之和：

$$f_h(t) = 1(t) - 1(t - T) \qquad (7 - 14)$$

式（7 - 14）中，$1(t)$ 是单位阶跃函数；$1(t - T)$ 是具有

纯滞后的单位阶跃函数。

式（7-14）的拉氏变换为 $F_\mathrm{h}(s)=\dfrac{1}{s}-\dfrac{1}{s}\mathrm{e}^{-Ts}$，输入信号 $R(s)=L[\delta(t)]=1$。

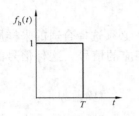

图 7-14　零阶信号保持器的脉冲过渡函数

由上面的分析可知，零阶保持器的传递函数为

$$W_\mathrm{h}(s)=\frac{F_\mathrm{h}(s)}{R(s)}=\frac{1-\mathrm{e}^{-Ts}}{s} \tag{7-15}$$

零阶保持器的频率响应特性为

$$W_\mathrm{h}(\mathrm{j}\omega)=\frac{1-\mathrm{e}^{-\mathrm{j}\omega T}}{\mathrm{j}\omega}=T\frac{\sin\left(\dfrac{T\omega}{2}\right)}{\dfrac{T\omega}{2}}\mathrm{e}^{-\mathrm{j}\frac{T\omega}{2}} \tag{7-16}$$

其相应的幅相频率特性分别为

$$\left.\begin{aligned}|W_\mathrm{h}(\mathrm{j}\omega)|&=\frac{|1-\mathrm{e}^{-\mathrm{j}\omega T}|}{|\mathrm{j}\omega|}=T\frac{\sin\left(\dfrac{\omega T}{2}\right)}{\dfrac{\omega T}{2}}\\[2mm]\angle W_\mathrm{h}(\mathrm{j}\omega)&=-\frac{\omega T}{2}\end{aligned}\right\} \tag{7-17}$$

式中，T 为采样周期。

根据式（7-17），可绘制出其幅、相频率特性图，如图 7-15 所示。

由图 7-15 可知，它与理想信号保持器相比，在幅频上略有误差，而相频上略有延迟，但采样周期 T_s 取值越小，差别也就越小。此外，零阶保持器的相位延迟（滞后）会使离散系统的稳定性变差。需要指出，若输入信号为阶跃信号，则零阶保持器能无失真地恢复原信号。

3. 零阶信号保持器的实现

零阶保持器的传递函数为

$$W_\mathrm{h}(s)=\frac{1-\mathrm{e}^{-Ts}}{s}=\frac{1}{s}\left(1-\frac{1}{\mathrm{e}^{Ts}}\right)$$

由于 $\mathrm{e}^{Ts}=1+Ts+\dfrac{1}{2!}(Ts)^2+\cdots+\dfrac{1}{n!}(Ts)^n+\cdots$，当 T 很小时，可用该级数中的前两项来近似表示 e^{Ts}，故零阶保持器的传递函数可近似表示为

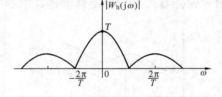

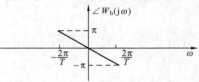

图 7-15　零阶信号保持器的频率特性

$$W_\mathrm{h}(s)=\frac{1}{s}\left(1-\frac{1}{1+Ts}\right)=\frac{T}{Ts+1} \tag{7-18}$$

应由一放大环节和一个惯性环节组成，可用图 7-16 所示电路来实现。

$$W_\mathrm{h}(s)=\frac{U_0(s)}{U_1(s)}=-K_\mathrm{p}\frac{1}{Ts+1} \tag{7-19}$$

式中，$K_\mathrm{p}=\dfrac{R_2}{R_1}$；$T=R_2C$。

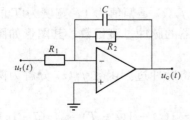

图 7-16　零阶信号保持器的实现

第三节　z 变 换 理 论

一、z 变换

在线性定常系统中，主要的数学工具是拉氏变换，而在线性定常离散系统中，主要的数学工具为 z 变换。z 变换可以理解为拉氏变换的一种变形，可以由拉氏变换引出。

设连续时间函数 $f(t)$ 满足拉氏变换的三个条件，对应的拉氏变换为 $F(s)$，则有

$$F(s) = \mathcal{L}[f(t)] = \int_0^\infty f(t)\mathrm{e}^{-st}\,\mathrm{d}t$$

$f(t)$ 经过采样周期为 T 的采样后，成为离散信号 $f^*(t)$

$$f^*(t) = f(t)\delta_\mathrm{T}(t) = \sum_{k=0}^\infty f(kT)\delta(t-kT)$$

式中，当 $k<0$ 时，$f(kt)=0$。

对离散信号 $f^*(t)$ 取拉氏变换

$$F^*(s) = \mathcal{L}[f^*(t)] = \int_0^\infty \sum_{k=0}^\infty f(kT)\delta(t-kT)\mathrm{e}^{-st}\,\mathrm{d}t$$

$$= \sum_{k=0}^\infty f(kT)\int_0^\infty \delta(f-kT)\mathrm{e}^{-st}\,\mathrm{d}t = \sum_{k=0}^\infty f(kT)\int_{kT^-}^{kT^+} \delta(t-kT)$$

$$= \sum_{k=0}^\infty f(kT)\mathrm{e}^{-kTs} \tag{7-20}$$

式中，e^{-kTs} 为超越函数，不便计算，故引入新的变量 z。令

$$z = \mathrm{e}^{Ts} \tag{7-21}$$

式中，s 为拉氏变换的复变量；T 为采样周期；z 为 s 的超越函数，也为复变量。

将 $z=\mathrm{e}^{Ts}$ 代入式 (7-20) 中，即可得到以复变量 z 为变量的函数 $F(z)$：

$$F(z) = F^*(s) = \sum_{k=0}^\infty f(k)\mathrm{e}^{-kTs}\bigg|_{z=\mathrm{e}^{Ts}} = \sum_{k=0}^\infty f(kT)z^{-k} \tag{7-22}$$

若式 (7-22) 的级数收敛，则称 $F(z)$ 为离散信号 $f^*(t)$ 的 z 变换，并记作

$$F(z) = Z[f^*(t)] = \sum_{k=0}^\infty f(kT)z^{-k}$$

在 z 变换的分析中，考虑的是 $f(t)$ 在各采样时刻的采样值 $f(kT)$，所以以上式只能表示连续函数在各采样时刻的特性，故连续信号 $f(t)$ 与相应的离散信号 $f^*(t)$ 具有相同的 z 变换，记作

$$F(z) = F^*(s) = L[f^*(t)] = Z[f^*(t)] = Z[f(t)] = Z[f(kT)]$$

$$= \sum_{k=0}^\infty f(kT)z^{-k} \tag{7-23}$$

由 z 变换的推导过程可知，z 变换是拉氏变换的推广，亦可称为采样拉氏变换或离散拉氏变换。

下面介绍离散信号 z 变换的求取方法。常用的方法有两种。

1. 级数求和法

已知连续信号 $f(t)$ 或采样信号 $f^*(t)$，利用 z 变换定义式 (7-23) 计算 $F(z)$。

$$f^*(t) = \sum_{k=0}^{\infty} f(kT)\delta(t - kT)$$

$$= f(0)\delta(t) + f(0)\delta(t - T) + f(2T)\delta(t - 2T) + \cdots + f(kT)\delta(t - kT) + \cdots$$

对上式各项分别取拉氏变换，得

$$F^*(s) = f(0) + f(T)e^{-Ts} + f(kT)e^{-2Ts} + \cdots + f(kT)e^{-kTs} + \cdots$$

由于 $e^{Ts} = z$，故可得

$$F(z) = F^*(s) = f(0) + f(0)z^{-1} + f(2)z^{-2} + \cdots + f(k)z^{-k} + \cdots \qquad (7\text{-}24)$$

该式即为离散信号 $f^*(t)$ 的 z 变换 $f(z)$ 的级数展开式，当级数收敛时，可写成闭合形式。

【例 7-1】 求单位阶跃函数 $f(t) = 1(t)$ 的 z 变换。

解 单位阶跃函数在任何采样时刻的值均为 1，由 z 变换定义得

$$f(kT) = 1; k = 0, 1, 2, \cdots$$

故

$$F(z) = 1 + z^{-1} + z^{-2} + \cdots + z^{-k} + \cdots$$

上式两端同乘以 z^{-1}，则有

$$z^{-1}F(z) = z^{-1} + z^{-2} + \cdots + z^{-(k+1)} + \cdots$$

上两式两边相减，得

$$(1 - z^{-1})F(z) = 1$$

故得

$$F(z) = \frac{1}{1 - z^{-1}} = \frac{z}{z - 1}$$

【例 7-2】 已知 $f(t) = \begin{cases} e^{-at} & (t \geq 0) \\ 0 & (t < 0) \end{cases}$，求 $f(t)$ 的 z 变换。

解 由 z 变换定义可得

$$F(z) = Z[e^{-at}] = \sum_{k=0}^{\infty} e^{-akT}z^{-k} = 1 + e^{-aT}z^{-1} + e^{-2aT}z^{-2} + \cdots + e^{-kaT}z^{-k} + \cdots$$

上式为等比数列，若 $|e^{-aT}z^{-1}| < 1$，则 $F(z)$ 可整理为闭合形式

$$F(z) = \frac{1}{1 - e^{-aT}z^{-1}} = \frac{z}{z - e^{-aT}}$$

【例 7-3】 已知 $f(t) = \begin{cases} \sin(\omega t) & (t \geq 0) \\ 0 & (t < 0) \end{cases}$，求 $f(t)$ 的 z 变换。

解 由 z 变换定义可知

$$F(z) = Z[\sin(\omega t)] = Z\left[\frac{1}{2j}(e^{j\omega t} - e^{-j\omega t})\right]$$

利用例 7-2 题的结果，有

$$Z[e^{j\omega t}] = \frac{z}{z - e^{j\omega T}}$$

$$Z[e^{-j\omega t}] = \frac{z}{z - e^{-j\omega T}}$$

故可得

$$F(z) = \frac{1}{2j}\left[\frac{z}{z - e^{j\omega T}} - \frac{z}{z - e^{-j\omega T}}\right] = \frac{1}{2j}\frac{(e^{j\omega T} - e^{-j\omega T})z}{z^2 - (e^{j\omega T} + e^{-j\omega T})z + 1}$$

$$= \frac{z\sin(\omega T)}{z^2 - 2z\cos(\omega T) + 1}$$

2. 部分分式法

设有连续函数 $f(t)$，求出其拉氏变换 $F(s)$ 及全部极点 $s_i(i = 1, 2, \cdots, n)$。将 $F(s)$ 展开成部分分式的形式为

$$F(s) = \sum_{i=1}^{n} A_i \frac{1}{s + s_i}$$

式中，A_i 为各分式的系数，其后利用 z 变换表或利用拉氏反变换求各项对应的时间函数，再求 z 变换，最后对各式通分、化简、合并，求取 $F(z)$。$F(z)$ 的表达式可为

$$F(z) = \sum_{i=1}^{n} A_i \frac{z}{z - e^{-s_i T}} \tag{7-25}$$

【例 7-4】 已知 $F(s) = L[f(t)] = \frac{1}{s(s+1)}$，求 $f(t)$ 的 z 变换 $F(z)$。

解 将上式用部分分式分解得

$$F(s) = \frac{1}{s(s+1)} = \frac{1}{s} - \frac{1}{s+1}$$

由 z 变换表可知

$$\frac{1}{s} \text{ 的 } z \text{ 变换为} \frac{z}{z-1}$$

$$\frac{1}{s+1} \text{ 的 } z \text{ 变换为} \frac{z}{z - e^{-T}}$$

故

$$F(z) = \frac{z}{z-1} - \frac{z}{z - e^{-T}} = \frac{z(1 - e^{-T})}{(z-1)(z - e^{-T})}$$

【例 7-5】 已知 $F(s) = L[\cos(\omega t)] = \frac{s}{s^2 + \omega^2}$，求 $F(z)$。

解 将上式部分分式展开，得

$$F(s) = \frac{s}{s^2 + \omega^2} = \frac{s}{(s + j\omega)(s - j\omega)} = \frac{1}{2}\left(\frac{1}{s + j\omega} + \frac{1}{s - j\omega}\right)$$

由 z 变换表可知

$$\frac{1}{s \pm j\omega} \text{ 的 } z \text{ 变换为} \frac{z}{z - e^{\mp j\omega T}}$$

故

$$F(z) = \frac{1}{2}\left[\frac{z}{z - e^{j\omega T}} + \frac{z}{z - e^{-j\omega T}}\right] = \frac{1}{2} \times \frac{z[2z - 2\cos(\omega T)]}{z^2 - 2z\cos\omega T + 1}$$

$$= \frac{z[z - \cos(\omega T)]}{z^2 - 2z\cos(\omega T) + 1}$$

二、z 变换的基本定理

1. 线性定理

设函数 $f_1(t)$、$f_2(t)$ 的 z 变换分别为 $F_1(z), F_2(z)$，a, b 为常数或与时间 t 及复变量 z 无关的变量，则有

$$Z[af_1(t) \pm bf_2(t)] = Z[af_1(t)] \pm Z[bf_2(t)] = aF_1(z) \pm bF_2(z) \tag{7-26}$$

该定理可由 z 变换定义证明。

2. 滞后定理（负偏移定理）

若函数 $f(t)$ 的 z 变换为 $f(z)$，则有

$$Z[f(t-kT)] = z^{-k}\left[F(z) + \sum_{r=-k}^{-1} f(rT)z^{-r}\right] \qquad (7-27)$$

证明如下：

由 $Z[f(t-kT)] = \sum_{n=0}^{\infty} f(nT-kT)z^{-n}$，令 $n-k=r$，则有

$$\sum_{n=0}^{\infty} f[(n-k)T]z^{-n} = \sum_{i=-k}^{\infty} f(rT)z^{-(r+k)} = z^{-k}\sum_{r=-k}^{\infty} f(rT)z^{-r}$$

$$= z^{-k}\left[\sum_{r=0}^{\infty} f(rT)z^{-r} + \sum_{r=-k}^{-1} f(rT)z^{-r}\right]$$

$$= z^{-k}\left[F(z) + \sum_{r=-k}^{-1} f(rT)z^{-r}\right]$$

若 $t<0$ 时，$f(t)=0$，则 $f(-kT) = \cdots = f(-2T) = f(-T) = 0$，则式(7-27)可改写为

$$Z[f(t-kT)] = z^{-k}F(z) \qquad (7-28)$$

式（7-28）为滞后定理的常用形式，它表示当连续时间函数 $f(t)$ 在时间上产生 n 个采样周期的滞后时，其相应的 z 变换需乘上 z^{-k}。

3. 超前定理（正偏移定理）

若函数 $f(t)$ 的 z 变换为 $F(z)$，则有

$$Z[f(t+kT)] = z^{k}\left[F(z) - \sum_{r=0}^{k-1} f(rT)z^{-r}\right] \qquad (7-29)$$

证明：

$$Z[f(t+kT)] = \sum_{n=0}^{\infty} f(nT+kT)z^{-n} = \sum_{n=0}^{\infty} f[(n+R)T]z^{-n}$$

设 $n+k=r$，则 $n=r-k$。故有

$$\sum_{n=0}^{\infty} f[(n+k)T]z^{-n} = \sum_{r=k}^{\infty} f(rT)z^{-(r-k)} = z^{k}\left[\sum_{r=k}^{\infty} f(rT)z^{-r}\right]$$

$$= z^{k}\left[\sum_{r=0}^{\infty} f(rT)z^{-r} - \sum_{r=0}^{k-1} f(rT)z^{-r}\right]$$

$$= z^{k}\left[F(z) - \sum_{r=0}^{k-1} f(rT)z^{-r}\right]$$

滞后定理和超前定理统称为平移定理，常用于解差分方程。当 $k=1$ 时，有

$$\left.\begin{array}{l} Z[f(t-T)] = z^{-1}F(z) \\ Z[f(t+T)] = zF(z) - zf(0) \end{array}\right\} \qquad (7-30)$$

4. 复位移定理

若函数 $f(t)$ 的 z 变换为 $F(z)$，则有 $Z[e^{\mp at}f(t)] = F(ze^{\pm aT})$。

证明：由 z 变换定义

$$Z[e^{\mp at}f(t)] = \sum_{n=0}^{\infty} e^{\pm anT}f(nT)z^{-n}$$

$$= \sum_{n=0}^{\infty} e(nT)(ze^{\pm aT})^{-n}$$

令

$$z_1 = ze^{\pm aT}$$

则有

$$Z[e^{\mp at}f(t)] = \sum_{n=0}^{\infty} e(nT)z_1^{-n} = F(ze^{\pm aT})$$

复数位移定理的含义是函数 $f^*(t)$ 乘以指数序列 $e^{\mp anT}$ 的 z 变换，等于在 $f^*(t)$ 的 z 变换表达式 $F(z)$ 中，以 $ze^{\pm aT}$ 取代原算子 z。

5. 初值定理

若函数 $f(t)$ 的 z 变换为 $F(z)$，并且极限值 $\lim\limits_{z \to \infty} F(z)$ 存在，则 $f(t)$ 的初值 $f(0)$ 为

$$f(0) = \lim_{t \to 0} f(t) = \lim_{z \to \infty} F(z) \qquad (7-31)$$

式中，当 $t < 0$ 时，$f(t) = 0$。

证明：

因为

$$F(z) = \sum_{k=0}^{\infty} f(kT)z^{-k} = f(0) + f(T)z^{-1} + f(2T)z^{-2} + \cdots + f(kT)z^{-k} + \cdots$$

故

$$\lim_{z \to \infty} F(z) = f(0)$$

【例 7-6】　设 $F(z) = \dfrac{1}{1 - z^{-1}}$，求 $f(t)$ 的初值。

解

$$f(0) = \lim_{t \to 0} f(t) = \lim_{z \to \infty} F(z) = \lim_{z \to \infty} \frac{1}{1 - z^{-1}} = 1$$

6. 终值定理

若函数 $f(t)$ 的 z 变换为 $F(z)$ 且 $(z-1)F(z)$ 的极点全部位于 Z 平面以原点为圆心的单位圆内部，则 $f(t)$ 的终值为

$$\lim_{t \to \infty} f(t) = \lim_{k \to \infty} f(kT) = \lim_{z \to 1}[(z-1)F(z)] = \lim_{z \to 1}[(1-z^{-1})F(z)] \qquad (7-32)$$

该表达式常用于计算离散控制系统的稳态误差。

证明：

已知 $\qquad Z[f(t+T)] = zF(z) - zf(0) = \sum\limits_{k=0}^{\infty} f[(k+1)T]z^{-k}$

故有 $\qquad zF(z) - zf(0) - F(z) = \sum\limits_{k=0}^{\infty} f[(k+1)T]z^{-k} \sum\limits_{k=0}^{\infty} f(kT)z^{-k}$

整理可得

$$(z-1)F(z) = zf(0) + \sum_{k=0}^{\infty} \{f[(k+1)T] - f(kT)\}z^{-k}$$

上式两侧同取 $z \to 1$ 的极限，可得

$$\lim_{z \to 1}[(z-1)F(z)] = f(0) + \sum_{k=0}^{\infty} \{f[(k+1)T] - f(kT)\}$$

$$= f(0) + f(\infty) - f(0) = \lim_{t \to \infty} f(t)$$

【例 7 - 7】 已知 $F(z) = \dfrac{z^2(z^2 + z + 1)}{(z^2 - 0.8z + 0.5)(z^2 + z + 0.8)}$，求 $f(t)$ 的终值。

解 $$(z-1)\ F\ (z) = \dfrac{(z-1)\ z^2\ (z^2 + z + 1)}{(z^2 - 0.8z + 0.5)\ (z^2 + z + 0.8)}$$

该表达式的 4 个极点分别为

$$z_1 = 0.4 + 0.583\ 1j$$
$$z_2 = 0.4 - 0.583\ 1j$$
$$z_3 = -0.5 + 0.741\ 6j$$
$$z_4 = -0.5 - 0.741\ 6j$$

其模分别为 0.707 1，0.707 1，0.894 4，0.894 4，均位于单位圆内，故由式（7 - 32）可得

$$f(\infty) = \lim_{z \to 1}(z-1)F(z) = \dfrac{(z-1)z^2(z^2 + z + 1)}{(z^2 - 0.8z + 0.5)(z^2 + z + 0.8)}$$

$$= \lim_{z \to 1}(z-1)\dfrac{3}{1.3 \times 2.8} = 0$$

7. 复域微分定理

若函数 $f(t)$ 的 z 变换为 $F(z)$，则有

$$Z[tf(t)] = -Tz\dfrac{\mathrm{d}F(z)}{\mathrm{d}z} \tag{7 - 33}$$

证明：

$$Z[tf(t)] = \sum_{k=0}^{\infty} kTf(kT)z^{-k} = Tz\sum_{k=0}^{\infty} f(kT)kz^{-(k+1)} = -Tz\sum_{k=0}^{\infty} f(kT)\dfrac{\mathrm{d}(z^{-k})}{\mathrm{d}z}$$

$$= -Tz\sum_{k=0}^{\infty}\dfrac{\mathrm{d}}{\mathrm{d}z}[f(kT)z^{-k}] = -Tz\dfrac{\mathrm{d}F(z)}{\mathrm{d}z}$$

【例 7 - 8】 求 $t\ (t \geqslant 0)$ 的 z 变换。

解 $t = t \cdot 1\ (t)$，$Z\ [1\ (t)] = \dfrac{z}{z-1} = \dfrac{1}{1 - z^{-1}}$

$$Z\ [t] = -Tz\dfrac{\mathrm{d}\left(\dfrac{1}{1 - z^{-1}}\right)}{\mathrm{d}z} = -Tz\dfrac{-z^{-2}}{(1 - z^{-1})^2} = \dfrac{Tz^{-1}}{(1 - z^{-1})^2}$$

8. 复域积分定理

若函数 $f(t)$ 的 z 变换为 $F(z)$，则

$$Z\left[\dfrac{f(t)}{t}\right] = \int_{z}^{+\infty}\dfrac{F(z)}{Tz}\mathrm{d}z + \lim_{t \to 0}\dfrac{f(t)}{t} \tag{7 - 34}$$

证明略。

三、z 反变换

z 反变换是 z 变换的逆运算。通过 z 反变换可由函数 $F(z)$ 求出对应的原函数采样脉冲序列 $f^*(t)$ 或数值序列 $f(kT)$。通常用 $Z^{-1}[F(z)]$ 表示对 $F(z)$ 的反变换运算。

应当指出，z 变换对应的脉冲序列 $f^*(t)$ 和数值序列 $f(kT)$ 是唯一的，反之，它对应的连续函数 $f(t)$ 则不是唯一的，因为具有同样采样数值 $f(kT)$ 的时间函数 $f(t)$ 不是唯一的，即 z 反变换得到的是各采样时刻上连续函数 $f(t)$ 的数值序列 $f(kT)$，而得不到两个相邻采

样时刻之间的连续函数信息。因此无法利用 z 反变换求解两个相邻采样时刻之间的函数特性。

求解 z 反变换常用部分分式法和幂级数展开法（长除法）。

1. 幂级数展开法（长除法）

幂级数展开法是将 $F(z)$ 直接利用除法求出按 z^{-1} 开幂排列的级数展开式，再经过 z 反变换，求出原函数 $f^*(t)$ 的脉冲序列。这种方法适用于比较复杂的表达式 $F(z)$ 的求解，或者要求结果直接以数值序列 $f(kT)$ 的形式给出。

$F(z)$ 的一般形式为

$$F(z) = \frac{b_0 + b_1 z^{-1} + b_2 z^{-2} + \cdots + b_{n-1} z^{-m+1} + b_m z^{-m}}{a_0 + a_1 z^{-1} + a_2 z^{-2} + \cdots + a_{n-1} z^{-n+1} + a_n z^{-n}} (n \geqslant m)$$

用分子除以分母，将商按 z^{-1} 的开幂排列，可得

$$F(z) = c_0 + c_1 z^{-1} + c_2 z^{-2} + \cdots + c_k z^{-k} + \cdots = \sum_{k=0}^{\infty} c_k z^{-k} \qquad (7\text{-}35)$$

由 z 变换的定义可知

$$F(z) = \sum_{k=0}^{\infty} f(kT) z^{-k}$$

故可知式（7-35）中的 c_k 即为连续时间函数 $f(t)$ 在采样时刻的数值序列 $f(kT)$。

【例 7-9】　求 $F(z) = \dfrac{z^2 + z}{z^2 + 5z + 6}$ 的反变换。

解　首先按 z^{-1} 的升幂顺序排列出 $F(z)$ 的分子和分母，得

$$F(z) = \frac{1 + z^{-1}}{1 + 5z^{-1} + 6z^{-2}}$$

利用长除法将 $F(z)$ 展开

$$
\begin{array}{r}
1 - 4z^{-1} + 14z^{-2} - 46z^{-3} + \cdots \\
1 + 5z^{-1} + 6z^{-2} \overline{\smash{\big)}\ 1 + z^{-1} \phantom{+ 6z^{-2}}} \\
\underline{1 + 5z^{-1} + 6z^{-2}} \\
- 4z^{-1} - 6z^{-2} \\
\underline{- 4z^{-1} - 20z^{-2} - 24z^{-3}} \\
14z^{-2} + 24z^{-3} \\
\underline{14z^{-2} + 70z^{-3} + 84z^{-4}} \\
- 46z^{-3} - 84z^{-4} \\
\underline{- 46z^{-3} - 230z^{-4} - 276z^{-5}} \\
146z^{-4} + 276z^{-5}
\end{array}
$$

即　　　　　　$$F(z) = 1 - 4z^{-1} + 14z^{-2} - 46z^{-3} + \cdots$$

所以　　　　$$f(0) = 1; f(T) = -4; f(2T) = 14; f(3T) = -46; \cdots$$

由此获得离散信号为

$$f^*(t) = Z^{-1}[F(z)] = \sum_{k=0}^{\infty} f(kT) \delta(t - kT)$$

2. 部分分式法

应用部分分式展开法将给定的 $F(z)$ 展开成几个单项之和而后由 z 变换表得到各个单项

相应的 z 反变换公式。

由 z 变换表可知，所有的 z 变换函数 $F(z)$ 在分子上均含有因子 z，故我们先将 $F(z)$ 除以 z，再将 $F(z)/z$ 展开部分分式，最后将所得结果每一项均乘以 z，即可得 $F(z)$ 的部分分式展开式。

$F(z)$ 的 z 反变换，等于部分分式各个单项 z 反变换之和。

【例 7 - 10】 已知 $F(z) = \dfrac{2z}{(z-1)(z-2)}$ 求 $f^*(t)$。

解
$$\frac{F(z)}{z} = \frac{2}{(z-1)(z-2)} = \frac{-2}{z-1} + \frac{2}{z-2}$$
$$F(z) = \frac{2z}{z-2} - \frac{2z}{z-1}$$

由 z 变换表中可知

$$\begin{cases} Z^{-1}\left[\dfrac{2z}{z-2}\right] = 2 \times 2^k \\ Z^{-1}\left[\dfrac{2z}{z-1}\right] = 2 \times (1)^k = 2 \end{cases}$$

故可得

$$f(kT) = 2^{k+1} - 2 \quad (k = 0,1,2,\cdots)$$
$$f^*(t) = \sum_{k=0}^{\infty} f(kT)\delta(t-kT) = \sum_{k=0}^{\infty}(2^{k+1}-2)\delta(t-kT)$$

【例 7 - 11】 已知 $F(z) = \dfrac{1}{(z-2)(z-4)}$，求 $f(kT)$。

解
$$\frac{F(z)}{z} = \frac{1}{z(z-2)(z-4)}$$

用部分分式法展开

$$\frac{F(z)}{z} = \frac{\dfrac{1}{8}}{z} + \frac{-\dfrac{1}{4}}{z-2} + \frac{\dfrac{1}{8}}{z-4}$$

$$F(z) = \frac{1}{8} - \frac{\dfrac{1}{4}z}{z-2} + \frac{\dfrac{1}{8}z}{z-4}$$

对上式中各项分别取 z 反变换，可得

$$f(kT) = \frac{1}{8}\delta(kT) - \frac{1}{4}(2)^k + \frac{1}{8}(4)^k \quad k = 0,1,2,\cdots$$

3. 留数法

实际遇到的 z 变换式 $F(z)$，除了有理分式外，也可能有超越函数，此时用留数法求逆 z 变换比较合适，当然这种方法对有理分式也适用。

设已知 z 变换函数 $F(z)$，则可证明 $F(z)$ 的逆 z 变换 $f(kT)$ 值，可由下式计算

$$f(kT) = \frac{1}{2\pi j}\oint_{\Gamma} f(z)z^{k-1}\mathrm{d}z \tag{7 - 36}$$

其中，Γ 是积分的闭合回线，它应包围 $\oint_{\Gamma} f(z)z^{k-1}$ 的所有极点，设 $f(z)z^{k-1}$ 共有 p_1，p_2，$\cdots$，p_m 等 m 个极点，则根据柯西留数定理，上式也可以写为

$$f(kT) = \sum_{i=1}^{m} \text{Res}[F(z)z^{k-1}]_{z=p_i} \qquad (7\text{-}37)$$

即 $f(kT)$ 等于 $f(z)z^{k-1}$ 的全部极点的留数之和。

【例 7-12】　设 z 变换函数 $F(z) = \dfrac{z^2}{z^2 - 1.5z + 0.5}$，用留数法解其逆 z 变换。

解　该函数有 2 个极点 1 和 0.5，先求出 $f(z)z^{k-1}$ 对这两个极点的留数

$$\text{Res}\left[\frac{z^2 \cdot z^{k-1}}{(z-1)(z-0.5)}\right]\bigg|_{z=1} = \lim_{z \to 1}\left[(z-1)\frac{z^{k+1}}{(z-1)(z-0.5)}\right] = 2$$

$$\text{Res}\left[\frac{z^2 \cdot z^{k-1}}{(z-1)(z-0.5)}\right]\bigg|_{z=0.5} = \lim_{z \to 0.5}\left[(z-0.5)\frac{z^{k+1}}{(z-1)(z-0.5)}\right] = -\left(\frac{1}{2}\right)^k$$

则

$$f(k) = 2 - \left(\frac{1}{2}\right)^k$$

第四节　线性离散系统的数学模型

一、线性常系数差分方程

要分析一个实际的物理系统，首先应该解决它的数学建模问题及分析方法，这需要采用合适的数学工具。在线性连续时间控制系统中，可使用常系数微分方程来描述其模型，利用拉氏变换来分析其动、静态性能。而在离散系统中，其数学描述可利用差分方程来实现，并利用 z 变换来求解，用脉冲传递函数分析其动、静态特性。下面我们来介绍一下相关的概念及数学原理。

1. 离散系统的数学定义

在离散时间系统理论中，所涉及的数学信号点是以序列的形式出现。因此，可把离散系统抽象为如下数学定义：

将输入序列 $r(n)$，$n=0$，± 1，± 2，…，变换为输出序列 $c(n)$ 的一种变换关系，称为离散系统，记作

$$c(n) = F[r(n)]$$

其中，$r(n)$ 和 $c(n)$ 可理解为 $t=nT$ 时，系统的输入序列 $r(nT)$ 和输出序列 $c(nT)$，T 为采样周期。

若上式所示的变换关系是线性的，则称其为线性离散系统，反之，则称之为非线性离散系统。

对于输入与输出关系不随时间而改变的线性离散系统，称为线性定常离散系统。例如，当输入序列为 $r(n)$ 时，输出序列为 $c(n)$；若输入序列变为 $r(n-k)$，则相应的输出序列为 $c(n-k)$，其中 $k=0$，± 1，± 2，…，这样的系统即为线性定常离散系统。

本章所研究的离散系统均为线性定常离散系统，所涉及的差分方程均为线性常系数差分方程。

2. 差分方程

设单输入、单输出线性离散控制系统如图 7-17 所示。图中，$r(kT)$ 为系统输入量的数值序列，$c(kT)$ 为系统输出量的数值序列，$k=0$，1，2，…。

经分析可知，离散系统在某一采样时刻 kT 的输出值 $c(kT)$ 不仅取决于该采样时刻的输

图 7 - 17　线性离散系统

入值 $r(kT)$，亦取决于过去时刻的采样输入值 $r[(k-1)T]$，$r[(k-2)T]$，$\cdots$，$r[(k-m)T]$ 及采样输出值 $c[(k-1)T]$，$c[(k-2)T]$，$\cdots$，$c[(k-n)T]$。故该系统的输入、输出关系的方程式可定义为线性常系数差分方程。为书写方便，将表示采样时刻的离散时间 kT 简写为 k，该差分方程表达式为

$$c(k) + a_1c(k-1) + a_2c(k-2) + \cdots + a_nc(k-n)$$
$$= b_0r(k) + b_1r(k-1) + b_2r(k-2) + \cdots + b_mr(k-m)$$

上式亦可表示为

$$c(k) = -\sum_{i=1}^{n} a_ic(k-i) + \sum_{j=1}^{m} b_jr(k-j) \tag{7-38}$$

该式为一个 n 阶常系数差分方程，对应了一个离散控制系统的模型，很适合利用计算机编程求解。

3. 用 z 变换解差分方程

利用 z 变换解差分方程的步骤如下：

（1）利用 z 变换中的基本原理，将差分方程变换为以 z 为变量的代数方程。

（2）求出关于 $F(z)$ 的表达式。

（3）利用 z 反变换解出相应的脉冲序列 $f^*(t)$ 或数值序列 $f(kT)$。

在使用 z 变换法将差分方程化为以 z 为变量的代数方程时，初始条件给定的数据已经自动地包含在代数表达式中。

【例 7 - 13】　用 z 变换解二阶差分方程

$$f[(k+2)T] + 5f[(k+1)T] + 6f(kT) = 1(kT)$$

初始条件为：$f(0) = 0，f(T) = 1$。

解　对该方程两端取 z 变换，可得

$$[z^2F(z) - z^2f(0) - zf(T)] + 5[zF(z) - zf(0)] + 6F(z) = \frac{z}{z-1}$$

将 $f(0) = 0$，$f(T) = 1$ 代入，可得

$$z^2F(z) - z + 5zF(z) + 6F(z) = \frac{z}{z-1}$$

$$z^2F(z) + 5zF(z) + 6F(z) = \frac{z}{z-1} + z = \frac{z^2}{z-1}$$

$$(z^2 + 5z + 6)F(z) = \frac{z^2}{z-1}$$

$$F(z) = \frac{z^2}{(z-1)(z^2+5z+6)} = \frac{z^2}{(z-1)(z+2)(z+3)}$$

利用部分分式法求 $F(z)$ 的反变换

$$\frac{F(z)}{z} = \frac{z}{(z-1)(z+2)(z+3)} = \left(\frac{\frac{1}{12}}{z-1} + \frac{-\frac{2}{3}}{z+2} + \frac{-\frac{3}{4}}{z+3} \right)$$

$$F(z) = \frac{1}{12} \times \frac{z}{z-1} + \frac{2}{3} \times \frac{z}{z+2} - \frac{3}{4} \times \frac{z}{z+3}$$

查取 z 变换表，可得

$$f(kT) = \frac{1}{12}(1)^k + \frac{2}{3}(-2)^k - \frac{3}{4}(-3)^k (k = 0, 1, 2, \cdots)$$

相应的离散输出信号 $f^*(t)$ 为

$$f^*(t) = \sum_{k=0}^{\infty} f(kT)\delta(t-kT) = \sum_{k=0}^{\infty} \left[\frac{1}{12} + \frac{2}{3} \times (-2)^k - \frac{3}{4} \times (-3)^k\right]\delta(t-kT)$$

【例 7 - 14】 用 z 变换求解差分方程

$$f(kT) - f[(k-1)T] - f[(k-2)T] = 0$$

初始条件：$f(1) = 1$；$f(2) = 1$。

解 对该方程两侧取 z 变换，可得

$$F(z) - [z^{-1}F(z) + f(-1)] - [z^{-2}F(z) + z^{-1}f(-1) + f(-2)] = 0 \quad (7 - 39)$$

上式中，$f(-1)$，$f(-2)$ 可由初始条件求出。

令原式中 $k=2$，代入初始条件，可得

$$f(2) - f(1) - f(0) = 0$$
$$f(0) = f(2) - f(1) = 0$$

令原式中 $k=1$，代入已知条件，可得

$$f(1) - f(0) - f(-1) = 0$$
$$f(-1) = f(1) - f(0) = 1$$

令原式中 $k=0$，代入已知条件，可得

$$f(0) - f(-1) - f(-2) = 0$$
$$f(-2) = f(0) - f(-1) = 0 - 1 = -1$$

把相关结果代入式（7 - 39）并整理，可得

$$(1 - z^{-1} - z^{-2})F(z) = z^{-1}$$

$$F(z) = \frac{z}{z^2 - z - 1}$$

用部分分式法分解

$$\frac{F(z)}{z} = \frac{1}{z^2 - z - 1} = \frac{1}{\sqrt{5}} \frac{1}{z - \frac{1+\sqrt{5}}{2}} - \frac{1}{\sqrt{5}} \frac{1}{z - \frac{1-\sqrt{5}}{2}}$$

$$F(z) = z\left(\frac{1}{\sqrt{5}} \frac{1}{z - \frac{1+\sqrt{5}}{2}} - \frac{1}{\sqrt{5}} \frac{1}{z - \frac{1-\sqrt{5}}{2}}\right)$$

查表可得

$$f(kT) = \frac{1}{\sqrt{5}}\left(\frac{1+\sqrt{5}}{2}\right)^k - \frac{1}{\sqrt{5}}\left(\frac{1-\sqrt{5}}{2}\right)^k (k = 0, 1, 2, \cdots)$$

$$f^*(t) = \sum_{k=0}^{\infty} f(kT)\delta(t-kT)$$

通过对 z 变换原理、z 反变换的分析方法进行的研究，可以发现 z 变换与拉氏变换在定义、性质和解决问题的方法上有许多共同之处。这是因为 z 变换实际上就是离散时间函数的拉氏变换。但是，z 变换与拉氏变换应用的对象却有本质的不同。z 变换是对连续时间函数 $f(t)$ 经过采样开关调制后的脉冲序列进行 z 变换，故只要两个连续时间函数的脉冲序列相同，其 z 变换就相同。由此可知，不同的原函数可能会具有相同的 z 变换。

二、脉冲传递函数

在分析线性定常离散系统时，可以使用 z 变换法求解系统的差分方程，从而分析系统；同时，利用 z 变换可导出线性离散系统的脉冲传递函数，给线性离散系统的分析和校正带来极大的方便。

1. 脉冲传递函数的定义

设有一线性定常离散系统，在零初始条件下，该系统的离散输出信号的 z 变换与离散输入信号的 z 变换之比，称为该系统的脉冲传递函数，用公式表示为

$$W(z) = \frac{C(z)}{R(z)} = \frac{Z[c^*(t)]}{Z[r^*(t)]}$$

与传递函数类似，脉冲传递函数也仅取决于离散系统自身固有的结构参数，与离散输入信号的形式无关。

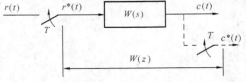

图 7 - 18   线性定常离散系统

线性定常离散系统框图如图 7 - 18 所示。其中，$W(s)$ 为离散系统中连续部分的传递函数；其输入量为离散信号 $r^*(t)$；其输出量为连续信号 $c(t)$ 在输出端增加（或虚设）一个同步采样器，则离散输出信号为 $c^*(t)$。

2. 脉冲传递函数的求法

根据系统的不同情况，求取的方法也不同。

(1) 已知某系统的传递函数，则可由该传递函数直接求其脉冲传递函数。

若某系统传递函数 $W(s)$ 已知，则其脉冲传递函数可由以下步骤求取。

1) 用拉氏变换求系统的脉冲过渡函数。

$$W(t) = \mathscr{L}^{-1}[W(s)]$$

2) 将 $W(t)$ 按采样周期 T 离散化，求出 $W(kT)$。

3) 使用定义求出脉冲传递函数，即

$$W(z) = \frac{C(z)}{R(z)} = \sum_{k=0}^{\infty} W(kT)z^{-k} \tag{7 - 40}$$

上述过程，可简记作 $$W(z) = Z[W(s)]$$

在由 $W(s)$ 求 $W(z)$ 时，以上的方法有时比较繁琐，通常可将 $W(s)$ 用部分分式法分解，而后利用 z 变换表求取各个部分的 z 变换，再将结果求和，即得该系统对应的脉冲传递函数 $W(z)$。

【例 7 - 15】   求图 7 - 19 所示系统的脉冲传递函数。

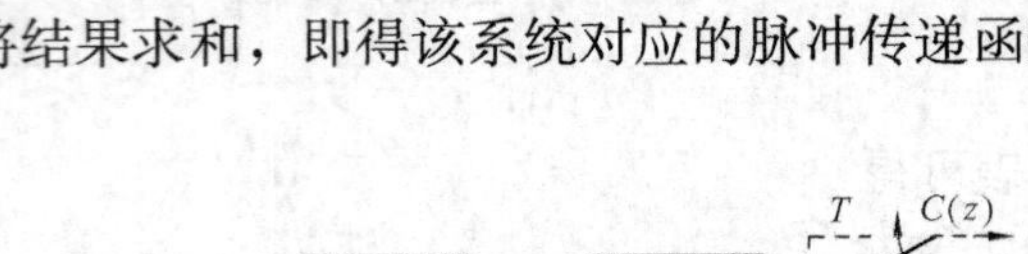

解   首先求出离散系统连续部分的传递函数为

图 7 - 19   离散系统方框图

$$W(s) = \frac{1}{(s+1)(s+2)} = \left(\frac{1}{s+1} - \frac{1}{s+2}\right)$$

$$W(z) = Z[W(s)] = Z\left[\frac{1}{s+1}\right] - Z\left[\frac{1}{s+2}\right]$$

而后利用 z 变换表可查得

$$\frac{1}{s+1}\text{对应的 } z \text{ 变换为} \frac{z}{z-\mathrm{e}^{-T}}$$

$$\frac{1}{s+2}\text{对应的 } z \text{ 变换为} \frac{z}{z-\mathrm{e}^{-2T}}$$

再后将其结果代入 $W(z)$ 中，可得

$$W(z)=\frac{z}{z-\mathrm{e}^{-T}}-\frac{z}{z-\mathrm{e}^{-2T}}=\frac{z(\mathrm{e}^{-T}-\mathrm{e}^{-2T})}{(z-\mathrm{e}^{-T})(z-\mathrm{e}^{-2T})}$$

【例 7-16】　求图 7-20 所示系统的脉冲传递函数。

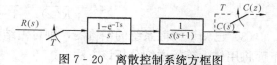

图 7-20　离散控制系统方框图

解　由该系统方框图求得其连续部分传递函数为

$$W(s)=\frac{1-\mathrm{e}^{-Ts}}{s^2(s+1)}$$

$$=(1-\mathrm{e}^{-Ts})\left(\frac{1}{s^2}-\frac{1}{s}+\frac{1}{s+1}\right)$$

则可得

$$W(z)=Z[W(s)]=Z\left[(1-\mathrm{e}^{-Ts})\left(\frac{1}{s^2}-\frac{1}{s}+\frac{1}{s+1}\right)\right]$$

$$=(1-z^{-1})Z\left[\frac{1}{s^2}-\frac{1}{s}+\frac{1}{s+1}\right]$$

查表，可得

$$\frac{1}{s^2}\text{对应 } z \text{ 变换} \frac{Tz}{(z-1)^2}$$

$$\frac{1}{s}\text{对应 } z \text{ 变换} \frac{z}{z-1}$$

$$\frac{1}{s+1}\text{对应 } z \text{ 变换} \frac{z}{z-\mathrm{e}^{-T}}$$

最后得

$$W(z)=(1-z^{-1})\left[\frac{Tz}{(z-1)^2}-\frac{z}{z-1}+\frac{z}{z-\mathrm{e}^{-T}}\right]$$

$$=\frac{T(z-\mathrm{e}^{-T})-(z-1)(z-\mathrm{e}^{-T})+(z-1)^2}{(z-1)(z-\mathrm{e}^{-T})}$$

（2）已知该系统的差分方程，由差分方程取 z 变换求出该系统的脉冲传递函数。

设线性定常离散控制系统的差分方程模型表示如下：

$$c(k)+a_1c(k-1)+a_2c(k-2)+\cdots+a_nc(k-n)$$
$$=b_0r(k)+b_1r(k-1)+b_2r(k-2)+\cdots+b_mr(k-m)$$

在零初始条件下，对上式两端取 z 变换，可得

$$(1+a_1z^{-1}+a_2z^{-2}+\cdots+a_nz^{-n})c(z)=(b_0+b_1z^{-1}+b_2z^{-2}+\cdots+b_mz^{-m})R(z)$$

故得出该系统的脉冲传递函数为

$$W(z)=\frac{C(z)}{R(z)}=\frac{b_0+b_1z^{-1}+b_2z^{-2}+\cdots+b_mz^{-m}}{1+a_1z^{-1}+a_2z^{-2}+\cdots+a_nz^{-n}} \tag{7-41}$$

该方法求取过程十分简捷。

【例 7 - 17】　已知某离散控制系统差分方程为

$$c(k) - 5c(k-1) + 6c(k-2) + 7c(k-3) = r(k)$$

试求其对应的脉冲传递函数。

解　在零初始条件下对上式两侧取 z 变换得

$$(1 - 5z^{-1} + 6z^{-2} + 7z^{-3})C(z) = R(z)$$

则其对应的脉冲传函 $W(z)$ 应为

$$W(z) = \frac{C(z)}{R(z)} = \frac{1}{1 - 5z^{-1} + 6z^{-2} + 7z^{-3}}$$

（3）已知该离散系统的结构图，则可由结构图的等效变换来求解系统的脉冲传递函数。下面将用较大篇幅详细分析该方法。

三、离散控制系统结构图的等效变换

离散系统结构图的简化与连续系统结构图的简化有相似之处，但由于脉冲传递函数对应的输入输出是脉冲序列，故同步采样开关在各环节之间的位置不同，所求得的脉冲传递函数也不同。

在进行离散系统方框图简化时，为方便分析，可假设同一系统的采样开关是同步的，且采样周期也相同。

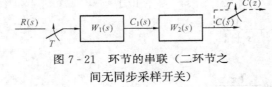

图 7 - 21　环节的串联（二环节之间无同步采样开关）

1. 串联环节的等效脉冲传递函数

离散系统中环节串联的等效脉冲传递函数，因它们之间有无采样开关而不同。

（1）串联环节之间无同步采样开关。结构图如图 7 - 21 所示。

此时，由于两环节之间传递的是一个连续时间函数，故可由公式分析得出

$$C(s) = W_2(s)C_1(s)$$
$$C_1(s) = W_1(s)R(z)$$

故有

$$C(s) = W_2(s)W_1(s)R(z)$$

由 z 变换可得

$$C(z) = Z[C(s)] = Z[W_2(s)W_1(s)]R(z)$$

$$W(z) = \frac{C(z)}{R(z)} = Z[W_2(s)W_1(s)] = W_2W_1(z) \tag{7-42}$$

在式（7 - 42）中，用 $W_1W_2(z)$ 表示 $Z[W_1(s)W_2(s)]$ 的缩写，表明两串联环节传递函数 $W_1(s)$ 和 $W_2(s)$ 先相乘后，再求 z 变换的过程。

（2）串联环节之间有采样开关。结构图如图 7 - 22 所示。

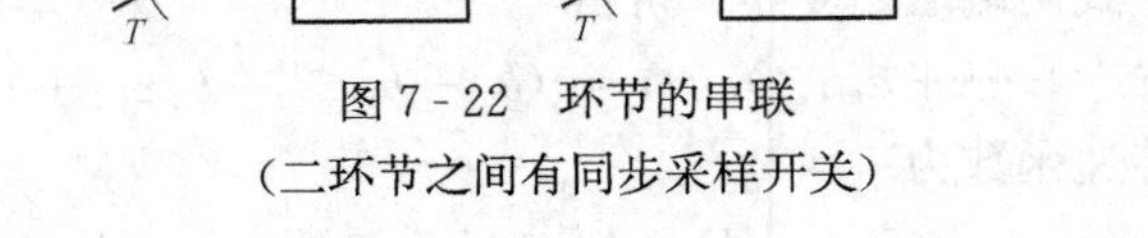

图 7 - 22　环节的串联

（二环节之间有同步采样开关）

由分析可知，两环节之间传递的是一个离散时间函数，故有

$$C(s) = W_2(s)C_1(z)$$

$$C_1(s) = W_1(s)R(z)$$

$$C_1(z) = Z[W_1(s)R(z)] = Z[W_1(s)]R(z) = W_1(z)R(z)$$

$$C(z) = Z[W_2(s)C_1(z)] = Z[W_2(s)]C_1(z) = W_2(z)C_1(z)$$

由此可得

$$C(z) = W_2(z)W_1(z)R(z) = W_1(z)W_2(z)R(z)$$

$$W(z) = \frac{C(z)}{R(z)} = W_1(z)W_2(z) \tag{7-43}$$

以上分析表明，两个串联环节之间有同步采样开关时的等效脉冲传递函数等于各环节脉冲传递函数的乘积。该结论可推广到几个环节串联且每个环节之间均有同步采样开关的情况，整个串联环节的等效传递函数即为各个环节各自的脉冲传递函数乘积。

【例 7-18】 设两个环节传递函数分别为 $W_1(s) = \dfrac{1}{s+1}$，$W_2(s) = \dfrac{1}{s+2}$，试求 $W_1W_2(z)$ 及 $W_1(z)W_2(z)$。

解

$$W_1(z) = Z[W_1(s)] = Z\left[\frac{1}{s+1}\right] = \frac{z}{z - e^{-T}}$$

$$W_2(z) = Z[W_2(s)] = Z\left[\frac{1}{s+2}\right] = \frac{z}{z - e^{-2T}}$$

故有

$$W_1(z)W_2(z) = \frac{z^2}{(z - e^{-T})(z - e^{-2T})}$$

$$W_1(s)W_2(s) = \frac{1}{(s+1)(s+2)}$$

$$Z[W_1(s)W_2(s)] = Z\left[\frac{1}{(s+1)(s+2)}\right] = Z\left[\frac{1}{s+1} - \frac{1}{s+2}\right] = \frac{z}{z - e^{-T}} - \frac{z}{z - e^{-2T}}$$

$$= \frac{z(e^{-T} - e^{-2T})}{(z - e^{-T})(z - e^{-2T})}$$

本例表明，$W_1W_2(z) \neq W_1(z)W_2(z)$，这个结论非常重要。

2. 并联环节的等效脉冲传递函数

两个环节并联的离散系统，两个采样开关分别设在总的输入端和输出端，等效于在每个环节的输入端和输出端均加上了采样开关，如图 7-23 所示。

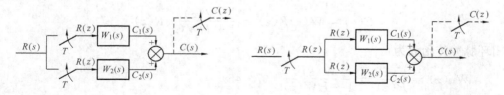

图 7-23 并联环节离散系统

分析可知

$$C(s) = C_1(s) + C_2(s)$$

$$C(z) = C_1(z) + C_2(z)$$

$$C_1(z) = Z[C_1(s)] = Z[W_1(s)R(z)]$$

$$= W_1(z)R(z)$$
$$C_2(z) = Z[C_2(s)] = Z[W_2(s)R(z)] = W_2(z)R(z)$$

由此可得

$$C(z) = W_1(z)R(z) + W_2(z) \cdot R(z) = [W_1(z) + W_2(z)]R(z)$$
$$W(z) = \frac{C(z)}{R(z)} = W_1(z) + W_2(z) \tag{7-44}$$

　　故可知，两个环节并联，其等效的脉冲传递函数即为其各自脉冲传递函数之和。该结论亦可推广到几个环节并联且总输入端设有采样开关，总输出端也设有采样开关或虚拟采样开关的情况。

　　3. 离散系统闭环脉冲传递函数

　　若离散系统的参考输入信号为离散信号 $r^*(t)$，或偏差信号是离散信号 $e^*(t)$，则可求系统的闭环脉冲传递函数。

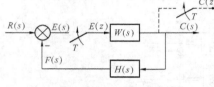

图 7-24　离散控制系统

　　由于同步采样开关的位置不同，或系统环节较多，结构形式多变，所以其闭环脉冲传递函数的求取应根据实际情况分析解决。

　　设闭环离散系统方框图如图 7-24 所示，则其系统的脉冲传递函数可以分析如下：

$$C(s) = W(s)E(z)$$
$$E(s) = R(s) - F(s)$$
$$F(s) = H(s)W(s)E(z)$$

由此可得

$$\left.\begin{array}{l} C(z) = W(z)E(z) \\ E(z) = R(z) - F(z) \\ F(z) = HW(z)E(z) \end{array}\right\} \tag{7-45}$$

由式（7-43）分析可知

$$E(z) = R(z) - HW(z)E(z)$$

故有

$$E(z) = \frac{R(z)}{1 + HW(z)}$$

$$C(z) = W(z)E(z) = \frac{W(z)}{1 + HW(z)}R(z)$$

系统闭环脉冲传函数为

$$W_{\mathrm{B}}(z) = \frac{C(z)}{R(z)} = \frac{W(z)}{1 + HW(z)} \tag{7-46}$$

　　若对图 7-24 所示离散系统加以改动，在反馈通道增设采样开关，其方框图如图 7-25 所示。则该系统的脉冲传递函数为

$$C(s) = W(s)E(z)$$
$$E(s) = R(s) - F(s)$$
$$F(s) = H(s)C(z)$$

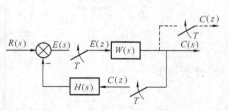

图 7-25　反馈通道含采样
开关的离散系统

对以上三式取 z 变换得

$$\left.\begin{array}{l} C(z) = W(z)E(z) \\ E(z) = R(z) - F(z) \\ F(z) = H(z)C(z) \end{array}\right\} \tag{7-47}$$

对式 (7-47) 整理可得

$$E(z) = R(z) - F(z) = R(z) - H(z)W(z)E(z)$$

$$E(z) = \frac{R(z)}{1 + H(z)W(z)}$$

$$C(z) = W(z)E(z) = \frac{W(z)}{1 + H(z)W(z)}R(z)$$

故可得系统闭环脉冲传递函数为

$$W_{\text{B}}(z) = \frac{C(z)}{R(z)} = \frac{W(z)}{1 + H(z)W(z)} = \frac{W(z)}{1 + W(z)H(z)} \tag{7-48}$$

经过以上的分析可知，当同步采样开关的位置变化时，离散系统的脉冲传递函数也会不同。使用类似的方法，读者可自行求出在其他输入作用下系统的脉冲传递函数或输出函数。

4. 离散控制系统的输出量

若已知离散控制系统的闭环脉冲传递函数 $W_{\text{B}}(z)$ 及给定的输入信号的 z 变换 $R(z)$，则离散系统输出量的 z 变换 $C(z)$ 为

$$C(z) = W_{\text{B}}(z)R(z) \tag{7-49}$$

对式 (7-49) 求 z 反变换，可得离散系统输出量在各采样时刻的数值序列 $c(kT)$ 为

$$c(kT) = Z^{-1}[C(z)] = Z^{-1}[W_{\text{B}}(z)R(z)] \quad (k = 0, 1, 2, \cdots) \tag{7-50}$$

所以离散系统的输出信号 $c^*(t)$ 为

$$c^*(t) = \sum_{k=0}^{\infty} C(kT)\delta(t - kT) \tag{7-51}$$

若在离散控制系统中不存在输入信号的离散信号 $r^*(t)$ 或偏差信号的离散信号 $e^*(t)$，则无法求取相应的 $R(z)$ 和 $E(z)$，也就无法求取系统闭环脉冲传递函数 $W_{\text{B}}(z) = \dfrac{C(z)}{R(z)}$，但仍可求出系统的输出量。

设有如图 7-26 所示离散系统，试分析其输出量 $c^*(t)$。由于该系统中不存在 $r^*(t)$ 或 $e^*(t)$，等离散信号，故无法求解系统的闭环脉冲传递函数。

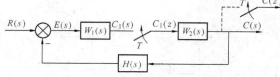

图 7-26 无离散输入量及偏差量的离散系统

由该图中可知

$$C(s) = W_2(s)C_1(z)$$

$$C(z) = W_2(z)C_1(z)$$

$$C_1(s) = W_1(s)E(s) = W_1(s)[R(s) - H(s)W_2(s)C_1(z)]$$

故可得

$$C_1(z) = W_1R(z) - W_1W_2H(z)C_1(z)$$

$$C_1(z) = \frac{W_1R(z)}{1+W_1W_2H(z)} \tag{7-52}$$

由式（7-52）可得

$$C(z) = W_2(z)C_1(z) = \frac{W_2(z)W_1R(z)}{1+W_1W_2H(z)} \tag{7-53}$$

故可得该系统的离散输出信号 $C^*(t)$ 为

$$C(kT) = Z^{-1}[C(z)]$$

$$C^*(t) = \sum_{k=0}^{\infty} C(kT)\delta(t-kT) \tag{7-54}$$

表 7-1 给出了一些离散控制系统的输出量 $C(z)$。

表 7-1 一些离散控制系统的输出量

方　框　图	$C(z)$
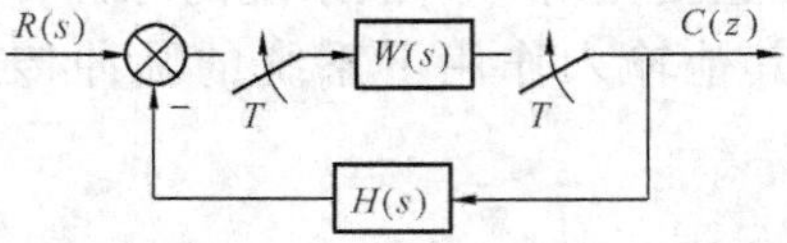	$C(z) = \dfrac{W(z)R(z)}{1+W(z)H(z)}$ $\dfrac{C(z)}{R(z)} = \dfrac{W(z)}{1+W(z)H(z)}$
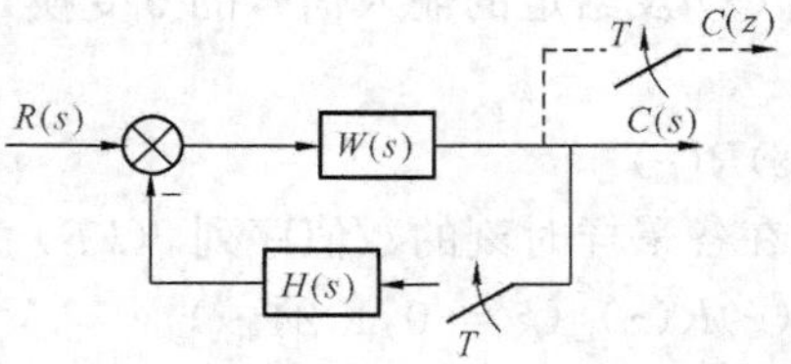	$C(z) = \dfrac{WR(z)}{1+WH(z)}$
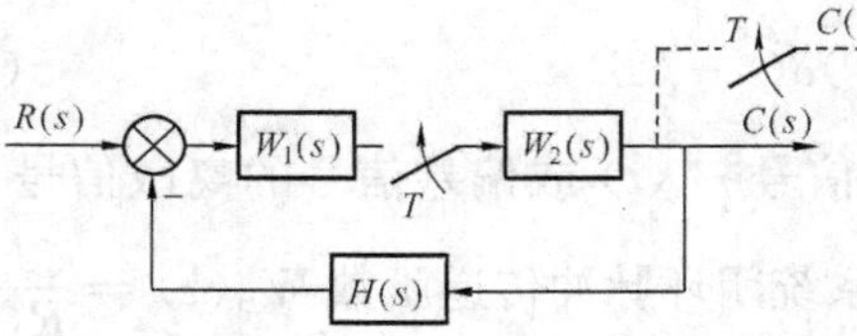	$C(z) = \dfrac{W_2(z)W_1R(z)}{1+W_2HW_1(z)}$
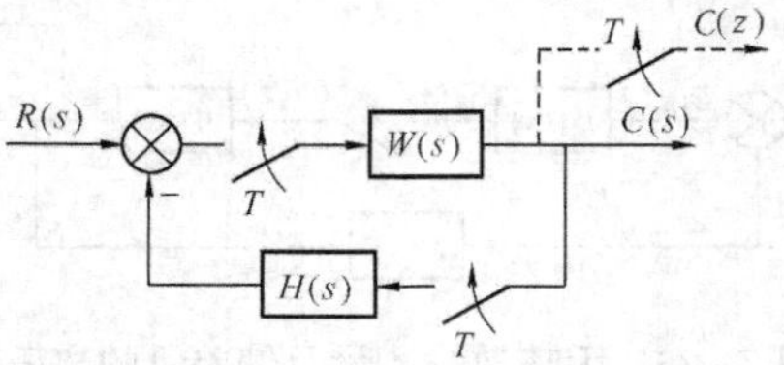	$C(z) = \dfrac{W(z)R(z)}{1+W(z)\cdot H(z)}$ $\dfrac{C(z)}{R(z)} = \dfrac{W(z)}{1+W(z)H(z)}$
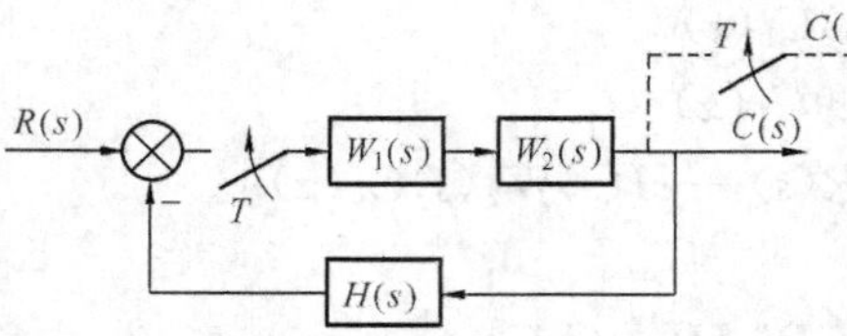	$C(z) = \dfrac{W_1W_2(z)\cdot R(z)}{1+W_1W_2H(z)}$ $\dfrac{C(z)}{R(z)} = \dfrac{W_1W_2(z)}{1+W_1W_2H(z)}$

续表

方　框　图	$C(z)$
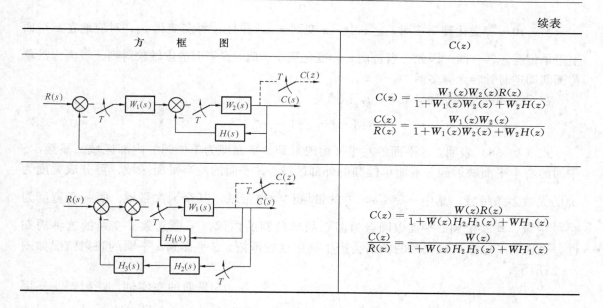	$$C(z) = \frac{W_1(z)W_2(z)R(z)}{1 + W_1(z)W_2(z) + W_2H(z)}$$ $$\frac{C(z)}{R(z)} = \frac{W_1(z)W_2(z)}{1 + W_1(z)W_2(z) + W_2H(z)}$$
	$$C(z) = \frac{W(z)R(z)}{1 + W(z)H_2H_3(z) + WH_1(z)}$$ $$\frac{C(z)}{R(z)} = \frac{W(z)}{1 + W(z)H_2H_3(z) + WH_1(z)}$$

第五节　离散控制系统稳定性分析

与连续系统类似，在进行离散控制系统的分析与设计时，系统的稳定性是需要考虑的首要问题，只有在稳定条件下，分析系统动态性能和稳态误差才有意义。

对于线性定常连续系统，其稳定的充分必要条件是系统闭环特征根均具有负实部。在线性定常连续系统中，常使用劳斯判据，奈奎斯特判据以及根轨迹法等方法判定系统特征根是否分布在 S 复平面左半侧，其稳定边界即为 S 平面的 $j\omega$ 轴。由于研究连续系统所用的拉氏变换与用于研究离散系统的 z 变换之间有着内在的数学联系，故经过一定的变换，就可把连续系统稳定性的分析方法引入到离散系统中。

一、线性离散控制系统的稳定性条件

由本章第二节中 z 与 s 的关系式可知

$$z = e^{Ts}$$

该式将 S 平面内特定的曲线映射到 z 平面内。式中 $s = \delta + j\omega$，$T = 2\pi/\omega_s$，于是

$$z = e^{Ts} = e^{T(\delta + j\omega)} = e^{T\delta}e^{jT\omega} \tag{7-55}$$

由此可知

$$\left.\begin{array}{r} |z| = e^{T\delta} \\ \angle z = T\omega = \dfrac{2\pi}{\omega_s}\omega \end{array}\right\} \tag{7-56}$$

对于 S 平面的虚轴，其复变量 s 实部 $\delta = 0$，其虚部当 ω 由 $-\infty$ 变化至 $+\infty$，映射到 z 平面为

$$\left.\begin{array}{r} z = e^{jT\omega} \\ |z| = e^{T\delta}\Big|_{\delta=0} = 1 \\ \angle z = \dfrac{2\pi}{\omega_s}\omega\Big|_{\omega=-\infty\sim+\infty} \end{array}\right\} \tag{7-57}$$

当 ω 由 $-\dfrac{\omega_s}{2}$ 变化到 $+\dfrac{\omega_s}{2}$ 时，$\angle z$ 由 $-\pi$ 变到 $+\pi$，并且 ω 每多变化 ω_s，对应地在 z 平面上沿单位圆多转一圈。因此，当 ω 由 $-\infty$ 变化到 $+\infty$ 时，S 平面的虚轴映射到 z 平面为沿单位圆圆周逆时针转无穷多圈。

在 S 平面的左半平面，其 $\delta < 0$，故有

$$|z| = \mathrm{e}^{T\delta}\Big|_{\delta < 0} < 1 \tag{7-58}$$

式（7-58）表明，S 平面的左半平面映射到 z 平面即为单位圆的内部区域。显然，S 平面的右半平面映射到 z 平面单位圆的外部区域。S 平面的左半平面区域，可分成宽度为 ω_s 的无数多条带域，其中 $-\dfrac{\omega_s}{2} \leqslant \omega \leqslant \dfrac{\omega_s}{2}$ 的带域称为主带域，其余为次带域。每一条宽度为 ω_s 的带域，均映射到 z 平面以圆点为圆心的单位圆的内部。采样函数 z 变换的这种周期性，也说明了函数离散化后的频谱会产生周期性的延拓。S 平面到 z 平面的映射情况如图 7-27 所示。

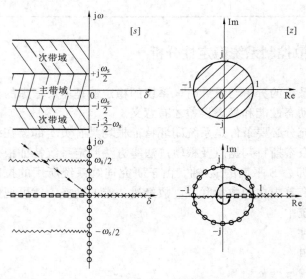

S 平面的左实轴，映射至 z 平面 $|z| < 1$，$\angle z = 0$ 处；

S 平面的右实轴，映射至 z 平面 $|z| > 1$，$\angle z = 0$ 处；

S 平面虚部为 $\pm n \dfrac{\omega_s}{2}$ 的点，映射至 z 平面 $|z| < 1$，$\angle z = (2k+1)\pi$ 处。

经过以上分析，可知离散控制系统稳定的充分必要条件是：离散系统的特征根（离散系统的闭环脉冲传递函数的全部极点）均分布于 z 平面以圆点为圆心的单位圆内。z 平面的这个单位圆即为稳定边界，若系统有特征根分布于 z 平面的单位圆上或单位圆外，则系统不稳定。

图 7-27　S 平面到 z 平面映射示意图

【例 7-19】　设某离散系统闭环特征方程为

$$z^3 + 1.75z^2 - 0.875z - 0.75 = 0$$

试判断该系统的稳定性。

解　由离散系统稳定性的充要条件可知，且仅当系统的闭环特征根均分布于以圆点为圆心的单位圆内时，系统稳定。对上式分析可得

$$(z+2)(z^2 - 0.25z - 0.375) = 0$$
$$(z+2)(z+0.5)(z-0.75) = 0$$

三个特征根为

$$z_1 = -2 \atop z_2 = -0.5 \atop z_3 = 0.75} \tag{7-59}$$

式 (7 - 59) 中 $|z_1| = 2 > 1$，位于 z 平面单位圆外，所以系统不稳定。

二、ω 平面的劳斯判据

对于简单的离散系统，可以直接解出其闭环特征根，进而分析其稳定性。对于高阶离散系统，在数学上求解其闭环特征根是相当困难的。在离散控制系统中，仍然可以利用劳斯判据分析系统的稳定性。

连续系统中应用劳斯判据判断闭环特征根在 S 右半平面的个数来分析系统的稳定性。故在离散系统中，必须引入合适的坐标变换，才能利用劳斯判据。坐标变换表达式为

$$z = \frac{\omega + 1}{\omega - 1} \tag{7-60}$$

$$\omega = \frac{z + 1}{z - 1} \tag{7-61}$$

式 (7 - 60) 及式 (7 - 61) 被称为双线性变换。

通过式 (7 - 60) 的变换，可将 z 平面上单位圆内部映射到 ω 平面的左半平面，单位圆周映射为 ω 平面的虚轴，单位圆外部可映射为 ω 平面的右半平面。经过这种变换后，离散系统的特征方程变为

$$B_n \omega^n + B_{n-1} \omega^{n-1} + \cdots + B_1 \omega + B_0 = 0 \tag{7-62}$$

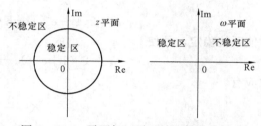

图 7 - 28 z 平面与 ω 平面的映射对应关系

然后即可使用劳斯判据判断离散系统的稳定性。

z 平面经双线性变换映射到 ω 平面的关系如图 7 - 28 所示。

【例 7 - 20】 设某离散系统闭环特征方程为

$$z^3 + 7z^2 - 3z + 4 = 0$$

试判断系统的稳定性。

解 将式 (7 - 58) 代入特征方程式，可得

$$\left(\frac{\omega + 1}{\omega - 1}\right)^3 + 7\left(\frac{\omega + 1}{\omega - 1}\right)^2 - 3\left(\frac{\omega + 1}{\omega - 1}\right) + 4 = 0$$

经整理可得

$$9\omega^3 + \omega^2 + 11\omega - 13 = 0$$

列出劳斯行列表

$$
\begin{array}{lll}
\omega^3 & 9 & 11 \\
\omega^2 & 1 & -13 \\
\omega^1 & 128 & \\
\omega^0 & -13 & \\
\end{array}
$$

由于劳斯行列表中第一列有一次符号改变，故系统有一个闭环特征根位于 ω 平面右半平面，亦即有一个离散系统特征根位于 z 平面的单位圆外，所以系统不稳定。

【例 7 - 21】 已知离散控制系统框图如图 7 - 29 所示。设采样周期 $T = 1s$，试分析使系

统稳定的放大系数 K 的取值范围。

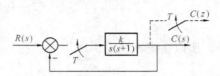

图 7 - 29 离散控制系统

解 $$W_B(z) = \frac{C(z)}{R(z)} = \frac{W(z)}{1+W(z)}$$

$$W(z) = Z\left[\frac{K}{s(s+1)}\right] = \frac{Kz(1-e^{-T})}{(z-1)(z-e^{-T})}$$

故系统的闭环特征方程为

$$z^2 + [K(1-e^{-T}) - (1+e^{-T})]z + e^{-T} = 0$$

代入 $z = \dfrac{\omega+1}{\omega-1}$，进行 ω 变换，得

$$\left(\frac{\omega+1}{\omega-1}\right)^2 + \left[k(1-e^{-T}) - (1+e^{-T})\right]\left(\frac{\omega+1}{\omega-1}\right) + e^{-T} = 0$$

整理后为

$$K(1-e^{-T})\omega^2 + (2-2e^{-T})\omega + 2(1+e^{-T}) - K(1-e^{-T}) = 0$$

列出劳斯行列表

$$\begin{array}{lll} \omega^2 & K(1-e^{-T}) & 2(1+e^{-T}) - K(1-e^{-T}) \\ \omega^1 & 2-2e^{-T} & \\ \omega^0 & 2(1+e^{-T}) - K(1-e^{-T}) & \end{array}$$

欲使系统稳定，须使

$$2(1+e^{-T}) - K(1-e^{-T}) > 0$$

故应有

$$K < \frac{2(1+e^{-T})}{1-e^{-T}}$$

当 $T=1$ 时，可得

$$K < 4.32$$

例 7 - 20 的分析结果表明，采样周期 T 的选择，对 K 的选取范围有很大影响。

比如若 $T=0.5$，则 K 的选择范围为

$$K < \frac{2(1+e^{-0.5})}{1-e^{-0.5}}$$

即

$$K < 8.17$$

若 $T=2$，则 K 的选择范围为

$$K < \frac{2(1+e^{-2})}{1-e^{-2}}$$

即

$$K < 2.63$$

由以上分析可知，当 T 增加时，系统所允许的最大 K 值减小；当 T 值减小时，K 的允许范围加大。

在实际中，应兼顾采样周期、系统的动态性能指标、抗干扰能力综合分析，选取一个合适的 T。

三、离散控制系统的稳态误差

离散控制系统与连续系统一样，其稳态误差与系统输入信号的种类、系统的结构参数有

关。在研究系统的稳态误差时，必须首先检验系统的稳定性，只有稳定的系统才会存在稳态误差。

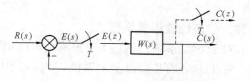

图 7 - 30 单位负反馈离散控制系统

设单位负反馈离散控制系统结构如图7 - 30所示。

则其误差信号的 z 变换为

$$W_k(z) = W(z)$$

$$E(z) = R(z) - C(z) = R(z) - E(z)W(z) = R(z) - E(z)W_k(z)$$

$$E(z) = \frac{R(z)}{1 + W_k(z)} = W_{BE}(z)R(z) \tag{7 - 63}$$

对式（7 - 63）取 z 反变换，可得离散误差信号在各采样时刻（$k=1, 1, 2, \cdots$）的采样值 $e(kT)$

$$e(kT) = Z^{-1}\left[E(z)\right] = Z^{-1}\left[\frac{1}{1+W_k(z)}R(z)\right] = Z^{-1}\left[W_{BE}(z)R(z)\right]$$

故系统的离散误差信号为

$$e^*(t) = \sum_{k=0}^{\infty} E(kT)\delta(t - kT) \tag{7 - 64}$$

若离散系统稳定，且 $(z-1)E(z)$ 满足终值定理应用的条件，则应用 z 变换终值定理，可求得离散系统的稳态误差

$$e(\infty) = \lim_{t \to \infty} e^*(t) = \lim_{k \to \infty} e(kT) = \lim_{z \to \infty}(z-1)E(z)$$
$$= \lim_{z \to 1}(z-1)\frac{R(z)}{1 + W_k(z)} \tag{7 - 65}$$

可以看出，不同的输入信号，由式（7 - 65）可求出不同的稳态误差。为了评价系统的稳态精度。常用典型输入信号作用下，稳态误差的大小（或系统的静态误差系数）来表示。

由于 z 平面上极点 $z=1$ 与 S 平面上极点 $s=0$ 相对应，因此离散控制系统可按开环脉冲传递函数 $W_k(z)$ 中有几个 $z=1$ 的极点来确定其类型。

开环脉冲传递函数用它的零极点表示时，一般形式为：

$$W_k(z) = \frac{K^* \prod_{i=1}^{m}(z + z_i)}{(z - 1)^N \prod_{j=1}^{n-N}(z + p_j)}$$

式中，$-z_i$，$-p_j$ 分别表示开环脉冲传递函数的零点和极点；$(z-1)^N$ 表示在 $z=1$ 处有 N 个重极点；$N=0, 1, 2$ 时，分别表示为 0 型，Ⅰ型和Ⅱ型系统。

1. 单位阶跃输入

$$r(t) = 1(t)$$

$$R(z) = \frac{z}{z-1}$$

系统的稳态误差为

$$e(\infty) = \lim_{z \to 1}\left[(z-1)\frac{1}{1+W_k(z)}\left(\frac{z}{z-1}\right)\right] = \frac{1}{1+W_k(1)} = \frac{1}{1+k_p} \tag{7 - 66}$$

式中
$$k_p = \lim_{z \to 1} W_k(z) \tag{7-67}$$

k_p 称为静态位置误差系数。

对于 0 型系统，$W_k(z)$ 中没有 $z=1$ 的极点，k_p 和 $e(\infty)$ 均为有限值，$k_p = W_k(1)$。

对于 Ⅰ 型或 Ⅱ 型以上的系统，$W_k(z)$ 中有一个或一个以上 $z=1$ 的极点，故有
$$k_p \lim_{z \to 1} W_k(z) = \infty \quad e(\infty) = 0$$

2. 单位斜坡输入
$$r(t) = t$$
$$R(z) = \frac{Tz}{(z-1)^2}$$

系统的稳态误差为
$$e(\infty) = \lim_{z \to 1}\left[(z-1)\frac{1}{1+W_k(z)}\frac{Tz}{(z-1)^2} \right] = \lim_{z \to 1}\frac{T}{(z-1)W_k(z)} = \frac{1}{k_v} \tag{7-68}$$

式中，k_v 为静态速度误差系数。
$$k_v = \frac{1}{T}\lim_{z \to 1}(z-1)W_k(z) \tag{7-69}$$

对于 0 型系统，$k_v = 0$，$e(\infty) = \frac{1}{k_v} = \infty$。

对于 Ⅰ 型系统，令 $W_k(z) = \frac{1}{z-1}W_1(z)$，$W_1(z)$ 无 $z=1$ 极点，则
$$k_v = \frac{1}{T}W_1(1),\; e(\infty) = \frac{T}{W_1(1)}$$

对于Ⅱ型以上的系统，$W_k(z)$ 中有两个或两个以上的 $z=1$ 的极点，故 $k_v = \infty$，$e(\infty) = 0$。

3. 单位抛物线函数输入
$$r(t) = \frac{1}{2}t^2$$
$$R(z) = \frac{T^2z(z+1)}{z(z-1)^3}$$

系统的稳态误差为
$$e(\infty) = \lim_{z \to 1}\left[(z-1)\frac{1}{1+W_k(z)}\frac{T^2z(z+1)}{z(z-1)^3} \right] = T^2\lim_{z \to 1}\frac{1}{(z-1)^2 W_k(z)} = \frac{1}{k_a} \tag{7-70}$$

式中，k_a 为静态加速度误差系数。
$$k_a = \frac{1}{T^2}\lim_{z \to 1}(z-1)^2 W_k(z) \tag{7-71}$$

对于 0 型和 Ⅰ 型系统，$k_a = 0$，$e(\infty) = \frac{1}{k_a} = \infty$

对于 Ⅱ 型系统，令 $W_k(z) = \frac{1}{(z-1)^2}W_2(z)$，$W_2(z)$ 无 $z=1$ 的极点，则
$$k_a = \frac{1}{T^2}W_2(1),\; e(\infty) = \frac{T^2}{W_2(1)}$$

对于Ⅲ型及Ⅲ型以上系统，$W_k(z)$ 中有三个或三个以上 $z=1$ 的极点，则

$$k_a = \infty, \quad e(\infty) = 0$$

前面的分析表明，离散系统的稳态误差除与系统结构有关，还与采样周期 T 有关，T 小，则稳态误差也小。为便于检查，现把三种典型输入信号作用下的稳态误差列于表 7 - 2。

表 7 - 2 　　　　　　　　　三种典型输入信号作用下的稳态误差

稳定系统的型别	位置误差，$r(t) = 1(t)$	速度误差，$r(t) = t$	加速度误差，$r(t) = \frac{1}{2}t^2$
0 型	$\dfrac{1}{1+k_p} = \dfrac{1}{1+W_k(1)}$	∞	∞
I 型	0	$\dfrac{1}{k_v} = \dfrac{T}{W_1(1)}$	∞
II 型	0	0	$\dfrac{1}{k_a} = \dfrac{T^2}{W_2(1)}$

第六节　离散控制系统的动态性能分析

稳定的离散控制系统的动态性能，通常采用在单位阶跃参考输入下，系统输出响应采样值的峰值时间 t_p、百分比超调量 $\delta\%$ 等动态性能指标来评价。

若已知单位阶跃输入作用下，离散控制系统的输出 $c(t)$ 的 z 变换 $C(z)$，则通过 z 反变换，可求出其动态响应 $c^*(t)$，计算出系统的 t_p 及 $\delta\%$，很容易分析系统的动态性能。但若要研究系统的结构和参数对动态性能的影响，则比较复杂。本节主要研究系统闭环脉冲传递函数的极点的位置与动态响应的关系。了解和熟悉这方面的内容，对系统的分析和设计都具有指导意义。

设离散控制系统的闭环脉冲传递函数为

$$W_B(z) = \frac{C(z)}{R(z)} = \frac{KM(z)}{D(z)} = \frac{K\prod\limits_{i=1}^{m}(z - z_i)}{\prod\limits_{j=1}^{n}(z - p_j)} \quad (n \geqslant m)$$

式中，z_i、p_j 为闭环零极点。对于稳定的离散系统，p_j 均位于 z 平面以原点为圆心的单位圆内部区域，即 $|p_j| < 1(j = 1, 2, \cdots, n)$。

设系统无重极点，在单位阶跃信号作用下的输出为

$$C(z) = W_B(z)R(z) = \frac{KM(z)}{D(z)}R(z) = \frac{z}{z-1}\frac{K\prod\limits_{i=1}^{m}(z - z_i)}{\prod\limits_{j=1}^{n}(z - p_j)} \quad (7 - 72)$$

对上式分析，可知

$$C(z) = \frac{kM(1)}{D(1)}\frac{z}{z-1} + \sum_{j=1}^{n}\frac{A_j z}{z - p_j} \quad (7 - 73)$$

式中

$$A_j = \frac{kM(z)}{\dot{D}(z)(z-1)}\bigg|_{z=p_j}, \quad \dot{D}(z) = \frac{\mathrm{d}D(z)}{\mathrm{d}z}$$

对式（7 - 73）求 z 反变换，可得系统单位阶跃响应的采样值 $c(kT)$

$$c(kT) = Z^{-1}\left[\frac{KM(1)}{D(1)}\frac{z}{z-1}\right] + Z^{-1}\left(\sum_{j=1}^{n}\frac{A_jz}{z-p_j}\right) = k\frac{M(1)}{D(1)} + Z^{-1}\left(\sum_{j=1}^{n}\frac{A_jz}{z-p_j}\right)$$

$$= c_s(kT) + c_t(kT) \tag{7-74}$$

上式右边第一项是系统单位阶跃响应采样值 $c(kT)$ 的稳态分量 $c_s(kT)$，第二项是 $c(kT)$ 的暂态分量 $c_t(kT)$，且 $c_t(kT)$ 的特点与极点 p_j 的类型（是实数还是共轭复数）有关。

一、闭环脉冲传递函数 $W_B(z)$ 的极点为单极点（p_j 为正实数）

由式（7-73）可知，与正实数极点 p_j 对应的系统暂态分量 $c_{tj}(kT)$ 为

$$c_{tj}(kT) = Z^{-1}\left(\frac{A_jz}{z-p_j}\right) = A_jp_j^k \tag{7-75}$$

式中，T 为采样周期。式（7-75）表明，正实数极点 p_j 对应的暂态分量 $c_{tj}(kT)$ 是按指数规律变化的采样信号，其特点如下：

（1）$p_j > 1$，极点 p_j 分布于正实轴上且位于以原点为圆心的单位圆外，其暂态分量 $c_{tj}(kT)$ 为按指数规律变化的发散的脉冲序列。

（2）$p_j = 1$，极点 p_j 分布于正实轴且在以原点为圆心的单位圆上，其暂态分量 $c_{tj}(kT)$ 为等幅的脉冲序列。

（3）$0 < p_j < 1$，极点 p_j 分布于正实轴且在以原点为圆心的单位圆内，其暂态分量 $c_{tj}(kT)$ 为按指数规律变化收敛的脉冲序列，当 $k \to \infty$ 时，$c_{tj}(kT) \to 0$。极点 p_j 越靠近原点，其暂态分量衰减越快。

p_j 为正实数时，其暂态分量 $c_{tj}(kT)$ 如图 7-31 所示。

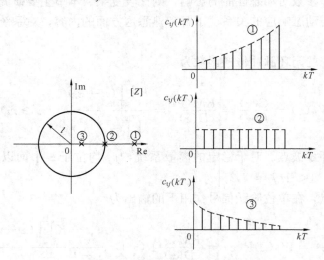

图 7-31　闭环离散系统正实数极点对应的暂态分量

二、闭环脉冲传递函数 $W_B(z)$ 的极点为单极点（p_j 为负实数）

与负实数极点 p_j 对应的系统暂态分量 $c_{tj}(kT)$ 亦可由式

$$c_{tj}(kT) = Z^{-1}\left(\frac{A_jz}{z-p_j}\right) = A_jp_j^k \tag{7-76}$$

描述，当 k 为奇数时，p_j^k 为负值；当 k 为偶数时，p_j^k 为正值。因此，负实数极点对应的系

统暂态分量为一个交替变号的振荡函数。

（1）$-1<p_j<0$，极点 p_j 位于负实轴且在以原点为圆心的单位圆内，由于 $|p_j|<1$，所以其对应的暂态分量 $c_{tj}(kT)$ 为交替变号的衰减脉冲序列形式，当 $k\to\infty$ 时，$c_{tj}(kT)\to 0$，p_j 越接近原点，$c_{tj}(kT)$ 衰减越快。振荡周期为 $2T$，振荡角频率 $\omega=\pi/T$。

（2）$p_j=-1$，极点 p_j 位于负实轴且在以原点为圆心的单位圆上，其对应的暂态分量 $c_{tj}(kT)$ 为交替变号的等幅脉冲序列。

（3）$p_j<-1$，极点 p_j 位于负实轴且在以原点为圆心的单位圆外，由于 $|p_j|>1$，所以其对应的暂态分量 $c_{tj}(kT)$ 为交替变号的发散脉冲序列。

p_j 为负实数时，其暂态分量 $c_{tj}(kT)$ 如图 7 - 32 所示。

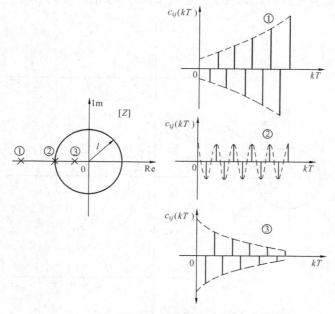

图 7 - 32　闭环离散系统负实数极点对应的暂态分量

三、闭环传递函数 $W_B(z)$ 的极点为一对共轭复极点 p_j 和 p_{j+1}

$$p_{j,j+1}=|p_j|\,\mathrm{e}^{\pm j\theta}$$

式中，$|p_j|$ 和 θ_j 分别为极点 p_j 构成的极点向量 $\overrightarrow{op_j}$ 的模和辐角。

共轭复极点对应的系统暂态分量为

$$c_{tj,j+1}(kT)=Z^{-1}\left[\frac{A_j z}{z-p_j}+\frac{A_{j+1} z}{z-p_{j+1}}\right]$$

由于 $W_B(z)$ 的分子、分母多项式系数均为实系数，故 A_j，A_{j+1} 必为共轭复数

$$A_{j,j+1}=|A_j|\,\mathrm{e}^{\pm j\phi_j}$$

故可知系统暂态分量为

$$c_{tj,j+1}(kT)=A_j p_j^k+A_{j+1}p_{j+1}^k=2|A_j|\cdot|p_j|^k\cos(\omega kT+\phi_j) \tag{7-77}$$

式中，$\omega=\theta_j/T$（$0<\theta_j<\pi$）。

式（7-77）表明，$W_B(z)$ 的一对共轭复极点对应的暂态分量 $c_{tj,j+1}(kT)$ 按指数振荡规律

变化，其振荡角频率 $\omega = \theta_j / T (0 < \theta_j < \pi)$。

（1）$|p_j| > 1$，极点 p_j 和 p_{j+1} 位于以原点为圆心的单位圆外，其暂态分量 $c_{tj, j+1}(kT)$ 为发散振荡函数。

（2）$|p_j| = 1$，极点 p_j 和 p_{j+1} 位于以原点为圆心的单位圆上，其暂态分量 $c_{tj, j+1}(kT)$ 为等幅振荡函数。

（3）$|p_j| < 1$，极点 p_j 和 p_{j+1} 位于以原点为圆心的单位圆内，其暂态分量 $c_{tj, j+1}(kT)$ 为衰减振荡函数，p_j，p_{j+1} 越靠近原点，$c_{tj, j+1}(kT)$ 衰减越快。

暂态分量的振荡角频率 $\omega = \dfrac{\theta_j}{T} (0 < \theta < \pi)$，故极点向量 $\overrightarrow{op_j}$ 的辐角 θ_j 越大，ω 越高。

p_j 和 p_{j+1} 为共轭复极点时，其暂态分量 $c_{tj, j+1}(kT)$ 如图 7 - 33 所示。

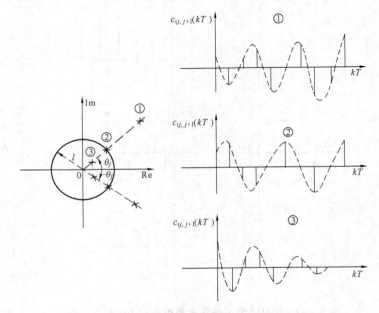

图 7 - 33　闭环离散系统共轭复极点对应的暂态分量

综上所述，有如下结论：

（1）离散控制系统的闭环极点若分布于以原点为圆心的单位圆内，则系统稳定。

（2）离散控制系统的闭环极点若在右半单位圆内靠近实轴和原点时，系统的动态性能好，系统的时间响应采样值 $c(kT)$ 振荡频率低，超调量小，但不能太靠近原点，以防系统参数变化，使闭环极点进入左半单位圆，产生振荡。

（3）离散控制系统的闭环极点应避免分布在左半圆内，尤其不要靠近实轴。负实轴上的极点对应的暂态分量为正负交替振荡，且振荡频率最高，动态性能最差。

第七节　　离散 PID 控制算法

PID 控制器是一种线性调节器，这种调节器是将系统的给定值 r 与实际输出值 y 构成的控制偏差 $e = r - y$ 的比例、积分、微分，通过线性组合构成控制量，所以简称 P（比例）I

（积分）D（微分）控制器。

连续控制系统中的模拟 PID 控制规律为

$$u(t) = K_P\Big[e(t) + \frac{1}{T_I}\int_0^t e(t)\mathrm{d}t + T_D\frac{\mathrm{d}e(t)}{\mathrm{d}t}\Big] \tag{7-78}$$

式中：$u(t)$ 为控制器的输出；$e(t)$ 为系统给定量与输出量的偏差；K_P 为比例系数；T_I 为积分时间常数；T_D 为微分时间常数。

相应的传递函数为

$$W_c(s) = K_P\Big(1 + \frac{1}{T_I s} + T_D s\Big) \tag{7-79}$$

比例调节器简单快速，但对系统响应为有限值的控制对象存在静差，加大比例系数可以减小静差但 K_P 不宜过大；积分调节器具有累积成分可以通过累积作用使偏差为零，增大积分时间常数 T_I 可减小超调量，提高稳定性；微分调节器可以加快控制过程，微分作用的加入有助于减小超调，克服振荡，使系统趋于稳定。

对式（7-78）的各项进行近似，可得

$$\begin{cases} t \approx kT, k = 0,1,2\cdots \\ e(t) \approx e(kT) \\ \int e(t)\mathrm{d}t \approx \sum_{j=0}^k e(jT)T = T\sum_{j=0}^k e(jT) \\ \dfrac{\mathrm{d}e(t)}{\mathrm{d}t} \approx \dfrac{e(kT) - e[(k-1)T]}{T} \end{cases} \tag{7-80}$$

采样时间序列 kT 用 k 简化表示，有

$$\begin{aligned} u(k) &= K_P\Big\{e(k) + \frac{T}{T_I}\sum_{j=0}^k e(j) + \frac{T_D}{T}[e(k) - e(k-1)]\Big\} \\ &= K_P e(k) + K_I T\sum_{j=0}^k e(j) + \frac{K_D}{T}[e(k) - e(k-1)] \end{aligned} \tag{7-81}$$

式中：$K_I = \dfrac{K_P}{T_I}$ 为积分系数；$K_D = K_P T_D$ 为微分系数。

式（7-81）的输出 $u(k)$ 直接对应执行机构的位置，因此称为位置式 PID 算法或全量式 PID 算法，该算法存在执行机构位置突变的危险，在某些场合容易造成事故，计算繁琐且占用很多计算机内存单元。

为了克服上述缺点，对上述算法进行改进，使 PID 控制器的输出是控制量的增量，即增量式 PID 控制算法。

由位置式 PID 算法可写出前一时刻的输出量

$$u(k-1) = K_P e(k-1) + K_I T\sum_{j=0}^{k-1} e(j) + \frac{K_D}{T}[e(k-1) - e(k-2)] \tag{7-82}$$

式（7-81）减去式（7-82），可以得到第 k 个时刻的输出增量

$$\Delta u(k) = K_P[e(k) - e(k-1)] + K_I Te(k) + \frac{K_D}{T}[e(k) - 2e(k-1) + e(k-2)]$$

$$\tag{7-83}$$

输出量为 $u(k) = u(k-1) + \Delta u(k)$，即控制器当前的输出是在前一时刻 $u(k-1)$ 的基础上增加一个增量 $\Delta u(k)$，该算法可通过软件实现。

第八节　利用 MATLAB 进行离散系统分析

一、脉冲传递函数

线性离散系统脉冲传递函数常用的形式有 z 的有理分式形式、z^{-1} 的有理分式形式和零极点增益形式等。

1. z 的有理分式形式

脉冲传递函数为

$$W(z) = \frac{b_m z^m + b_{m-1} z^{m-1} + \cdots + b_1 z + b_0}{a_n z^n + a_{n-1} z^{n-1} + \cdots + a_1 z + a_0}$$

使用 MATLAB 中 tf（　）命令可以实现此形式的脉冲传递函数，用法是

sysd = tf（num，den，T）

式中：num、den 分别是分子多项式和分母多项式的系数构成的向量，即

num = $[b_m, b_{m-1}, \cdots, b_1, b_0]$

den = $[a_n, a_{n-1}, \cdots, a_1, a_0]$

向量中系数按照 z^{-1} 的降幂排列，T 为采样周期。

2. z^{-1} 的有理分式形式

脉冲传递函数为

$$W(z) = 1 \frac{b_m z^{-n+m} + b_{m-1} z^{-n+m-1} + \cdots + b_1 z^{-n+1} + b_0 z^{-n}}{a_n + a_{n-1} z^{-1} + \cdots + a_1 z^{-n+1} + a_0 z^{-n}}$$

使用 MATLAB 中 filt（　）命令可以实现此形式的脉冲传递函数，用法是

sysd = filt（num，den，T）

式中：num、den 分别是分子多项式和分母多项式的系数构成的向量，即

num = $[b_m, b_{m-1}, \cdots, b_1, b_0]$

den = $[a_n, a_{n-1}, \cdots, a_1, a_0]$

向量中系数按照 z^{-1} 的降幂排列，T 为采样周期。

3. 零极点增益形式

脉冲传递函数为

$$W(z) = K \frac{(z - z_1)(z - z_2) \cdots (z - z_m)}{(z - p_1)(z - p_2) \cdots (z - p_n)}$$

使用 MATLAB 中 zpk（　）命令可以实现此形式的脉冲传递函数，其用法是

sysd = zpk(z, p, k, T)

式中：z、p、k 分别为系统的零点、极点和增益向量；T 为采样周期。

不同形式的模型间可以互相转换。

【例 7-22】　假设一个离散系统的脉冲传递函数为 $W(z) = \dfrac{1.25z^2 - 1.25z + 0.3}{z^3 - 1.05z^2 + 0.8z - 0.1}$，采样周期 $T = 0.1$s，试将其转换成零极点增益形式和 z^{-1} 的有理分式形式的脉冲传递函数。

解　在 MATLAB 命令窗口键入：

≫ num = $[1.25, -1.25, 0.3]$；

≫ den = $[1, -1.05, 0.8, -0.1]$；

≫ sysd = tf(num,den,0. 1)

结果显示出 z 的有理分式形式的脉冲传递函数为：

Transfer function：

$$\frac{1.25\ z^2 - 1.25\ z + 0.3}{z^3 - 1.05\ z^2 + 0.8\ z - 0.1}$$

Sampling time：0. 1

转换成零极点增益形式的脉冲传递函数，键入：

≫ sysd1 = zpk(sysd)

结果显示出零极点增益形式的脉冲传递函数为：

Zero/pole/gain：

$$\frac{1.25(z - 0.6)(z - 0.4)}{(z - 0.150\ 5)(z^2 - 0.899\ 5z + 0.664\ 7)}$$

Sampling time：0. 1

转换成 z^{-1} 的有理分式形式的脉冲传递函数，可键入：

≫ sysd2 = filt(num,den,0. 1)

结果显示出 z^{-1} 的有理分式形式的脉冲传递函数为：

Transfer function：

$$\frac{1.25 - 1.25\ z^{-1} + 0.3\ z^{-2}}{1 - 1.05\ z^{-1} + 0.8\ z^{-2} - 0.1\ z^{-3}}$$

Sampling time：0. 1

二、z 变换和 z 反变换

【例 7 - 23】　求 $F(s) = \dfrac{s+3}{(s+1)(s+2)}$ 的 z 变换。

解　输入以下 MATLAB 命令：

≫ syms s

≫ x = ilaplace((s+3)/(s+1)/(s+2))；

≫ y = ztrans(x)

≫ y = simplify(y)

运行的结果为：

y = (2 * z)/(z − exp(−1)) − z/(z − exp(−2))

【例 7 - 24】　计算函数 $F(z) = \dfrac{z(1 - e^{-aT})}{(z-1)(z - e^{-aT})}$ 的 z 反变换（T 为采样周期），并求出前 4 项的表达式。

解　输入以下 MATLAB 命令：

≫ syms z a

y = iztrans(z * (1 − exp(−a))/(z−1)/(z − exp(−a)))；

y = simple(y)

syms n

yy = subs(y,{a,n},{ones(1,4),0:3})

Z 反变换的结果如下：

y = 1 − exp(− a)^n

前四项的表达式为：

yy = [0, 1 − exp(−1), 1 − exp(−2), 1 − exp(−3)]

三、离散系统的时域响应分析

MATLAB 中求线性离散系统的时域响应常用函数为 dstep（ ）、dimpulse（ ）和 dl-sim（ ），它们分别是求线性离散系统的单位阶跃响应、单位脉冲响应和对任意输入的响应。一般格式如下：

dstep(num,den,n)

dimpulse(num,den,n)

dlsim(num,den,u)

式中：num、den 分别是脉冲传递函数分子多项式和分母多项式的系数构成的向量；n 为指定的采样点数，是可选参数；u 为每个输入的采样值。

【例 7 - 25】 对例 7 - 22 中的线性离散系统求：

（1）单位阶跃响应；

（2）单位脉冲响应；

（3）100 点随机噪声响应。

解 （1）在 MATLAB 命令窗口键入：

≫ num = [1.25, − 1.25, 0.3];

≫ den = [1, − 1.05, 0.8, − 0.1];

≫ dstep(num,den,100)

结果显示如图 7 - 34 所示。

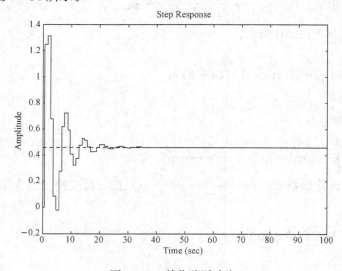

图 7 - 34 单位阶跃响应

（2）在 MATLAB 命令窗口键入：

≫ dimpulse(num,den,100)

结果显示如图 7‐35 所示。

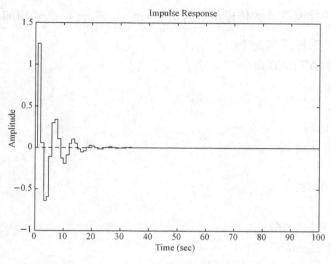

图 7‐35 单位脉冲响应

（3）在 MATLAB 命令窗口键入：

≫ u = rand(100,1);

dlsim(num,den,u)

结果显示如图 7‐36 所示。

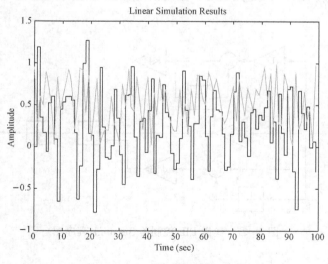

图 7‐36 100 点随机噪声响应

四、连续系统的离散化

可以用 c2dm（ ）函数将连续系统离散化，其调用的格式为

$$c2d(num,den,T,Method)$$

其中，T 为采样周期；Method 用来选择离散化方法，若省略参数 Method，默认为对输入信号加零阶保持器，即 'zoh'。

【例 7 - 26】　设控制系统的传递函数为 $W(s) = \dfrac{2}{s(s+1)}$，试采用加入零阶保持器的方法将此系统离散化，采样周期为 1s。

解　输入以下 MATLAB 命令：

$\gg$ num $= [2];$

den $= [1\ 1\ 0];$

w $=$ tf(num,den);

wd $=$ c2d(w,1,'zoh')

wd $=$

　　0.735 8 z $+$ 0.528 5

　　--------------------------------

　　z^2 $-$ 1.368 z $+$ 0.367 9

Sample time：1 seconds

Discrete - time transfer function.

五、离散 PID 控制器

采用 MATLAB/Simulink 可以实现离散 PID 控制器的设计，离散 PID 控制器的 Simulink 程序图如图 7 - 37 所示。将其封装成一个子系统，封装界面如图 7 - 38 所示，在此界面设定 PID 的三个参数、采样时间和控制输入的上下界。对连续对象 $G(s) = \dfrac{523\ 500}{s^3 + 87.35s^2 + 10\ 470s}$ 进行 PID 控制时，系统的 Simulink 程序图如图 7 - 39 所示，仿真结果如图 7 - 40 所示。

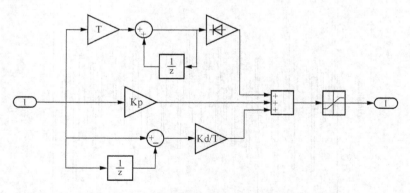

图 7 - 37　离散 PID 控制器 Simulink 程序图

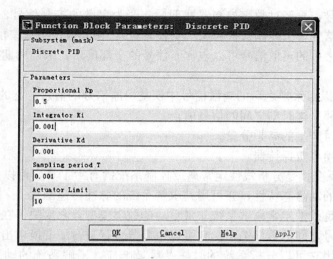

图 7 - 38　离散 PID 控制器封装界面

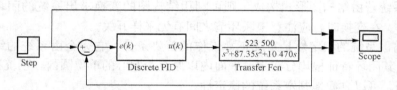

图 7 - 39　离散 PID 控制连续对象 Simulink 程序图

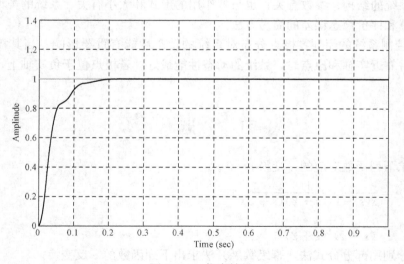

图 7 - 40　仿真结果

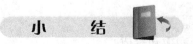

小　　结

1. 在离散控制系统中，信号的变换过程基本如下：连续的输入信号，经过采样器采样后，转化为离散信号，再经过数字控制器处理后，变为离散的控制信号，进而使用保持器，恢复为连续的控制信号，去控制被控对象（受控装置），使其被控参数按预期的规律变化。

为了保证采样之后的离散信号可以包含原信号的全部信息，采样周期必须满足香农采样定理。

2. 用保持器可以由采样之后的离散信号中恢复出原信号的信息，它的作用有两方面：

（1）保持两相邻采样时刻之间的信号值；

（2）滤掉采样时产生的高频分量。

工程上，常采用零阶保持器。

3. z 变换与 z 反变换是分析线性定常离散控制系统的有力工具，可以用其分析系统的差分方程，研究系统的动静态特性，亦可用其求解系统的脉冲传递函数。

脉冲传递函数是线性定常离散系统非常重要的数学模型，它反映了在采样时刻上离散的输出信号和输入信号之间的数学关系。它可以由差分方程进行 z 变换求出，亦可以由系统的传递函数求出。利用它可以分析系统的时域及频域响应，了解系统的动静态特性，并设计系统。

4. 离散系统若由结构图形式构成，则可利用结构图的变换求出系统的闭环脉冲传递函数或闭环输出。在变换时，应注意串联环节之间有无采样开关。

5. 线性离散系统的稳定性是系统正常工作的首要条件。它完全由系统的结构和参数决定。当且仅当其闭环特征根均分布于 z 平面内以原点为圆心的单位圆内，系统稳定。利用修正的劳斯判据，可以方便地判定系统的稳定性。

6. 离散控制系统的稳态误差是系统的重要性能指标，标志着系统可能达到的精度。稳态误差既与系统的结构、参数有关，也与外作用的形式和大小有关。系统的类型与静态误差系数也是计算和评价稳态误差的简易方法。

7. 离散控制系统的闭环零极点分布对系统的动态性能有重要影响。当其极点位于单位圆内左半圆且靠近实轴和原点时，系统的动态性能最好。若极点位于负实轴上，则动态性能最差。

习　　　题

7-1　求下列函数对应的 z 变换。

（1）$X(s) = \dfrac{1}{s(s+1)(s+2)(s+3)}$；

（2）$X(s) = \dfrac{s+6}{(s+1)^2(s+2)}$。

7-2　分别用部分分式法，幂级数展开法求出下列函数的 z 反变换。

（1）$X(z) = \dfrac{6z}{(z-1)(z-2)(z-3)}$；

（2）$X(z) = \dfrac{z(1-e^{-aT})}{(z-1)(z-e^{-aT})}$。

7-3　试确定下列函数的初值和终值。

（1）$X(z) = \dfrac{z^2(z^2+z+1)}{(z^2-0.8z+1)(z^2+z+0.8)}$；

(2) $X(z) = \dfrac{1 + 0.3z^{-1} + 0.5z^{-2}}{1 - 4.2z^{-1} + 5.6z^{-2} - 2.4z^{-3}}$。

7 - 4 求解下列差分方程。

(1) $c(k+2) - \dfrac{1}{4}c(k+1) + \dfrac{1}{8}c(k) = r(k)$；

$\qquad r(k) = 1(k \geqslant 0)$；

$\qquad c(0) = c(1) = 0$。

(2) $c(t+2T) - 3c(t+T) + 2c(t) = r(t)$；

$\qquad r(t) = \delta(t)$；

$\qquad c(t) = 0(t < 0)$。

7 - 5 已知离散系统结构图如图 7 - 41 所示，试求系统的输出 $C(z)$。

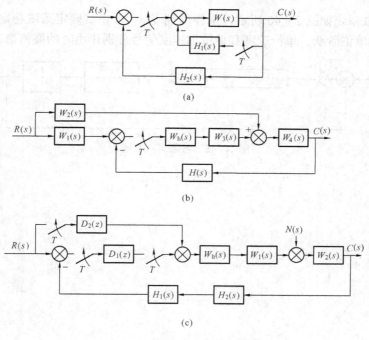

图 7 - 41 习题 7 - 5 图

7 - 6 已知某离散系统如图 7 - 42 所示，采样周期 $T = 0.5$s，求系统闭环脉冲传递函数 $W_B(z)$。

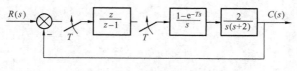

图 7 - 42 习题 7 - 6 图

7 - 7 已知离散系统闭环脉冲传递函数特征方程如下，试判断系统的稳定性。

(1) $(z+0.2)(z+2)(z-0.3) = 0$；

(2) $(z+1.4)(z-0.7) = 0$；

(3) $z^2 - 0.632z + 0.896 = 0$；

(4) $40z^3 - 100z^2 + 100z - 39 = 0$。

7 - 8 系统结构图如图 7 - 43 所示，试分析 $T = 0.2$ 及 $T = 0.1$ 时，使系统稳定的 K 值范围。

7 - 9 已知系统结构图如图 7 - 44 所示，采样周期 $T = 0.25$s，ZOH 为零阶保持器，试求当 $r(t) = 2 + z$ 时，欲使系统的稳态误差小于 0.5 的 K 值。

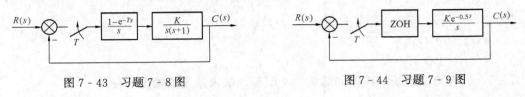

图 7 - 43 习题 7 - 8 图   图 7 - 44 习题 7 - 9 图

7 - 10 离散系统如图 7 - 45 所示，采样周期 $T = 1$s，试确定系统稳定时 K 的取值范围，并求系统在单位阶跃、单位速度和单位加速度信号分别作用时的终值稳态误差。

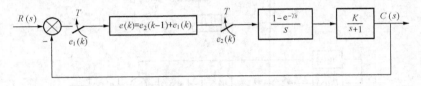

图 7 - 45 习题 7 - 10 图

附录 I 部分习题参考答案

第 二 章

2-1 $\dfrac{U_c(s)}{U_r(s)} = \dfrac{R_1 R_2 Cs + R_2}{R_1 R_2 Cs + R_1 + R_2}$

$\dfrac{U_c(s)}{U_r(s)} = \dfrac{RC_1 s}{RC_1 s + RC_2 s + 1}$

$\dfrac{U_c(s)}{U_r(s)} = \dfrac{C_1 (R_2 C_2 s + 1)}{(R_1 + R_2) C_1 C_2 s + C_1 + C_2}$

2-2 $\dfrac{U_2(s)}{U_1(s)} = -\dfrac{[R_1 + \alpha(1 - \alpha) R_3] C_1 s + 1}{\alpha R_0 C_1 s}$

$\dfrac{U_2(s)}{U_1(s)} = -\dfrac{R_1 R_2 C_1 s + R_1 + R_2}{R_0 R_2 C_1 s}$

2-3 $\dfrac{C(s)}{R(s)} = \dfrac{2}{s + 2}$

2-4 $\dfrac{C(s)}{R(s)} = \dfrac{K}{Ts^2}(1 - e^{-Ts}) + Ke^{-Ts}$

2-5 $\dfrac{U_c(s)}{U_r(s)} = \dfrac{R_1 R_2 Cs + R_2}{R_1 R_2 Cs + R_1 + R_2}$

$\dfrac{U_c(s)}{U_r(s)} = \dfrac{R_1 R_2 C_1 C_2 s^2 + (R_1 + R_2) C_1 s}{R_1 R_2 C_1 C_2 s^2 + (R_1 + R_2) C_1 s + R_1 C_2 s + 1}$

2-6 $\dfrac{C(s)}{R(s)} = \dfrac{W_1 W_2 W_3 W_4}{1 + W_2 W_3 W_6 + W_3 W_4 W_5 + W_1 W_2 W_3 W_4 (W_7 - W_8)}$

2-7 (a) $\dfrac{C(s)}{R(s)} = \dfrac{W_1 W_2 + W_2 W_3}{1 + W_2 H_1 + W_1 W_2 H_2}$

(b) $\dfrac{C(s)}{R(s)} = \dfrac{W_1 W_2 + W_2 W_3}{1 + W_1 W_4 H + W_1 W_2 H}$

(c) $\dfrac{C(s)}{R(s)} = \dfrac{W_1 W_2 W_3}{1 + W_1 H_1 + W_2 H_3 + W_3 H_2 + W_1 W_3 H_1 H_2}$

(d) $\dfrac{C(s)}{R(s)} = \dfrac{W_1 W_2 W_3 W_4}{1 + W_2 W_3 H_1 + W_3 W_4 H_2 + W_1 W_2 W_3 W_4 H_3}$

2-8 (a) $\dfrac{C(s)}{R(s)} = \dfrac{W_1 W_2}{1 + W_1 W_2 + W_1 W_2 H}$

$\dfrac{C(s)}{N(s)} = \dfrac{1 + W_2 W_5}{1 + W_1 W_2 + W_1 W_2 H}$

(b) $\dfrac{C(s)}{R(s)} = \dfrac{W_1 W_2}{1 - W_2 H_2 + W_1 W_2 H_3}$

$\dfrac{C(s)}{N(s)} = \dfrac{W_2 - W_1 W_2 H_1}{1 - W_2 H_2 + W_1 W_2 H_3}$

2-9 $\dfrac{C(s)}{R(s)} = \dfrac{K_2 K_3 K_4 (\tau s + K_1)}{Ts^2 + (K_2 K_3 K_4 \tau + K_3 T + 1)s + K_1 K_2 K_3 K_4 + K_3 K_4 K_5 + K_3}$

2 - 10　$W_B(s) = \dfrac{U_c(s)}{U_r(s)} = \dfrac{R_1 R_3}{R_2 R_5 [R_3 C_2 s(R_1 C_1 s + 1) + R_1]}$

2 - 11　$\dfrac{C(s)}{R(s)} = \dfrac{W_1 W_3}{1 + W_1 H_1 + W_3 H_2}$

$\dfrac{E(s)}{R(s)} = \dfrac{1}{1 + W_1 H_1 + W_3 H_2}$

2 - 12　$C(s) = \dfrac{W_1 W_2 + W_1 G_3 (1 + W_2 H_1)}{1 + W_2 H_1 + W_1 W_2 + W_1 G_3} R(s) +$

$\dfrac{W_1 W_2 W_4 + W_1 W_4 G_3 (1 + W_2 H_1) + 1 + W_2 H_1}{1 + W_2 H_1 + W_1 W_2 + W_1 G_3} N(s)$

第 三 章

3 - 1　$c(t) = 1 - e^{-\frac{t}{T}} ; c(t) = t - T + T e^{-\frac{t}{T}}$

3 - 2　$T = 3.75 ; W(k) = \dfrac{4}{15s}$

3 - 3　$\sigma\% = 16\% ; t_r = 2.42 ; t_s = 6$ 或 $8 ; N = 0.83$ 或 1.1

3 - 4　(1) $W_B(s) = \dfrac{36}{s^2 + 13s + 36}$

(2) $\zeta = 1.08 ; \omega_n = 6$

3 - 5　$W(k) = \dfrac{10.66}{s^2 + 2.3s + 0.56}$

3 - 6　(1) $t_s = 30$ 或 $40 ; \sigma\% = 73\%$

(2) $t_s = 6$ 或 $8 ; \sigma\% = 16.3\%$

3 - 7　$K = 1 ; T = 1$

3 - 8　$K = 16 ; T_d = 0.19$

3 - 9　$\tau = 0.29$

3 - 10　(1) 稳定

(2) 不稳定

(3) 临界稳定

(4) 不稳定

(5) 临界稳定

3 - 11　$0 < K_k < 1.705$

3 - 12　$\tau > 0$

3 - 13　(1) $\dfrac{1}{11} ; \infty ; \infty$

(2) $0 ; 1.143 ; \infty$

(3) $0 ; 0 ; 0.125$

3 - 14　(1) $K = 13.48 ; \tau = 0.24$

(2) $K_p = \infty ; K_v = 4.08 ; K_a = 0$

3 - 15　$K = 2 ; \tau > 0$

3 - 16　$K = 31.36 ; \tau = 0.186$

3-17 $e_{ss} = 0.09$

3-18 $e_{ss} = -\dfrac{AK_1}{1+K_2}$

3-19 $W_C(s) = \dfrac{s(s+1)}{10}$

3-20 (1) 当 $\beta > 0$ 时，系统稳定

(2) β 值越小，$\sigma\%$ 越大，t_s 越短

(3) β 值越大，系统在斜坡响应作用下的稳态误差越大

第 四 章

4-2 (1) 实轴上的根轨迹 $[-1,0] \bigcup [-5,-3]$

渐近线 $\sigma_\alpha = 0, \varphi_\alpha = \pm\dfrac{\pi}{2}$

分离点 $\dfrac{1}{d} + \dfrac{1}{d+1} + \dfrac{1}{d+3} = \dfrac{1}{d+5}$ ，解得 $d = -0.89$

(2) 实轴上的根轨迹 $[-0.6,0] \bigcup [-\infty,-3.4]$

渐近线 $\sigma_\alpha = -\dfrac{4}{3}, \varphi_\alpha = \pm\dfrac{\pi}{3}, \pi$

分离点 $d = -\dfrac{4}{3} \pm \dfrac{\sqrt{10}}{3}$

(3) 实轴上的根轨迹 $[-\infty,0]$

渐近线 $\sigma_\alpha = -\dfrac{2}{3}, \varphi_\alpha = \pm\dfrac{\pi}{3}, \pi$

分离点 $d = -1, -\dfrac{1}{3}$

(4) 实轴上的根轨迹 $[-\infty,-3] \bigcup [-2,0]$

渐近线 $\sigma_\alpha = -1, \varphi_\alpha = \pm\dfrac{\pi}{3}, \pi$

出射角 $\beta = \pm 26.6°$

与虚轴交点 $s_{1,2} = \pm 1.61j$

4-3 (1) 实轴上的根轨迹 $[-1,0] \bigcup [-\infty,-2]$

渐近线 $\sigma_\alpha = -1, \varphi_\alpha = \pm\dfrac{\pi}{3}, \pi$

分离点 $d = -1 \pm \dfrac{\sqrt{3}}{3}$

(2) $0 < K^* < 6, s_{1,2} = -0.338 \pm 0.56j, s_3 = -2.325$

(3) $K^* = 1.066$

4-4 (1) 渐近线 $\sigma_\alpha = -\dfrac{5}{3}, \varphi_\alpha = \pm\dfrac{\pi}{3}, \pi$

分离点 $d = -1 + \dfrac{\sqrt{3}}{3}$

与虚轴交点 $\begin{cases} \omega = \pm\sqrt{2} \\ K = 3 \end{cases}$ $0 < K < 0.1924$ 稳定

4-5　绘制根轨迹

渐近线 $\sigma_\alpha = -2, \varphi_\alpha = \pm\dfrac{\pi}{4}, \pm\dfrac{3\pi}{4}$

分离点 $d_1 = -2, d_2 = -2 \pm 2\mathrm{j}$

与虚轴交点 $\begin{cases} \omega = \pm\sqrt{10} \\ K = 260 \end{cases}$ 稳定范围 $0 < K^* < 260$

4-6　$W(s) = \dfrac{K(s^2 + 6s + 25)}{s(s^2 + 8s + 25)} = \dfrac{K^*(s+3+4\mathrm{j})(s+3-4\mathrm{j})}{s(s+4+3\mathrm{j})(s+4-3\mathrm{j})}$

实轴上的根轨迹 $[-\infty, 0]$

起始角 $\theta_{\mathrm{p1}} = -90°, \theta_{\mathrm{p2}} = 90°$

终止角 $\varphi_{\mathrm{z1}} = -16.26°, \varphi_{\mathrm{z2}} = 16.26°$

4-7　（1）渐近线 $\sigma_\alpha = -1.5, \varphi_\alpha = \pm\dfrac{\pi}{2}$

与虚轴交点 $\omega = \pm 2.828\mathrm{j}$

出射角为 $\theta_{\mathrm{c1,2}} = \pm 137.3°$

（2）$T > \dfrac{1}{4}$

4-8　（1）当负反馈时，渐近线 $\sigma_\alpha = -\dfrac{5}{3}, \varphi_\alpha = \pm\dfrac{\pi}{3}, \pi$；与虚轴交点 $\omega = \pm\sqrt{2}, K^* = 12$；$K^*$ 的稳定范围为 $0 < K^* < 12$

（2）当正反馈时，渐近线 $\sigma_\alpha = -\dfrac{5}{3}, \varphi_\alpha = \pm\dfrac{3\pi}{4}, 0°$；分离点 $d = -3.08$；系统不稳定

第 五 章

5-1　（1）$0.447\sin(t + 3.43°)$

（2）$0.707\cos 2t$

（3）$0.447\sin(t + 3.43°) - 0.707\cos 2t$

5-3　（1）$W(s) = \dfrac{4}{0.01s + 1}$

（2）$W(s) = \dfrac{2.83(0.5s + 1)}{s}$

（3）$W(s) = \dfrac{10(2s + 1)}{(20s + 1)(10s + 1)}$

（4）$W(s) = \dfrac{50}{s(2s + 1)(0.125s + 1)}$

5-4　（a）稳定

（b）不稳定

（c）稳定

（d）稳定

（e）不稳定

（f）不稳定

（g）稳定

（h）不稳定

（i）稳定

（j）不稳定

5-6　　（1）0.01

（2）0

（3）0

5-7　　$K_n = 1$

5-8　　$a = 0.84$

5-9　　$K = 10; \gamma = 19°$

5-10　　（1）$W_K(s) = \dfrac{2(5s+1)}{s(10s+1)(0.25s+1)}$

（2）闭环系统稳定

（3）相位裕度 γ 不变，$\sigma\%$ 不变，响应速度变快，稳定性下降

5-11　　$T_1 = 0.02; M_r = 1.51; \delta\% = 30\%; t_s = 0.12$ 或 0.16

5-12　　$W_K(s) = \dfrac{1}{s(0.1s+1)(0.05s+1)(0.01s+1)}$

第 六 章

6-1　　（1）校正的目的是已知被控对象，设计合适的控制器来满足对系统的性能指标的要求。调节开环增益是一把双刃剑，较大的开环增益使系统稳态性能提高，但却使动态性能恶化；较小的开环增益使动态性能提高，即降低了稳态性能

（2）适用于系统稳态精度满足要求，动态性能不满足要求。串联超前校正环节主要靠其超前的中频段相角提高系统的相角裕度，还可以使穿越频率增加，以此改善系统的动态指标

（3）适用于系统动态性能满足要求，稳态精度需要提高的系统。串联滞后校正环节靠高频段幅值衰减使系统的中频段幅值下降，进而使相角裕度增加，提高系统的稳定性；提高低频增益，从而减小系统的稳态误差

（4）为了减少校正装置的输出功率，降低系统功率损耗和成本，串联校正装置一般装设在前向通道综合放大器之前、偏差信号之后的位置

6-2　　（1）$W_c(s) = \dfrac{16.95s+1}{143.64s+1}$

（2）$W_c(s) = \dfrac{5(s+1)(4.44s+1)}{(0.08s+1)(9.87s+1)}$

6-3　　$W_c(s) = \dfrac{(1.97s+1)(0.63s+1)}{(59.1s+1)(0.021s+1)}$

6-4　　$W_c(s) = \dfrac{(0.33s+1)(0.1s+1)}{(2.67s+1)(0.012\,5s+1)}$

6-5　　$H(s) = \dfrac{0.004\,76s^2}{1+0.143s}$

6 - 6　　$W_c(s) = \dfrac{3.3s+1}{20.4s+1}$

6 - 7　　$W_c(s) = \dfrac{(1+0.25s)(1+0.12s)}{(1+1.34s)(1+0.022s)}, \omega_c = 13, \gamma = 46°, \delta\% = 32\%, t_s = 0.72$

6 - 8　　校正前：$\omega_c = 2$, $\gamma = 14°$

校正后：$\omega_c^* = 0.8, \gamma^* = 74.5°$

6 - 9　　$W_c(s) = \dfrac{0.476s+1}{0.038\,5s+1}$

6 - 10　　$W_c(s) = \dfrac{10s+1}{100s+1}$

6 - 11　　$W_c(s) = \dfrac{(0.112s+1)(0.1s+1)}{(0.71s+1)(0.016s+1)}$

6 - 12　　$W_c(s) = \dfrac{1.36(0.3s+1)(0.5s+1)}{s}$

6 - 13　　(1) $\omega_c = 14.14, \gamma = -21.99°, G_m = -6\text{dB}$,　不稳定

(2) $\gamma'' = 50.7°, \omega_c'' = 2.38, G_m' = 18.3\text{dB}$

6 - 14　　校正前：$W_0(s) = \dfrac{20}{s(0.1s+1)}$

校正环节：$W_c(s) = \dfrac{(2s+1)}{(10s+1)}$ ，为滞后校正环节，且其参数 $b = 0.2$

校正后：$W_K'(s) = W_0(s)W_c(s) = \dfrac{20(2s+1)}{s(0.1s+1)(10s+1)}$

6 - 15　　(1) $W_c(s) = \dfrac{6.67s+1}{66.7s+1}$

(2) 校正前：$\omega_c = 2.6$

校正后：$\omega_c^* = 0.64$

6 - 16　　$W_c(s) = 0.2s+1$

6 - 17　　$H(s) = \dfrac{0.1s}{0.73s+1}$, $W_k^*(s) = \dfrac{200(0.73s+1)}{s(0.006\,7s+1)(20s+1)}$

6 - 18　　$W_c(s) = \dfrac{\left(\dfrac{1}{0.3}s+1\right)\left(\dfrac{1}{7.6}s+1\right)}{\left(\dfrac{1}{0.067}s+1\right)\left(\dfrac{1}{14.3}s+1\right)}$

6 - 19　　(1) 系统的稳定性与前馈校正环节无关

(2) 取 $W_c(s) = \lambda_1 s, \lambda_1 = 1$，系统可以等效为 II 型

第　七　章

7 - 1　　(1) $X(z) = \dfrac{2z^3 - 0.44z^2 - 0.026\,6z}{(2z-0.736)(z-0.135)(2z-1)}$

(2) $X(z) = \dfrac{2.718z(1.87+18.26z)}{(7.39z-1)(2.718z-1)^2}$

7 - 2　　(1) $y = 3^{n+1} - 6 \times 2^n + 3$

(2) $x^*(t) = \sum_{n=0}^{\infty} (1 - e^{-anT})\delta(t - nT)$

7 - 3   (1) 0

(2) 1

7 - 4 $y(k) = (-2)^k - (-1)^k \ (k = 0, 1, 2\cdots)$

7 - 5   (a) $C(z) = \dfrac{W(z)R(z)}{1 + W(z)H_1(z) + WH_2(z)}$

(b) $C(z) = \dfrac{RW_2W_4(z) + RW_1(z)W_hW_3W_4(z)}{1 + W_hW_3W_4(z)}$

(c) $C(z) = \dfrac{R(z)[D_2(z)W_hW_1W_2(z) + D_1(z)W_hW_1W_2(z)] + NW_2(z)}{1 + D_1(z)W_hW_1W_2H_1H_2(z)}$

7 - 6 $W_B(z) = \dfrac{W_K(z)}{1 + W_K(z)} = \dfrac{0.368z^2 + 0.264z}{z^3 - 2z^2 + 2z - 0.368}$

7 - 7   (1) 不稳定

(2) 不稳定

(3) 稳定

(4) 不稳定

7 - 8 $T = 0.2$ 时，$k > 10.11$；$T = 0.1$ 时，$k > 2.166$

7 - 9 $W_B(z) = \dfrac{0.25K}{z^2(z-1) + 0.25}$ $(2 \leqslant k < 2.472)$

7 - 10 $0 < k < \dfrac{2(1 + e^{-T})}{1 - e^{-T}}$；$0, \dfrac{T}{k}, \infty$

附录Ⅱ　常用函数的拉氏变换与 z 变换对照表

序　号	拉氏变换 $F(s)$	时间函数 $f(t)$ 或 $f(k)$	z 变换 $F(z)$
1	e^{-kTs}	$\delta(t-kT)$	z^{-k}
2	1	$\delta(t)$	1
3	$\dfrac{1}{s}$	$1(t)$	$\dfrac{z}{z-1}$
4	$\dfrac{1}{s^2}$	t	$\dfrac{Tz}{(z-1)^2}$
5	$\dfrac{1}{s^3}$	$\dfrac{t^2}{2!}$	$\dfrac{T^2z\,(z+1)}{2\,(z-1)^3}$
6	$\dfrac{1}{s^4}$	$\dfrac{t^3}{3!}$	$\dfrac{T^3\,(z^2+4z+1)}{6\,(z-1)^4}$
7	$\dfrac{1}{s-(1/T)\,\ln a}$	$a^{t/T}$	$\dfrac{z}{z-a}$
8	$\dfrac{1}{s+a}$	e^{-at}	$\dfrac{z}{z-\mathrm{e}^{-aT}}$
9	$\dfrac{1}{(s+a)^2}$	$t\mathrm{e}^{-at}$	$\dfrac{Tz\mathrm{e}^{-aT}}{(z-\mathrm{e}^{-aT})^2}$
10	$\dfrac{1}{(s+a)^3}$	$\dfrac{1}{2}t^2\mathrm{e}^{-at}$	$\dfrac{T^2z\mathrm{e}^{-aT}}{2\,(z-\mathrm{e}^{-aT})^2}+\dfrac{T^2z\mathrm{e}^{-2aT}}{2\,(z-\mathrm{e}^{-aT})^3}$
11	$\dfrac{a}{s\,(s+a)}$	$1-\mathrm{e}^{-at}$	$\dfrac{(1-\mathrm{e}^{-aT})\,z}{(z-1)\,(z-\mathrm{e}^{-aT})}$
12	$\dfrac{a}{s^2\,(s+a)}$	$t-\dfrac{1}{a}(1-\mathrm{e}^{-at})$	$\dfrac{Tz}{(z-1)^2}-\dfrac{(1-\mathrm{e}^{-aT})\,z}{a\,(z-1)\,(z-\mathrm{e}^{-aT})}$
13	$\dfrac{1}{(s+a)\,(s+b)\,(s+c)}$	$\dfrac{\mathrm{e}^{-at}}{(b-a)\,(c-a)}$ $+\dfrac{\mathrm{e}^{-bt}}{(a-b)\,(c-b)}$ $+\dfrac{\mathrm{e}^{-ct}}{(a-c)\,(b-c)}$	$\dfrac{z}{(b-a)\,(c-a)\,(z-\mathrm{e}^{-aT})}$ $+\dfrac{z}{(a-b)\,(c-b)\,(z-\mathrm{e}^{-bT})}$ $+\dfrac{z}{(a-c)\,(b-c)\,(z-\mathrm{e}^{-cT})}$
14	$\dfrac{s+d}{(s+a)\,(s+b)\,(s+c)}$	$\dfrac{(d-a)}{(b-a)\,(c-a)}\mathrm{e}^{-at}$ $+\dfrac{(d-b)}{(a-b)\,(c-b)}\mathrm{e}^{-bt}$ $+\dfrac{(d-c)}{(a-c)\,(b-c)}\mathrm{e}^{-ct}$	$\dfrac{(d-a)\,z}{(b-a)\,(c-a)\,(z-\mathrm{e}^{-aT})}$ $+\dfrac{(d-b)\,z}{(a-b)\,(c-b)\,(z-\mathrm{e}^{-bT})}$ $+\dfrac{(d-c)\,z}{(a-c)\,(b-c)\,(z-\mathrm{e}^{-cT})}$
15	$\dfrac{abc}{s\,(s+a)\,(s+b)\,(s+c)}$	$1-\dfrac{bc}{(b-a)\,(c-a)}\mathrm{e}^{-at}$ $-\dfrac{ca}{(c-b)\,(a-b)}\mathrm{e}^{-bt}$ $-\dfrac{ab}{(a-c)\,(b-c)}\mathrm{e}^{-ct}$	$\dfrac{z}{z-1}-\dfrac{bcz}{(b-a)\,(c-a)\,(z-\mathrm{e}^{-aT})}$ $-\dfrac{caz}{(c-b)\,(a-b)\,(z-\mathrm{e}^{-bT})}$ $-\dfrac{abz}{(a-c)\,(b-c)\,(z-\mathrm{e}^{-cT})}$

序 号	拉氏变换 $F(s)$	时间函数 $f(t)$ 或 $f(k)$	z 变换 $F(z)$
16	$\dfrac{\omega}{s^2+\omega^2}$	$\sin\omega t$	$\dfrac{z\sin\omega T}{z^2-2z\cos\omega T+1}$
17	$\dfrac{s}{s^2+\omega^2}$	$\cos\omega t$	$\dfrac{z(z-\cos\omega T)}{z^2-2z\cos\omega T+1}$
18	$\dfrac{\omega}{s^2-\omega^2}$	$\sinh\omega t$	$\dfrac{z\sinh\omega T}{z^2-2z\cosh\omega T+1}$
19	$\dfrac{s}{s^2-\omega^2}$	$\cosh\omega t$	$\dfrac{z(z-\cosh\omega T)}{z^2-2z\cosh\omega T+1}$
20	$\dfrac{\omega^2}{s(s^2+\omega^2)}$	$1-\cos\omega t$	$\dfrac{z}{z-1}-\dfrac{z(z-\cos\omega T)}{z^2-2z\cos\omega T+1}$
21	$\dfrac{\omega}{(s+a)^2+\omega^2}$	$e^{-at}\sin\omega t$	$\dfrac{ze^{-aT}\sin\omega T}{z^2-2ze^{-aT}\cos\omega T+e^{-2aT}}$
22	$\dfrac{s+a}{(s+a)^2+\omega^2}$	$e^{-at}\cos\omega t$	$\dfrac{z^2-ze^{-aT}\cos\omega T}{z^2-2ze^{-aT}\cos\omega T+e^{-2aT}}$
23	$\dfrac{b-a}{(s+a)(s+b)}$	$e^{-at}-e^{-bt}$	$\dfrac{z}{z-e^{-aT}}-\dfrac{z}{z-e^{-bT}}$
24	$\dfrac{a^2b^2}{s^2(s+a)(s+b)}$	$abt-(a+b)-\dfrac{b^2}{a-b}e^{-at}$ $+\dfrac{a^2}{a-b}e^{-bt}$	$\dfrac{abTz}{(z-1)^2}-\dfrac{(a+b)z}{z-1}$ $-\dfrac{b^2z}{(a-b)(z-e^{-aT})}$ $+\dfrac{a^2z}{(a-b)(z-e^{-bT})}$
25	—	k	$\dfrac{z}{(z-1)^2}$
26	—	k^2	$\dfrac{z(z+1)}{(z-1)^3}$
27	—	k^3	$\dfrac{z(z^2+4z+1)}{(z-1)^4}$
28	—	a^k	$\dfrac{z}{z-a}$
29	—	ka^k	$\dfrac{az}{(z-a)^2}$
30	—	k^2a^k	$\dfrac{az(z+a)}{(z-a)^3}$
31	—	$(k+1)a^k$	$\dfrac{z^2}{(z-a)^2}$
32	—	$a^k\cos k\pi$	$\dfrac{z}{z+a}$
33	—	$\dfrac{k(k-1)}{2!}$	$\dfrac{z}{(z-1)^3}$

参 考 文 献

[1] 胡寿松. 自动控制原理. 4 版. 北京：科学出版社，2001.

[2] 王划一. 自动控制原理. 北京：国防工业出版社，2001.

[3] 田玉平. 自动控制原理. 北京：电子工业出版社，2002.

[4] 郁顺康. 自动控制理论. 上海：同济大学出版社，1992.

[5] 鄢景华. 自动控制原理. 哈尔滨：哈尔滨工业大学出版社，1996.

[6] 王万良. 自动控制原理. 北京：科学出版社，2001.

[7] 张彬. 自动控制原理. 北京：北京邮电大学出版社，2002.

[8] 戴忠达. 自动控制理论基础. 北京：清华大学出版社，1991.

[9] 胡寿松. 自动控制原理习题集. 北京：国防工业出版社，1990.

[10] 涂植英，何均正. 自动控制原理. 重庆：重庆大学出版社，1994.

[11] 王建辉，顾树生. 自动控制原理. 北京：清华大学出版社，2007.

[12] 任哲. 自动控制原理. 北京：冶金工业出版社，1997.

[13] 黄坚. 自动控制原理及其应用. 北京：高等教育出版社，2004.

[14] 史忠科，卢京潮. 自动控制原理常见题型解析及模拟试题. 西安：西北工业大学出版社，2001.

[15] 孙德辉，杨宁，等. 微型计算机控制技术. 北京：冶金工业出版社，1999.

[16] 张建民. 自动控制原理. 北京：高等教育出版社，2010.

[17] 谢锡祺，杨位铙. 自动控制原理. 北京：理工大学出版社，1992.

[18] 薛定宇. 控制系统仿真与计算机辅助设计. 北京：机械工业出版社，2006.

[19] 范影乐，等. MATLAB 仿真应用详解. 北京：人民邮电出版社，2000.

[20] 楼顺天，于卫. 基于 MATLAB 的系统分析与设计. 西安：西安电子科技大学出版社，2000.

[21] 赵文峰，等. 控制系统设计与仿真. 西安：西安电子科技大学出版社，2003.